站在巨人的肩上
Standing on Shoulders of Giants

TURING
图灵教育

iTuring.cn

站在巨人的肩上

Standing on Shoulders of Giants

TURING
图灵教育

iTuring.cn

TURING 图灵程序设计丛书

Mastering Concurrency Programming
with Java 9, Second Edition

精通
Java并发编程

（第2版）

［西］哈维尔·费尔南德斯·冈萨雷斯 著

唐富年 译

人民邮电出版社

北 京

图书在版编目（CIP）数据

　　精通Java并发编程 : 第2版 / （西）哈维尔·费尔南
德斯·冈萨雷斯著 ; 唐富年译. -- 北京 : 人民邮电出
版社，2018.10
　　（图灵程序设计丛书）
　　ISBN 978-7-115-49166-4

　　Ⅰ．①精… Ⅱ．①哈… ②唐… Ⅲ．①JAVA语言—程
序设计 Ⅳ．①TP312.8

　　中国版本图书馆CIP数据核字(2018)第190745号

内 容 提 要

　　Java 提供了一套非常强大的并发 API，可以轻松实现任何类型的并发应用程序。本书讲述 Java 并发
API 最重要的元素，包括执行器框架、Phaser 类、Fork/Join 框架、流 API、并发数据结构、同步机制，并
展示如何在实际开发中使用它们。此外，本书还介绍了设计并发应用程序的方法论、设计模式、实现良好
并发应用程序的提示和技巧、测试并发应用程序的工具和方法，以及如何使用面向 Java 虚拟机的其他编程
语言实现并发应用程序。

　　本书适合 Java 开发人员阅读。

　　◆ 著　　　　[西] 哈维尔·费尔南德斯·冈萨雷斯

　　　　译　　　　唐富年

　　　　责任编辑　岳新欣

　　　　责任印制　周昇亮

　　◆ 人民邮电出版社出版发行　　北京市丰台区成寿寺路11号

　　　　邮编　100164　　电子邮件　315@ptpress.com.cn

　　　　网址　http://www.ptpress.com.cn

　　　　三河市君旺印务有限公司印刷

　　◆ 开本：800×1000　1/16

　　　　印张：21.5

　　　　字数：508千字　　　　　　　2018年10月第1版

　　　　印数：1 – 3 000册　　　　　　2018年10月河北第1次印刷

　　　　著作权合同登记号　图字：01-2017-8611号

　　　　　　　　　　　定价：89.00元

　　读者服务热线：(010)51095186转600　印装质量热线：(010)81055316
　　　　　　　反盗版热线：(010)81055315

　　广告经营许可证：京东工商广登字 20170147 号

译 者 序

Java 是一门非常强大的编程语言，特色突出，性能卓越，几乎在你说得出名称的所有计算平台上，都或多或少会浮现出 Java 的影子。当初 Sun 公司在推出 Java 之际就将其作为一种开放式的编程语言，这无疑为 Java 注入了永久的生命力，也绝对是一个足以对人类社会进步产生重大影响的伟大决定。

Java 并发 API 显然只是 Java 提供的一部分功能。然而到现在，在历经多次修改和丰富后，它已经强大到每个程序员都应予以高度重视的程度。在 Java 的每个版本中，并发 API 提供给程序员的功能都在增加。本书是近年来不可多得的一本专门介绍 Java 并发编程的图书，对于致力于 Java 大型程序设计、并行计算、分布式计算和大数据分析处理等方向的科研人员和工程人员来说，它值得一读。可以说本书是从并发处理的视角来探讨 Java 编程，也可以说是从 Java 的视角探讨并发处理。要阅读本书，需要预先了解 Java 语言的一些基础知识，需要有一些基本的 Java 程序设计经验，最好还了解一些并行计算或者数据处理的相关技术。译者不建议 Java 语言的初学者直接学习本书。

当 2016 年本书第 1 版（《精通 Java 8 并发编程》）刚出版时，图灵公司就敏锐洞察到本书的价值，并立即开始组织翻译工作。遗憾的是，此后不久官方就宣布了 Java 9 即将发布的消息。2017 年，Java 9 正式发布后，作者迅速推出了针对 Java 9 并发编程的第 2 版图书，因此原书第 1 版虽然已经翻译完成，但是最终没能跟读者见面。

在第 2 版中，作者修订了原书第 1 版的若干错误，更换了部分演示代码，增删了部分章节，使全书内容更具系统性，同时也增加和融入了 Java 9 的一些新特性。该书的主要特点如下。

- ❑ 第一，脉络清晰，内容全面。从执行器框架到流 API，从并发数据结构到同步机制，从程序设计到调试测试，基本上所有与并发程序设计相关的内容都有所涉及。全书主线明晰，阅读起来比较轻松。

- ❑ 第二，语言通俗，举例充分。教科书式的语言相对较少，原理通俗易懂，实例简洁明了。几乎针对每个重要的知识点都提供了足够的代码示例，使得学习和练习都很方便。

- ❑ 第三，面向应用，便于上手。作者的视角并不是停留在并发编程本身，而是在于如何使用并发编程解决实际问题以及提高处理效能。读者不需要深陷于原理本身，宜结合实际各取所需，而且书中的示例也都很实用。

从第 1 版到第 2 版，本书的翻译过程冗长而艰苦，同时也让译者获益良多，但是限于译者水平，译文之中难免会出现一些错漏之处，敬请读者海涵。图灵公司的多位编辑在本书的翻译过程中给予了指导，为本书耗费了大量心血，在此一并表示感谢。

致 Nuria、Paula 和 Pelayo，感谢你们无限的关爱和耐心。

前 言

目前，计算机系统（以及其他相关系统，如平板电脑、智能手机等）可以让你同时执行多项任务。这是因为它们拥有并发的操作系统，能够同时控制多项任务。使用你最喜欢的编程语言中的并发 API，还能实现一个可以同时执行多项任务（读取文件、显示消息、读取网络上的数据）的应用程序。Java 提供了一套非常强大的并发 API，让你不费吹灰之力就可以实现任何类型的并发应用程序。在 Java 的每个版本中，该并发 API 提供给程序员的功能都有所增加。从 Java 8 开始，已经包含了流 API 以及一些便于实现并发应用程序的新方法和类。本书讲述了 Java 并发 API 最重要的元素，展示了如何在实际开发中使用它们。这些元素如下所示。

- ❑ 执行器框架，用于控制大量任务的执行。
- ❑ Phaser 类，用于执行可划分为多个阶段的任务。
- ❑ Fork/Join 框架，用于执行采用分治法解决问题的任务。
- ❑ 流 API，用于处理大型数据源，包括新的反应流。
- ❑ 并发数据结构，用于在并发应用程序中存储数据。
- ❑ 同步机制，用于组织并发任务。

此外，Java 并发 API 还包含更多内容，包括设计并发应用程序的方法论、设计模式、实现良好并发应用程序的提示和技巧、测试并发应用程序的工具和方法，以及采用其他面向 Java 虚拟机的语言（例如 Clojure、Groovy 和 Scala）实现并发应用程序的方法。

本书内容

第 1 章，"第一步：并发设计原理"。这一章将介绍并发应用程序的设计原理。你还将了解到并发应用程序可能出现的问题，以及设计并发应用程序的方法论，同时还会学到一些设计模式、提示和技巧。

第 2 章，"使用基本元素：`Thread` 和 `Runnable`"。这一章将解释如何采用 Java 语言中最基本的元素（`Runnable` 接口和 `Thread` 类）来实现并发应用程序。有了这些元素，你可以创建一个可与实际执行线程并行执行的新执行线程。

第 3 章，"管理大量线程：执行器"。这一章将介绍执行器框架的基本原理。该框架让你能够使用大量的线程，而无须创建或管理它们。你将实现 k-最近邻算法和一个基本的客户端/服务器应用程序。

第 4 章，"充分利用执行器"。这一章将探讨执行器的一些高级特性，包括为了在一段延迟之后或每隔一定时间执行任务而进行的任务撤销和调度。你将实现一个高级客户端/服务器应用程序和一个新闻阅读器。

第 5 章，"从任务获取数据：`Callable` 接口与 `Future` 接口"。这一章将介绍如何在执行器中处理采用 `Callable` 与 `Future` 接口返回结果的任务。你将实现一个最佳匹配算法以及一个构建倒排索引的应用程序。

第 6 章，"运行分为多阶段的任务：`Phaser` 类"。这一章将介绍如何使用 `Phaser` 类来并发执行那些可分为多个阶段的任务。你将实现关键字抽取算法和遗传算法。

第 7 章，"优化分治解决方案：Fork/Join 框架"。这一章将介绍如何使用一种特殊的执行器，该执行器针对可以使用分治法解决的问题进行了优化，这就是 Fork/Join 框架及其工作窃取（work-stealing）算法。你将实现 k-means 聚类算法、数据筛选算法以及归并排序算法。

第 8 章，"使用并行流处理大规模数据集：MapReduce 模型"。这一章将介绍如何采用流来处理大规模数据集。你将学习如何使用流 API 和更多的流函数来实现 MapReduce 应用程序。你将实现一个数值汇总算法和一个信息检索工具。

第 9 章，"使用并行流处理大规模数据集：MapCollect 模型"。这一章将探讨如何使用流 API 中的 `collect()` 方法对数据流执行可变约简（mutable reduction）操作，将其转换为一种不同的数据结构，包括在 `Collectors` 类中预定义的一些收集器。你将实现一个无须建立索引就能够搜索数据的工具、一个推荐系统，以及计算社交网络中两个人的共同联系人列表的算法。

第 10 章，"异步流处理：反应流"。这一章将解释如何使用反应流来实现并发应用程序，而反应流则为带有非阻塞回压的异步流处理定义了标准。这种流的基本原理在官方网站的 Reactive Streams 介绍页面上有明确说明，而 Java 9 为其实现提供了必要的基础接口。

第 11 章，"探究并发数据结构和同步工具"。这一章将介绍如何使用最重要的并发数据结构（可用于并发应用程序而不会导致数据竞争条件的数据结构），以及 Java 并发 API 中用于组织任务执行的所有同步机制。

第 12 章，"测试与监视并发应用程序"。这一章将介绍如何获得 Java 并发 API 元素（线程、锁、执行器等）的状态信息。你还将学习如何使用 JConsole 应用程序来监视并发应用程序，以及如何使用 MultithreadedTC 库和 Java Pathfinder 应用程序来测试并发应用程序。

第 13 章，"JVM 中的并发处理：Clojure、带有 Gpars 库的 Groovy 以及 Scala"。这一章将介绍如何使用面向 Java 虚拟机的其他编程语言来实现并发应用程序。你将学习如何使用 Clojure、Scala 以及带有 Gpars 库的 Groovy 等编程语言所提供的并发元素。

阅读前提

要学习本书，你需要拥有 Java 编程语言的初中级知识，最好还对并发概念有基本的了解。

本书读者

如果你是了解并发编程基本原理的 Java 开发人员，同时又想成为 Java 并发 API 的专家型用户，以便开发出能够充分利用计算机全部硬件资源的最优化应用程序，那么本书就非常适合你。

排版约定

在本书中，你会发现多种文本样式，用于区分不同种类的信息。下面是一些文本样式的例子，以及对这些样式含义的说明。

正文中的代码、数据库表名、用户输入等都采用如下样式："modify()方法并不是原子的，而Account 类也不是线程安全的。"

代码段的样式如下。

```
public void task2() {
    section2_1();
    commonObject2.notify();
    commonObject1.wait();
    section2_2();
}
```

新术语和**重点强调**的内容都以黑体字表示。

 此图标表示警告或重要说明。

 此图标表示提示和技巧。

读者反馈

我们时刻欢迎你的反馈意见。这可以让我们了解你对本书的看法——喜欢什么或不喜欢什么。你的反馈对我们很重要，它可以帮助我们设计出真正让你受益良多的图书。请将一般性反馈意见直接发送至 feedback@packtpub.com，并在邮件的主题中注明书名。如果你对于某一主题有所专长，而且也有兴趣撰写或者参与编写一本书，请访问 www.packtpub.com/authors 查看我们的作者指南。

客户支持

现在，你已经是尊贵的 Packt 图书所有者了，我们通过以下方式使你的购买物有所值。

下载示例代码

你可以登录你的账户从 http://www.packtpub.com 下载本书的示例代码文件。如果你从其他地方购买了本书，可以访问 http://www.packtpub.com/support 并进行注册，我们会通过电子邮件将相关文件直接发送给你。可以通过以下步骤来下载代码文件。

(1) 使用你的电子邮件地址和密码登录网站或注册。

(2) 将鼠标放在顶部的 SUPPORT 选项卡上。

(3) 点击 Code Downloads & Errata 选项。

(4) 在 Search 框中输入书名。

(5) 选择要下载代码文件的那本书。

(6) 从下拉菜单中选择购书途径。

(7) 点击 Code Download 按钮。

下载文件之后，请确保使用下述工具的最新版本来解压或提取文件夹。

❑ WinRAR / 7-Zip（Windows）。

❑ Zipeg / iZip / UnRarX（Mac）。

❑ 7-Zip / PeaZip（Linux）。

GitHub 网站上也提供了本书配套的代码，可通过网址 https://github.com/PacktPublishing/Mastering-Concurrency-Programming-with-Java-9-Second-Edition 下载。通过网址 https://github.com/PacktPublishing/ 还可以获得我们各类图书和视频的配套代码。请检出它们供你使用吧！

勘误

尽管为确保内容的准确性，我们已经很谨慎，但是错误仍然在所难免。如果你在书中发现了任何文字或代码错误，请告知我们，我们将不胜感激。这样可以使其他读者免受同样的困惑，并能帮助我们改进本书的后续版本。如果你发现了任何错误，请访问 http://www.packtpub.com/submit-errata 将错误告知我们。[①]你需要在该页面上选定这本书，然后点击 Errata Submission Form 链接，输入勘误的详细内容。当勘误通过验证后，内容将被接受，而且该勘误信息将上传到我们的网站，或者添加到该书下面 Errata 部分的已有勘误表列表当中。要查看以前提交的勘误，可以访问 https://www.packtpub.com/books/content/support，在搜索栏中输入本书的名称。相关信息将出现在 Errata 部分中。

盗版问题

对所有媒体来说，互联网盗版都是一个长期存在的问题。在 Packt 公司，我们对自己的版权和许可证的保护非常严格。如果你在互联网上遇到以任何形式非法复制我们作品的行为，请立刻向我们提供具体地址或网站名称，以帮助我们采取补救措施。请通过 copyright@packtpub.com 联系我们，并且附上可疑盗版资料的链接。感谢你帮助我们保护作者，使我们能够带给你更有价值的内容。

其他问题

如果你对本书的任何方面还存有疑问，可以通过 questions@packtpub.com 邮箱联系我们，我们将尽力解决。

---

① 针对本书中文版的勘误，请到 http://www.ituring.com.cn/book/2018 查看和提交。——编者注

电子书

扫描如下二维码，即可购买本书电子版。

目　　录

第 1 章

第一步：并发设计原理

计算机系统的用户总是希望自己的系统具有更好的性能。他们想要获得质量更高的视频、更好的视频游戏和更快的网络速度。几年前，提高处理器的速度可以为用户提供更好的性能。但是如今，处理器的速度并没有加快。取而代之的是，处理器增加了更多核心，这样操作系统就可以同时执行多个任务。这就是所谓的**并发处理**。并发编程涵盖了在一台计算机上同时运行多个任务或进程所需的所有工具和技术，以及任务或进程之间为消除数据丢失或不一致而进行的通信和同步。本章将探讨如下主题。

- ❏ 基本的并发概念。
- ❏ 并发应用程序中可能出现的问题。
- ❏ 设计并发算法的方法论。
- ❏ Java 并发 API。
- ❏ 并发设计模式。
- ❏ 设计并发算法的提示和技巧。

1.1 基本的并发概念

首先介绍一下并发的基本概念。要理解本书其余的内容，必须先理解这些概念。

1.1.1 并发与并行

并发和并行是非常相似的概念，不同的作者会给这两个概念下不同的定义。关于并发，最被人们认可的定义是，在单个处理器上采用单核执行多个任务即为并发。在这种情况下，操作系统的任务调度程序会很快从一个任务切换到另一个任务，因此看起来所有任务都是同时运行的。对于并行来说也有同样的定义：同一时间在不同的计算机、处理器或处理器核心上同时运行多个任务，就是所谓的"并行"。

另一个关于并发的定义是，在系统上同时运行多个任务（不同的任务）就是并发。而另一个关于并行的定义是：同时在某个数据集的不同部分之上运行同一任务的不同实例就是并行。

关于并行的最后一个定义是，系统中同时运行了多个任务。关于并发的最后一个定义是，一种解释程序员将任务和它们对共享资源的访问同步的不同技术和机制的方法。

正如你看到的，这两个概念非常相似，而且这种相似性随着多核处理器的发展也在不断增强。

1.1.2 同步

在并发中，我们可以将**同步**定义为一种协调两个或更多任务以获得预期结果的机制。同步方式有两种。

❑ **控制同步**：例如，当一个任务的开始依赖于另一个任务的结束时，第二个任务不能在第一个任务完成之前开始。

❑ **数据访问同步**：当两个或更多任务访问共享变量时，在任意时间里，只有一个任务可以访问该变量。

与同步密切相关的一个概念是**临界段**。临界段是一段代码，由于它可以访问共享资源，因此在任何给定时间内，只能够被一个任务执行。**互斥**是用来保证这一要求的机制，而且可以采用不同的方式来实现。

请记住，同步可以帮助你在完成并发任务的同时避免一些错误（本章稍后将详述），但是它也为你的算法引入了一些开销。你必须非常仔细地计算任务的数量，这些任务可以独立执行，而无须并行算法中的互通信。这就涉及并发算法的**粒度**。如果算法有着**粗粒度**（低互通信的大型任务），同步方面的开销就会较低。然而，也许你不会用到系统所有的核心。如果算法有着**细粒度**（高互通信的小型任务），同步方面的开销就会很高，而且该算法的吞吐量可能不会很好。

并发系统中有不同的同步机制。从理论角度来看，最流行的机制如下。

❑ **信号量**（semaphore）：一种用于控制对一个或多个单位资源进行访问的机制。它有一个用于存放可用资源数量的变量，并且可以采用两种原子操作来管理该变量的值。**互斥**（mutex, mutual exclusion 的简写形式）是一种特殊类型的信号量，它只能取两个值（即**资源空闲**和**资源忙**），而且只有将互斥设置为**忙**的那个进程才可以释放它。互斥可以通过保护临界段来帮助你避免出现竞争条件。

❑ **监视器**：一种在共享资源之上实现互斥的机制。它有一个互斥、一个条件变量、两种操作（等待条件和通报条件）。一旦你通报了该条件，在等待它的任务中只有一个会继续执行。

在本章中，你将要学习的与同步相关的最后一个概念是**线程安全**。如果共享数据的所有用户都受到同步机制的保护，那么代码（或方法、对象）就是**线程安全**的。数据的非阻塞的 CAS（compare-and-swap，比较和交换）原语是不可变的，这样就可以在并发应用程序中使用该代码而不会出任何问题。

1.1.3 不可变对象

不可变对象是一种非常特殊的对象。在其初始化后，不能修改其可视状态（其属性值）。如果想修改一个不可变对象，那么你就必须创建一个新的对象。

不可变对象的主要优点在于它是线程安全的。你可以在并发应用程序中使用它而不会出现任何问题。

不可变对象的一个例子就是 Java 中的 `String` 类。当你给一个 `String` 对象赋新值时，会创建一个新的 `String` 对象。

1.1.4　原子操作和原子变量

与应用程序的其他任务相比，**原子操作**是一种发生在瞬间的操作。在并发应用程序中，可以通过一个临界段来实现原子操作，以便对整个操作采用同步机制。

原子变量是一种通过原子操作来设置和获取其值的变量。可以使用某种同步机制来实现一个原子变量，或者也可以使用 CAS 以无锁方式来实现一个原子变量，而这种方式并不需要任何同步机制。

1.1.5　共享内存与消息传递

任务可以通过两种不同的方法来相互通信。第一种方法是**共享内存**，通常用于在同一台计算机上运行多任务的情况。任务在读取和写入值的时候使用相同的内存区域。为了避免出现问题，对该共享内存的访问必须在一个由同步机制保护的临界段内完成。

另一种同步机制是**消息传递**，通常用于在不同计算机上运行多任务的情形。当一个任务需要与另一个任务通信时，它会发送一个遵循预定义协议的消息。如果发送方保持阻塞并等待响应，那么该通信就是同步的；如果发送方在发送消息后继续执行自己的流程，那么该通信就是异步的。

1.2　并发应用程序中可能出现的问题

编写并发应用程序并不是一件容易的工作。如果不能正确使用同步机制，应用程序中的任务就会出现各种问题。本节将介绍一些此类问题。

1.2.1　数据竞争

如果有两个或者多个任务在临界段之外对一个共享变量进行写入操作，也就是说没有使用任何同步机制，那么应用程序可能存在**数据竞争**（也叫作**竞争条件**）。

在这些情况下，应用程序的最终结果可能取决于任务的执行顺序。请看下面的例子。

```
package com.packt.java.concurrency;

public class Account {

  private float balance;

  public void modify (float difference) {

    float value=this.balance;
    this.balance=value+difference;
  }

}
```

假设有两个不同的任务执行了同一个 Account 对象中的 modify() 方法。由于任务中语句的执行顺序不同，最终结果也会有所不同。假设初始余额为 1000，而且两个任务都调用了 modify() 方法并采用 1000 作为参数。最终的结果应该是 3000，但是如果两个任务都在同一时间执行了第一条语句，然后又在同一时间执行了第二条语句，那么最终的结果将是 2000。正如你看到的，modify() 方法不是原子的，而 Account 类也不是线程安全的。

1.2.2 死锁

当两个（或多个）任务正在等待必须由另一线程释放的某个共享资源，而该线程又正在等待必须由前述任务之一释放的另一共享资源时，并发应用程序就出现了**死锁**。当系统中同时出现如下四种条件时，就会导致这种情形。我们将其称为 Coffman 条件。

- ❑ **互斥**：死锁中涉及的资源必须是不可共享的。一次只有一个任务可以使用该资源。
- ❑ **占有并等待条件**：一个任务在占有某一互斥的资源时又请求另一互斥的资源。当它在等待时，不会释放任何资源。
- ❑ **不可剥夺**：资源只能被那些持有它们的任务释放。
- ❑ **循环等待**：任务 1 正等待任务 2 所占有的资源，而任务 2 又正在等待任务 3 所占有的资源，以此类推，最终任务 n 又在等待由任务 1 所占有的资源，这样就出现了循环等待。

有一些机制可以用来避免死锁。

- ❑ **忽略它们**：这是最常用的机制。你可以假设自己的系统绝不会出现死锁，而如果发生死锁，结果就是你可以停止应用程序并且重新执行它。
- ❑ **检测**：系统中有一项专门分析系统状态的任务，可以检测是否发生了死锁。如果它检测到了死锁，可以采取一些措施来修复该问题，例如，结束某个任务或者强制释放某一资源。
- ❑ **预防**：如果你想防止系统出现死锁，就必须预防 Coffman 条件中的一条或多条出现。
- ❑ **规避**：如果你可以在某一任务执行之前得到该任务所使用资源的相关信息，那么死锁是可以规避的。当一个任务要开始执行时，你可以对系统中空闲的资源和任务所需的资源进行分析，这样就可以判断任务是否能够开始执行。

1.2.3 活锁

如果系统中有两个任务，它们总是因对方的行为而改变自己的状态，那么就出现了**活锁**。最终结果是它们陷入了状态变更的循环而无法继续向下执行。

例如，有两个任务：任务 1 和任务 2，它们都需要用到两个资源：资源 1 和资源 2。假设任务 1 对资源 1 加了一个锁，而任务 2 对资源 2 加了一个锁。当它们无法访问所需的资源时，就会释放自己的资源并且重新开始循环。这种情况可以无限地持续下去，所以这两个任务都不会结束自己的执行过程。

1.2.4 资源不足

当某个任务在系统中无法获取维持其继续执行所需的资源时，就会出现**资源不足**。当有多个任务在等待某一资源且该资源被释放时，系统需要选择下一个可以使用该资源的任务。如果你的系统中没有设计良好的算法，那么系统中有些线程很可能要为获取该资源而等待很长时间。

要解决这一问题就要确保**公平原则**。所有等待某一资源的任务必须在某一给定时间之内占有该资源。可选方案之一就是实现一个算法，在选择下一个将占有某一资源的任务时，对任务已等待该资源的时间因素加以考虑。然而，实现锁的公平需要增加额外的开销，这可能会降低程序的吞吐量。

1.2.5 优先权反转

当一个低优先权的任务持有了一个高优先级任务所需的资源时，就会发生**优先权反转**。这样的话，低优先权的任务就会在高优先权的任务之前执行。

1.3 设计并发算法的方法论

本节，我们将提出一个五步骤的方法论来获得某一串行算法的并发版本。该方法论基于 Intel 公司在其 "Threading Methodology: Principles and Practices" 文档中给出的方法论。

1.3.1 起点：算法的一个串行版本

我们实现并发算法的起点是该算法的一个串行版本。当然，也可以从头开始设计一个并发算法。不过我认为，算法的串行版本有两个方面的好处。

- ❑ 我们可以使用串行算法来测试并发算法是否生成了正确的结果。当接收同样的输入时，这两个版本的算法必须生成同样的输出结果，这样我们就可以检测并发版本中的一些问题，例如数据竞争或者类似的条件。
- ❑ 我们可以度量这两个算法的吞吐量，以此来观察使用并发处理是否能够改善响应时间或者提升算法一次性所能处理的数据量。

1.3.2 第 1 步：分析

在这一步中，我们将分析算法的串行版本来寻找它的代码中有哪些部分可以以并行方式执行。我们应该特别关注那些执行过程花费时间最多或者执行代码较多的部分，因为实现这些部分的并发版本将能获得较大的性能改进。

对这一过程而言，比较好的候选方案就是循环排查，让其中的一个步骤独立于其他步骤，或者让其中某些部分的代码独立于其他部分的代码（例如一个用于初始化某个应用程序的算法，它打开与数据库的连接，加载配置文件，初始化一些对象。所有这些前期任务都是相互独立的）。

1.3.3 第 2 步：设计

一旦你知道了要对哪些部分的代码并行处理，就要决定如何对其进行并行化处理了。

代码的变化将影响应用程序的两个主要部分。

- ❑ 代码的结构。
- ❑ 数据结构的组织。

你可以采用两种方式来完成这一任务。

❑ **任务分解**：当你将代码划分成两个或多个可以立刻执行的独立任务时，就是在进行任务分解。其中有些任务可能必须按照某种给定的顺序来执行，或者必须在同一点上等待。你必须使用同步机制来实现这样的行为。

❑ **数据分解**：当使用同一任务的多个实例分别对数据集的一个子集进行处理时，就是在进行数据分解。该数据集是一个共享资源，因此，如果这些任务需要修改数据，那你必须实现一个临界段来保护对数据的访问。

另一个必须牢记的要点是解决方案的粒度。实现一个算法的并发版本，其目标在于实现性能的改善，因此你应该使用所有可用的处理器或核。另一方面，当你采用某种同步机制时，就引入了一些额外的必须执行的指令。如果你将算法分割成很多小任务（细粒度），实现同步机制所需额外引入的代码就会导致性能下降。如果你将算法分割成比核数还少的任务（粗粒度），那么就没有充分利用全部资源。同样，你还要考虑每个线程都必须要做的工作，尤其是当你实现细粒度解决方案时。如果某个任务的执行时间比其他任务长，那么该任务将决定整个应用程序的执行时间。你需要在这两点之间找到平衡。

1.3.4　第 3 步：实现

下一步就是使用某种编程语言来实现并发算法了，而且如果必要，还要用到线程库。在本书的例子中，我们将使用 Java 语言来实现所有算法。

1.3.5　第 4 步：测试

在完成实现过程之后，你应该对该并行算法进行测试。如果你有了算法的串行版本，可以对比这两个版本算法的结果，从而验证并行版本是否正确。

测试和调试一个并行程序的具体实现是非常困难的任务，因为应用程序中不同任务的执行顺序是无法保证的。在第 12 章中，你将学到一些提示、技巧和工具，从而可以高效地完成这些任务。

1.3.6　第 5 步：调整

最后一步是对比并行算法和串行算法的吞吐量。如果结果并未达到预期，那么你必须重新审查该算法，查找造成并行算法性能较差的原因。

你也可以测试该算法的不同参数（例如任务的粒度或数量），从而找到最佳配置。

还有其他一些指标可用来评估通过使算法并行处理可能获得的性能改进。下面给出的是最常见的三个指标。

❑ **加速比（speedup）**：这是一个用于评价并行版算法和串行版算法之间相对性能改进情况的指标。

$$\text{Speedup} = \frac{T_{\text{sequential}}}{T_{\text{concurrent}}}$$

其中，$T_{\text{sequential}}$ 是算法串行版的执行时间，而 $T_{\text{concurrent}}$ 是算法并行版的执行时间。

□ **Amdahl 定律**：该定律用于计算对算法并行化处理之后可获得的最大期望改进。

$$Speedup \leqslant \frac{1}{(1-P) + \dfrac{P}{N}}$$

其中，P 是可以进行并行化处理的代码的百分比，而 N 是你准备用于执行该算法的计算机的核数。例如，如果你可以对 75% 的代码进行并行化处理并且有四个核，那么最大加速比可按照如下公式进行计算。

$$Speedup \leqslant \frac{1}{(1-0.75) + \left(\dfrac{0.75}{4}\right)} \leqslant \frac{1}{0.44} \leqslant 2.29$$

□ **Gustafson-Barsis 定律**[①]：Amdahl 定律具有一定缺陷。它假设当你增加核的数量时输入数据集是相同的，但是一般来说，当拥有更多的核时，你就想处理更多的数据。Gustafson 定律认为，当你有更多可用的核时，可同时解决的问题规模就越大，其公式如下

$$Speedup = P - \alpha \times (P-1)$$

其中，N 为核数，而 P 为可并行处理代码所占的百分比。

如果我们使用之前的同一示例，那么 Gustafson 定律计算出的可伸缩加速比如下。

$$Speedup = 4 - 0.25 \times (3) = 3.25$$

1.3.7　结论

在本节中，你知晓了在对某一串行算法进行并行化处理时必须考虑的问题。

首先，并非每一个算法都可以进行并行化处理。例如，如果你要执行一个循环，其每次迭代的结果取决于前一次迭代的结果，那么你就不能对该循环进行并行化处理。基于同样的原因，递归算法是无法进行并行化处理的另一个例子。

你要牢记的另一重要事项是：对性能良好的串行版算法实现并行处理，实际上是个糟糕的出发点。如果在你开始对某个算法进行并行化处理时，发现并不容易找到代码的独立部分，那么你就要找一找该算法的其他版本，并且验证一下该版本的算法是否能够很方便地进行并行化处理。

最后，当你实现一个并发应用程序时（从头开始或者基于一个串行算法），必须要考虑下面几点。

□ **效率**：并行版算法花费的时间必须比串行版算法少。对算法进行并行处理的首要目标就是实现运行时间比串行版算法少，或者说它能够在相同时间内处理更多的数据。

□ **简单**：当你实现一个算法（无论是否为并行算法）时，必须尽可能确保其简单。它应该更加容易实现、测试、调试和维护，这样就会少出错。

□ **可移植性**：你的并行算法应该只需要很少的更改就能够在不同的平台上执行。因为在本书中使用 Java 语言，所以做到这一点非常简单。有了 Java，你就可以在每一种操作系统中执行程序而无须任何更改（除非因为程序实现而必须更改）。

---

① 也称作 Gustafson 定律。——译者注

❑ **伸缩性**：如果你增加了核的数目，算法会发生什么情况？正如前面提到的，你应该使用所有可用的核，这样一来你的算法就能利用所有可用的资源。

1.4   Java 并发 API

Java 编程语言含有非常丰富的并发 API。它含有管理基本并发元素所需的类，例如 `Thread`、`Lock` 和 `Semaphore` 等类，以及用于实现非常高层同步机制的类，例如**执行器**框架或新增加的并行 `Stream` API。

本节将涵盖形成并发 API 的基本类。

1.4.1   基本并发类

并发 API 的基本类如下。

❑ `Thread` 类：该类描述了执行并发 Java 应用程序的所有线程。

❑ `Runnable` 接口：这是 Java 中创建并发应用程序的另一种方式。

❑ `ThreadLocal` 类：该类用于存放从属于某一线程的变量。

❑ `ThreadFactory` 接口：这是实现 `Factory` 设计模式的基类，你可以用它来创建定制线程。

1.4.2   同步机制

Java 并发 API 包括多种同步机制，可以支持你：

❑ 定义用于访问某一共享资源的临界段；

❑ 在某一共同点上同步不同的任务。

下面是最重要的同步机制。

❑ `synchronized` **关键字**：`synchronized` 关键字允许你在某个代码块或者某个完整的方法中定义一个临界段。

❑ `Lock` **接口**：`Lock` 提供了比 `synchronized` 关键字更为灵活的同步操作。`Lock` 接口有多种不同类型：`ReentrantLock` 用于实现一个可与某种条件相关联的锁；`ReentrantRead-WriteLock` 将读写操作分离开来；`StampedLock` 是 Java 8 中增加的一种新特性，它包括三种控制读/写访问的模式。

❑ `Semaphore` 类：该类通过实现经典的信号量机制来实现同步。Java 支持二进制信号量和一般信号量。

❑ `CountDownLatch` 类：该类允许一个任务等待多项操作的结束。

❑ `CyclicBarrier` 类：该类允许多线程在某一共同点上进行同步。

❑ `Phaser` 类：该类允许你控制那些分割成多个阶段的任务的执行。在所有任务都完成当前阶段之前，任何任务都不能进入下一阶段。

1.4.3　执行器

执行器框架是在实现并发任务时将线程的创建和管理分割开来的一种机制。你不必担心线程的创建和管理，只需要关心任务的创建并且将其发送给执行器。该框架中涉及的主要类如下。

- ❑ **Executor** 接口和 **ExecutorService** 接口：它们包含了所有执行器共有的 execute() 方法。
- ❑ **ThreadPoolExecutor** 类：该类允许你获取一个含有线程池的执行器，而且可以定义并行任务的最大数目。
- ❑ **ScheduledThreadPoolExecutor** 类：这是一种特殊的执行器，可以使你在某段延迟之后执行任务或者周期性执行任务。
- ❑ **Executors**：该类使执行器的创建更为容易。
- ❑ **Callable** 接口：这是 Runnable 接口的替代接口——可返回值的一个单独的任务。
- ❑ **Future** 接口：该接口包含了一些能获取 Callable 接口返回值并且控制其状态的方法。

1.4.4　Fork/Join 框架

Fork/Join 框架定义了一种特殊的执行器，尤其针对采用分治方法进行求解的问题。针对解决这类问题的并发任务，它还提供了一种优化其执行的机制。Fork/Join 是为细粒度并行处理量身定制的，因为它的开销非常小，这也是将新任务加入队列中并且按照队列排序执行任务的需要。该框架涉及的主要类和接口如下。

- ❑ **ForkJoinPool**：该类实现了要用于运行任务的执行器。
- ❑ **ForkJoinTask**：这是一个可以在 ForkJoinPool 类中执行的任务。
- ❑ **ForkJoinWorkerThread**：这是一个准备在 ForkJoinPool 类中执行任务的线程。

1.4.5　并行流

流和 lambda 表达式可能是 Java 8 中最重要的两个新特性。流已经被增加为 Collection 接口和其他一些数据源的方法，它允许处理某一数据结构的所有元素、生成新的结构、筛选数据和使用 MapReduce 方法来实现算法。

并行流是一种特殊的流，它以一种并行方式实现其操作。使用并行流时涉及的最重要的元素如下。

- ❑ **Stream** 接口：该接口定义了所有可以在一个流上实施的操作。
- ❑ **Optional**：这是一个容器对象，可能（也可能不）包含一个非空值。
- ❑ **Collectors**：该类实现了约简（reduction）操作，而该操作可作为流操作序列的一部分使用。
- ❑ **lambda** 表达式：流被认为是可以处理 lambda 表达式的。大多数流方法都会接收一个 lambda 表达式作为参数，这让你可以实现更为紧凑的操作。

1.4.6　并发数据结构

Java API 中的常见数据结构（例如 ArrayList、Hashtable 等）并不能在并发应用程序中使用，除非采用某种外部同步机制。但是如果你采用了某种同步机制，应用程序就会增加大量的额外计算时间。而如果你不采用同步机制，那么应用程序中很可能出现竞争条件。如果你在多个线程中修改数据，那么就会出现竞争条件，你可能会面对各种异常（例如 ConcurrentModificationException 和 ArrayIndexOutOfBoundsException），出现隐性数据丢失，或者应用程序会陷入死循环。

　　Java 并发 API 中含有大量可以在并发应用中使用而没有风险的数据结构。我们将它们分为以下两大类别。

- **阻塞型数据结构**：这些数据结构含有一些能够阻塞调用任务的方法，例如，当数据结构为空而你又要从中获取值时。
- **非阻塞型数据结构**：如果操作可以立即进行，它并不会阻塞调用任务。否则，它将返回 null 值或者抛出异常。

下面是其中的一些数据结构。

- ConcurrentLinkedDeque：这是一个非阻塞型的列表。
- ConcurrentLinkedQueue：这是一个非阻塞型的队列。
- LinkedBlockingDeque：这是一个阻塞型的列表。
- LinkedBlockingQueue：这是一个阻塞型的队列。
- PriorityBlockingQueue：这是一个基于优先级对元素进行排序的阻塞型队列。
- ConcurrentSkipListMap：这是一个非阻塞型的 NavigableMap。
- ConcurrentHashMap：这是一个非阻塞型的哈希表。
- AtomicBoolean、AtomicInteger、AtomicLong 和 AtomicReference：这些是基本 Java 数据类型的原子实现。

1.5　并发设计模式

　　在软件工程中，**设计模式**是针对某一类共同问题的解决方案。这种解决方案被多次使用，而且已经被证明是针对该类问题的最优解决方案。每当你需要解决这其中的某个问题，就可以使用它们来避免做重复工作。其中，**单例模式**（Singleton）和**工厂模式**（Factory）是几乎每个应用程序中都要用到的通用设计模式。

　　并发处理也有其自己的设计模式。本节，我们将介绍一些最常用的并发设计模式，以及它们的 Java 语言实现。

1.5.1　信号模式

　　这种设计模式介绍了如何实现某一任务向另一任务通告某一事件的情形。实现这种设计模式最简单的方式是采用信号量或者互斥，使用 Java 语言中的 ReentrantLock 类或 Semaphore 类即可，甚至可以采用 Object 类中的 wait() 方法和 notify() 方法。

　　请看下面的例子。

```
public void task1() {
  section1();
  commonObject.notify();
}

public void task2() {
  commonObject.wait();
  section2();
}
```

在上述情况下，section2()方法总是在section1()方法之后执行。

1.5.2 会合模式

这种设计模式是**信号**模式的推广。在这种情况下，第一个任务将等待第二个任务的某一事件，而第二个任务又在等待第一个任务的某一事件。其解决方案和信号模式非常相似，只不过在这种情况下，你必须使用两个对象而不是一个。

请看下面的例子。

```
public void task1() {
  section1_1();
  commonObject1.notify();
  commonObject2.wait();
  section1_2();
}
public void task2() {
  section2_1();
  commonObject2.notify();
  commonObject1.wait();
  section2_2();
}
```

在上述情况下，section2_2()方法总是会在 section1_1()方法之后执行，而 section1_2()方法总是会在 section2_1()方法之后执行。仔细想想就会发现，如果你将对 wait()方法的调用放在对 notify()方法的调用之前，那么就会出现死锁。

1.5.3 互斥模式

互斥这种机制可以用来实现临界段，确保操作相互排斥。这就是说，一次只有一个任务可以执行由互斥机制保护的代码片段。在 Java 中，你可以使用 synchronized 关键字（这允许你保护一段代码或者一个完整的方法）、ReentrantLock 类或者 Semaphore 类来实现一个临界段。

让我们看看下面的例子。

```
public void task() {
  preCriticalSection();
  try {
    lockObject.lock() // 临界段开始
    criticalSection();
  } catch (Exception e) {
```

```
  } finally {
    lockObject.unlock(); // 临界段结束
    postCriticalSection();
}
```

1.5.4　多元复用模式

多元复用设计模式是互斥机制的推广。在这种情形下，规定数目的任务可以同时执行临界段。这很有用，例如，当你拥有某一资源的多个副本时。在 Java 中实现这种设计模式最简单的方式是使用 Semaphore 类，并且使用可同时执行临界段的任务数来初始化该类。

请看如下示例。

```
public void task() {
  preCriticalSection();
  semaphoreObject.acquire();
  criticalSection();
  semaphoreObject.release();
  postCriticalSection();
}
```

1.5.5　栅栏模式

这种设计模式解释了如何在某一共同点上实现任务同步的情形。每个任务都必须等到所有任务都到达同步点后才能继续执行。Java 并发 API 提供了 CyclicBarrier 类，它是这种设计模式的一个实现。

请看下面的例子。

```
public void task() {
  preSyncPoint();
  barrierObject.await();
  postSyncPoint();
}
```

1.5.6　双重检查锁定模式

当你获得某个锁之后要检查某项条件时，这种设计模式可以为解决该问题提供方案。如果该条件为假，你实际上也已经花费了获取到理想的锁所需的开销。对象的延迟初始化就是针对这种情形的例子。如果你有一个类实现了单例设计模式，那可能会有如下这样的代码。

```
public class Singleton{
  private static Singleton reference;
  private static final Lock lock=new ReentrantLock();

  public static Singleton getReference() {
    try {
      lock.lock();
```

```
      if (reference==null) {
        reference=new Object();
      }
    } catch (Exception e) {
        System.out.println(e);
    } finally {
        lock.unlock();
    }
    return reference;
  }
}
```

一种可能的解决方案就是在条件之中包含锁。

```
public class Singleton{
  private Object reference;
  private Lock lock=new ReentrantLock();
  public Object getReference() {
    if (reference==null) {
      lock.lock();
      if (reference == null) {
        reference=new Object();
      }
      lock.unlock();
    }
    return reference;
  }
}
```

该解决方案仍然存在问题。如果两个任务同时检查条件，你将要创建两个对象。解决这一问题的最佳方案就是不使用任何显式的同步机制。

```
public class Singleton {

  private static class LazySingleton {
    private static final Singleton INSTANCE = new Singleton();
  }

  public static Singleton getSingleton() {
    return LazySingleton.INSTANCE;
  }

}
```

1.5.7　读–写锁模式

当你使用锁来保护对某个共享变量的访问时，只有一个任务可以访问该变量，这和你将要对该变量实施的操作是相互独立的。有时，你的变量需要修改的次数很少，却需要读取很多次。这种情况下，锁的性能就会比较差了，因为所有读操作都可以并发进行而不会带来任何问题。为解决这样的问题，出现了读–写锁设计模式。这种模式定义了一种特殊的锁，它含有两个内部锁：一个用于读操作，而另一个用于写操作。该锁的行为特点如下所示。

- 如果一个任务正在执行读操作而另一任务想要进行另一个读操作，那么另一任务可以进行该操作。
- 如果一个任务正在执行读操作而另一任务想要进行写操作，那么另一任务将被阻塞，直到所有的读取方都完成操作为止。
- 如果一个任务正在执行写操作而另一任务想要执行另一操作（读或者写），那么另一任务将被阻塞，直到写入方完成操作为止。

Java 并发 API 中含有 `ReentrantReadWriteLock` 类，该类实现了这种设计模式。如果你想从头开始实现该设计模式，就必须非常注意读任务和写任务之间的优先级。如果有太多读任务存在，那么写任务等待的时间就会很长。

1.5.8 线程池模式

这种设计模式试图减少为执行每个任务而创建线程所引入的开销。该模式由一个线程集合和一个待执行的任务队列构成。线程集合通常具有固定大小。当一个线程完成了某个任务的执行时，它本身并不会结束执行，它要寻找队列中的另一个任务。如果存在另一个任务，那么它将执行该任务。如果不存在另一个任务，那么该线程将一直等待，直到有任务插入队列中为止，但是线程本身不会被终结。

Java 并发 API 包含一些实现 `ExecutorService` 接口的类，该接口内部采用了一个线程池。

1.5.9 线程局部存储模式

这种设计模式定义了如何使用局部从属于任务的全局变量或静态变量。当在某个类中有一个静态属性时，那么该类的所有对象都会访问该属性的同一存在。如果使用了线程局部存储，则每个线程都会访问该变量的一个不同实例。

Java 并发 API 包含了 `ThreadLocal` 类，该类实现了这种设计模式。

1.6 设计并发算法的提示和技巧

本节汇编了一些需要你牢记的提示和技巧，它们可以帮助你设计出良好的并发应用程序。

1.6.1 正确识别独立任务

你只能执行那些相互独立的并发任务。如果两个或多个任务之间存在某种顺序依赖，你可能没兴趣尝试以并发方式执行它们，同时引入某种同步机制来保证执行顺序。这些任务将以串行方式执行，而你还必须使用同步机制。另一种不同的场景是，你的任务具有一些先决条件，但是这些先决条件都是相互独立的。在这种情形下，你可以以并发方式执行这些先决条件，然后在完成先决条件后使用一个同步类来控制任务的执行。

另一个无法使用并发处理的场景是，你有一个循环，而所有步骤所使用的数据都是由它之前的步骤生成的，或者存在一些需要从一个步骤流转到下一步骤的状态信息。

1.6.2　在尽可能高的层面上实施并发处理

像 Java 并发 API 这样丰富的线程处理 API，为你在应用程序中实现并发处理提供了不同的类。对于 Java 来说，你可以使用 `Thread` 类或 `Lock` 类来控制线程的创建和同步，不过 Java 也提供了高层次的并发处理对象，例如执行器或 Fork/Join 框架，它们都可以支持你执行并发任务。这种高层机制有下述好处。

- ❏ 你不需要担心线程的创建和管理，只需要创建并且发送任务以使其执行。Java 并发 API 会帮助你控制线程的创建和管理。
- ❏ 它们都经过了优化，可以比直接使用线程提供更好的性能。例如，它们使用了一个线程池，可对线程进行重用，避免了为每个任务都创建线程。你可以从头开始实现这些机制，但是这会花费你大量的时间，而且这也是一项复杂的任务。
- ❏ 它们含有一些高级特性，可以使 API 更加强大。例如，有了 Java 中的执行器，你可以执行以 `Future` 对象形式返回结果的任务。同样，你也可以从头开始实现这些机制，但是并不建议这样做。
- ❏ 你的应用程序很容易从一个操作系统被迁移到另一个，而且它将具有更好的伸缩性。
- ❏ 你的应用程序在今后的 Java 版本中可能会更加快速。Java 开发人员一直都在改进内部构件，而且 JVM 优化也会更加适合于 JDK API。

总之，出于性能和开发时间方面的原因，在实现并发算法之前，要分析一下线程 API 提供的高层机制。

1.6.3　考虑伸缩性

若是要实现一个并发算法，主要目标之一就是要利用计算机的全部资源，尤其是要充分利用处理器或者核的数目。但是这个数目可能会随时间推移而发生变化。硬件是不断改进的，而且其成本每年都在降低。

当你使用数据分解来设计并发算法时，不要预先假定应用程序要在多少个核或者处理器上执行。要动态获取系统的有关信息（例如，在 Java 中可以使用 `Runtime.getRuntime().available-Processors()` 方法来获取信息），并且让你的算法使用这些信息来计算它要执行的任务数。这个过程会给算法执行时间带来额外开销，但是你的算法将有更好的伸缩性。

如果你使用任务分解来设计并发算法，情况就会更加复杂。你要根据算法中独立任务的数目来设计，而且强制执行较多的任务将会增加由同步机制引入的开销，而且应用程序的整体性能甚至会更糟糕。要详细分析算法来判断是否要采用动态的任务数。

1.6.4　使用线程安全 API

如果你需要在并发应用程序中使用某个 Java 库，首先要阅读其文档以了解该库是否为线程安全的。如果它是线程安全的，那么你可以在自己的应用程序中使用它而不会出现任何问题。如果它不是线程安全的，那么你有如下两个选择。

❑ 如果已经存在一个线程安全的替代方案，那么就应该使用该替代方案。

❑ 如果不存在线程安全的替代方案，就应该添加必要的同步机制来避免所有可能出现问题的情形，尤其是数据竞争条件。

例如，如果你在并发应用程序中需要用到一个 List，且需要在多个线程中对其更新，那么就不应该使用 ArrayList 类，因为它不是线程安全的。在这种情况下，你可以使用一个线程安全的类，例如 ConcurrentLinkedDeque、CopyOnWriteArrayList 或者 LinkedBlockingDeque。如果你要用的类不是线程安全的，你必须首先查找一个线程安全的替代方案。采用并发 API 很可能比你所能实现的任何替代方案都更加优化。

1.6.5 绝不要假定执行顺序

如果你不采用任何同步机制，那么在并发应用程序中任务的执行顺序是不确定的。任务执行的顺序以及每个任务执行的时间，是由操作系统的调度器所决定的。在多次执行时，调度器并不关心执行顺序是否相同。下一次执行时顺序可能就不同了。

假定某一执行顺序的结果通常会导致数据竞争问题。算法的最终结果取决于任务执行的顺序。有时，结果可能是正确的，但在其他时候可能是错误的。检测导致数据竞争条件的原因非常困难，因此你必须小心谨慎，不要忘记所有必须进行同步的元素。

1.6.6 在静态和共享场合尽可能使用局部线程变量

线程局部变量是一种特殊的变量。每个任务针对该变量都有一个独立的值，这样你就不需要任何同步机制来保护对该变量的访问。

这听起来有些奇怪。对于该类的各个属性，每个对象都有自己的一个副本，那么为什么我们还需要线程局部变量呢？试想这样的场景：你创建了一个 Runnable 任务，而且你也想执行该任务的多个实例。你可以为要执行的每个线程都创建一个 Runnable 对象，但另一个可选方案是创建一个 Runnable 对象并且使用该对象创建所有线程。在后一种情况中，所有线程都将访问该类各属性的同一副本，除非你使用 ThreadLocal 类。ThreadLocal 类确保了每个线程都将访问自己针对该变量的实例，而不需要使用 Lock 类、Semaphore 类或者类似的类。

另一种场景是，你所使用的 Thread 局部变量带有静态属性。此时，类的所有实例都会共享其静态属性，除非你使用 ThreadLocal 类来声明它们。在使用 ThreadLocal 类声明的情况下，每个线程都访问其自己的副本。

另一个可选方案是使用 ConcurrentHashMap<Thread, MyType>这样的方式，像 var.get(Thread.currentThread())或 var.put(Thread.currentThread(), newValue)这样使用它。通常，由于可能出现竞争，这种方式要比采用 ThreadLocal 的方式明显慢一些（采用 ThreadLocal 根本就没有竞争）。不过这种方式也有其优点：你可以完全清空哈希表，这样对每个线程来说其中的值都会消失。因此，采用这种方式有时也是有用的。

1.6.7　寻找更易于并行处理的算法版本

我们将算法定义为解决某一问题的一系列步骤。解决同一问题可以有许多方式。有些方式速度更快，有些方式使用的资源更少，还有一些方式能够更好地适应输入数据的特定特征。例如，如果你想要对一组数排序，可以使用已实现的多种排序算法之一来解决问题。

在前一节中，我们推荐你使用串行版算法作为实现并发算法的起点。这种方式主要有两个优点。
- 很容易测试并行算法结果的正确性。
- 可以度量采用并发处理后获得的性能提升。

但是并非每个算法都可以并行化处理，至少并不那么容易。你可能认为最好的起点是解决待并行处理的问题的性能最佳的串行算法，但这是一种错误的假设。你应该寻找更容易并行化的算法，然后将该并发算法和其性能最佳的串行版本对比，看看哪个可以提供更高的吞吐量。

1.6.8　尽可能使用不可变对象

在并发应用程序中遇到的一个主要问题就是数据竞争条件。前文已经提到，如果两个或多个任务能修改在某个共享变量中存放的数据，却没有在临界段中实现对该变量的访问，就会发生数据竞争条件这样的情况。

例如，当你使用 Java 这样的面向对象的语言时，可以将应用程序作为一个对象集合来实现。每个对象都有一些属性，还有一些方法用来读取和更改这些属性的值。如果有些任务共享了某个对象，那么当你调用某个没有同步机制保护的方法来更改该对象某个属性的值时，就很可能会出现数据不一致问题。

有一些特殊的对象叫作不可变对象，其主要特征是初始化之后你不能对其任何属性进行修改。如果你想要修改某一属性的值，必须创建另一个对象。Java 中的 String 类是不可变对象的最佳例子。当你使用某种看起来会改变 String 对象值的运算符（例如=或+=）时，实际上创建了一个新的对象。

在并发应用程序中使用不可变对象有如下两个非常重要的好处。
- 不需要任何同步机制来保护这些类的方法。如果两个任务要修改同一对象，它们将创建新的对象，因此绝不会出现两个任务同时修改同一对象的情况。
- 不会有任何数据不一致问题，因为这是第一点的必然结果。

不可变对象存在一个缺点。如果你创建了太多的对象，可能会影响应用程序的吞吐量和内存使用。如果你有一个没有内部数据结构的简单对象，将其作为不可变对象通常是没有问题的。然而，构造由其他对象集合整合而成的复杂不可变对象通常会导致严重的性能问题。

1.6.9　通过对锁排序来避免死锁

在并发应用程序中避免死锁的最佳机制之一是强制要求任务总是以相同顺序获取资源。实现这种机制的一种简单方式是为每个资源都分配一个编号。当一个任务需要多个资源时，它需要按照顺序来请求。

例如，你有两个任务 T1 和 T2，它们都需要两项资源 R1 和 R2，你可以强制它们首先请求 R1 资源然后请求 R2 资源，这样就不会发生死锁。

另一方面，如果 T1 首先请求了 R1 资源然后请求 R2 资源，并且 T2 首先请求了 R2 资源然后请求 R1 资源，那么就会发生死锁。

这一技巧的一种错误使用如下所示。你有两个任务都需要获得两个 Lock 对象，它们都试图以不同顺序来获取锁。

```
public void operation1() {
  lock1.lock();
  lock2.lock();
        .
}
public void operation2() {
  lock2.lock();
  lock1.lock();
}
```

可能 operation1()方法执行了它的第一条语句，而 operation2()方法也执行了它的第一条语句，这样它们都将等待另一个锁，也就发生了死锁。

只要按照同样的顺序获取锁，就可以避免这一点。如果按照下述代码更改 operation2()方法，就绝不会发生死锁。

```
public void operation2() {
  lock1.lock();
  lock2.lock();
}
```

1.6.10   使用原子变量代替同步

当你要在两个或者多个任务之间共享数据时，必须使用同步机制来保护对该数据的访问，并且避免任何数据不一致问题。

某些情况下，你可以使用 volatile 关键字而不使用同步机制。如果只有一个任务修改数据而其他任务都读取数据，那么你可以使用 volatile 关键字而无须任何同步机制，并且不会出现数据不一致问题。在其他场合，你需要使用锁、synchronized 关键字或者其他同步方法。

在 Java 5 中，并发 API 中有一种新的变量，叫作原子变量。这些变量都是在单个变量上支持原子操作的类。它们含有一个名为 compareAndSet(oldValue, newValue)的方法，该方法具有一种机制，可用于探测某个步骤中将新值赋给变量的操作是否完成。如果变量的值等于 oldValue，那么该方法将变量的值更改为 newValue 并且返回 true。否则，该方法返回 false。以类似方式工作的方法还有很多，例如 getAndIncrement()和 getAndDecrement()等。这些方法也都是原子的。

该解决方案是免锁的，也就是说不需要使用锁或者任何同步机制，因此它的性能比任何采用同步机制的解决方案要好。

在 Java 中可用的最重要的原子变量有如下几种：

❑ AtomicInteger
❑ AtomicLong

☐ AtomicReference
☐ AtomicBoolean
☐ LongAdder
☐ DoubleAdder

1.6.11　占有锁的时间尽可能短

和其他所有同步机制一样，锁允许你定义一个临界段，一次只有一个任务可以执行。当一个任务执行该临界段时，其他要执行临界段的任务都将被阻塞并且要等待该临界段被释放。这样，该应用程序其实是以串行方式来工作的。

你要特别注意临界段中的指令，因为如果不了解它的话会降低应用程序的性能。你必须将临界段定制得尽可能小，而且它必须仅包含处理与其他任务共享的数据的指令，这样应用程序花费在串行处理上的时间就会最少。

避免在临界段中执行你无法控制的代码。例如，你写了一个库，它接收一个用户自定义的 Callable 对象作为参数，但是该对象有时候需要由你启动，而你并不知道该 Callable 对象中到底有什么。也许它会阻塞输入/输出、获取某些锁、调用你库中的其他方法，或者只是需要处理很长一段时间。因此，如果可能的话，在你的库并不占有任何锁时，再尝试执行这些代码。如果对你的算法来说不可能做到这一点，就在该库的文档中说明这一情况，并且尽可能说明对用户提供的代码的限制（例如，这些代码不应该加任何锁）。一个很好的例子就是 ConcurrentHashMap 类的 compute() 方法的文档说明。

1.6.12　谨慎使用延迟初始化

延迟初始化就是将对象的创建延迟到该对象在应用程序中首次使用时的一种机制。它的主要优点是可以使内存使用最小化，因为你只需要创建实际需要的对象。但是在并发应用程序中它也可能引发问题。

如果你使用某个方法初始化某一对象，并且该方法同时被两个不同的任务调用，那么你可以初始化两个不同的对象。但是这可能会带来问题（例如对单例模式的类来说），因为你只想为这些类创建一个对象。

这一问题已经有了很好的解决方案，这就是延迟加载的单例模式（请查看维基百科中关于"initialization-on-demand holder idiom"的解释）。

1.6.13　避免在临界段中使用阻塞操作

阻塞操作是指阻塞任务对其进行调用，直到某一事件发生后再调用的操作。例如，当你从某一文件读取数据或者向控制台输出数据时，调用这些操作的任务必须等待，直到这些操作完成为止。

如果临界段中包含了这样的操作，应用程序的性能就会降低，因为需要执行该临界段的任务都无法执行临界段了。位于临界段中的操作等待某个 I/O 操作结束，而其他任务则一直在等待临界段。

除非必要，否则不要在临界段中加入阻塞操作。

1.7   小结

并发程序设计包含了在一台计算机上同时运行多个任务或者进程所必需的工具和技术，以及在它们之间确保不出现数据丢失和不一致所需的通信和同步。

本章一开始介绍了并发的基本概念。要完全理解本书中的例子，你必须知道并理解并发、并行和同步等术语。然而，并发处理也会产生一些问题，例如数据竞争条件、死锁、活锁等。你还必须知道并发应用程序可能存在的问题，这会帮助你识别和解决这些问题。

我们还介绍了 Intel 公司提出的一个五步骤的简单方法论，它用于将一个串行算法转换成并发算法。此外还展示了采用 Java 语言实现的一些并发设计模式，介绍了一些在实现并发应用程序时可以借鉴的技巧。

最后简单介绍了 Java 并发 API 的组件。这是一个非常丰富的 API，既有低层机制，也有很高层的机制，让你很容易实现强大的并发应用程序。

下一章，你将学习如何使用 Java 并发应用程序的基本要素：`Thread` 类和 `Runnable` 接口。

第2章

使用基本元素：Thread 和 Runnable

执行线程是并发应用程序的核心。实现并发应用程序时，无论采用何种编程语言，都必须创建不同的执行线程，并且这些线程以不确定的顺序并行运行，除非你使用同步元素，比如信号量。在 Java 中，创建执行线程有两种方法。

❑ 扩展 Thread 类。

❑ 实现 Runnable 接口。

本章将介绍在 Java 中使用这些元素实现并发应用程序的方法，主要内容如下。

❑ Java 中的线程：特征和状态。

❑ Thread 类和 Runnable 接口。

❑ 第一个例子：矩阵乘法。

❑ 第二个例子：文件搜索。

2.1　Java 中的线程

如今，计算机用户（以及移动终端和平板电脑用户）使用电脑工作时要同时使用不同的应用程序。阅读新闻、在社交网络上发表文章或听音乐的同时，可以使用文字处理程序编写文档。之所以可以同时做以上所有事情，是因为现代操作系统支持多进程处理。

用户可以同时执行不同的任务。此外，在应用程序内部，你也可以同时做不同的事情。例如，如果你正在使用文字处理程序，在为文本添加粗体样式的同时便可保存文件。这是因为用于编写这些应用程序的现代编程语言允许程序员在应用程序中创建多个执行线程。每个执行线程执行不同的任务，这样你就可以同时做不同的事情。

Java 使用 Thread 类实现执行线程。你可以使用以下机制在应用程序中创建执行线程。

❑ 扩展 Thread 类并重载 run() 方法。

❑ 实现 Runnable 接口，并将该类的对象传递给 Thread 对象的构造函数。

这两种情况下你都会得到一个 Thread 对象，但是相对于第一种方式来说，更推荐使用第二种。其主要优势如下。

- ❏ Runnable 是一个接口：你可以实现其他接口并扩展其他类。对于采用 Thread 类的方式，你只能扩展这一个类。
- ❏ 可以通过线程来执行 Runnable 对象，但也可以通过其他类似执行器的 Java 并发对象来执行。这样可以更灵活地更改并发应用程序。
- ❏ 可以通过不同线程使用同一 Runnable 对象。

一旦有了 Thread 对象，就必须使用 start() 方法创建新的执行线程并且执行 Thread 类的 run() 方法。如果直接调用 run() 方法，那么你将调用常规 Java 方法而不会创建新的执行线程。下面来看看 Java 编程语言中线程最重要的特征。

2.1.1　Java 中的线程：特征和状态

关于 Java 的线程，首先要说明的是，所有的 Java 程序，不论并发与否，都有一个名为主线程的 Thread 对象。你可能知道，Java SE 程序通过 main() 方法启动执行过程。执行该程序时，**Java 虚拟机**（JVM）将创建一个新 Thread 并在该线程中执行 main() 方法。这是非并发应用程序中唯一的线程，也是并发应用程序中的第一个线程。

与其他编程语言相同，Java 中的线程共享应用程序中的所有资源，包括内存和打开的文件。这是一个强大的工具，因为它们可以快速而简单地共享信息。但是，正如第 1 章所述，必须使用足够的同步元素避免数据竞争条件。

Java 中的所有线程都有一个优先级，这个整数值介于 Thread.MIN_PRIORITY 和 Thread.MAX_PRIORITY 之间（实际上它们的值分别是 1 和 10）。所有线程在创建时其默认优先级都是 Thread.NORM_PRIORITY（实际上它的值是 5）。可以使用 setPriority() 方法更改 Thread 对象的优先级（如果该操作不允许执行，它会抛出 SecurityException 异常）和 getPriority() 方法获得 Thread 对象的优先级。对于 Java 虚拟机和线程首选底层操作系统来说，这种优先级是一种提示，而非一种契约。线程的执行顺序并没有保证。通常，较高优先级的线程将在较低优先级的线程之前执行，但是，正如之前所述，这一点并不能保证。

在 Java 中，可以创建两种线程。

- ❏ 守护线程。
- ❏ 非守护线程。

二者之间的区别在于它们如何影响程序的结束。当有下列情形之一时，Java 程序将结束其执行过程。

- ❏ 程序执行 Runtime 类的 exit() 方法，而且用户有权执行该方法。
- ❏ 应用程序的所有非守护线程均已结束执行，无论是否有正在运行的守护线程。

具有这些特征的守护线程通常用在作为垃圾收集器或缓存管理器的应用程序中，执行辅助任务。你可以使用 isDaemon() 方法检查线程是否为守护线程，也可以使用 setDaemon() 方法将某个线程确立为守护线程。要注意，必须在线程使用 start() 方法开始执行之前调用此方法。

最后，不同情况下线程的状态不同。所有可能的状态都在 Thread.States 类中定义。你可以使用 getState() 方法获取 Thread 对象的状态。显然，你还可以直接更改线程的状态。线程的可能状态如下。
- ❏ NEW：Thread 对象已经创建，但是还没有开始执行。
- ❏ RUNNABLE：Thread 对象正在 Java 虚拟机中运行。
- ❏ BLOCKED：Thread 对象正在等待锁定。
- ❏ WAITING：Thread 对象正在等待另一个线程的动作。
- ❏ TIME_WAITING：Thread 对象正在等待另一个线程的操作，但是有时间限制。
- ❏ THREAD：Thread 对象已经完成了执行。

在给定时间内，线程只能处于一个状态。这些状态不能映射到操作系统的线程状态，它们是 JVM 使用的状态。了解了 Java 编程语言中最重要的线程特性之后，让我们来看看 Runnable 接口和 Thread 类最重要的方法。

2.1.2　Thread 类和 Runnable 接口

如前文所述，你可以使用以下任一机制创建新的执行线程。
- ❏ 扩展 Thread 类并且重载其 run() 方法。
- ❏ 实现 Runnable 接口，并将该对象的实例传递给 Thread 对象的构造函数。

在好的 Java 实践做法中，相对于第一种方法而言，更推荐使用第二种方法，这将是我们在本章以及整本书中都将采用的方法。

Runnable 接口只定义了一种方法：run() 方法。这是每个线程的主方法。当你执行 start() 方法来启动一个新线程时，它将调用 run() 方法（Thread 类的 run() 方法或者在 Thread 类的构造函数中以参数形式传递的 Runnable 对象）。

相反，Thread 类有很多不同的方法。它有一种 run() 方法，实现线程时必须重载该方法，扩展 Thread 类和你必须调用的 start() 方法创建新的执行线程。下面给出 Thread 类的其他常用方法。
- ❏ 获取和设置 Thread 对象信息的方法。
  - ■ getId()：该方法返回 Thread 对象的标识符。该标识符是在线程创建时分配的一个正整数。在线程的整个生命周期中是唯一且无法改变的。
  - ■ getName()/setName()：这两种方法允许你获取或设置 Thread 对象的名称。这个名称是一个 String 对象，也可以在 Thread 类的构造函数中建立。
  - ■ getPriority()/setPriority()：你可以使用这两种方法来获取或设置 Thread 对象的优先级。在本章中，上文已经解释了 Java 如何管理线程的优先级。
  - ■ isDaemon()/setDaemon()：这两种方法允许你获取或建立 Thread 对象的守护条件。此前已经解释过该条件的原理。
  - ■ getState()：该方法返回 Thread 对象的状态。之前已经介绍过 Thread 对象的所有可能状态。
- ❏ interrupt()/interrupted()/isInterrupted()：第一种方法表明你正在请求结束执行某个 Thread 对象。另外两种方法可用于检查中断状态。这些方法的主要区别在于，调用

interrupted() 方法时将清除中断标志的值，而 isInterrupted() 方法不会。调用 interrupt() 方法不会结束 Thread 对象的执行。Thread 对象负责检查标志的状态并做出相应的响应。

❑ sleep()：该方法允许你将线程的执行暂停一段时间。它将接收一个 long 型值作为参数，该值代表你想要 Thread 对象暂停执行的毫秒数。

❑ join()：这个方法将暂停调用线程的执行，直到调用该方法的线程执行结束为止。可以使用该方法等待另一个 Thread 对象结束。

❑ setUncaughtExceptionHandler()：当线程执行出现未校验异常时，该方法用于建立未校验异常的控制器。

❑ currentThread()：这是 Thread 类的静态方法，它返回实际执行该代码的 Thread 对象。

接下来，你将学习如何使用这些方法来实现如下两个示例。

❑ 一个矩阵乘法应用程序。

❑ 一个在操作系统中查找文件的应用程序。

2.2　第一个例子：矩阵乘法

矩阵乘法是针对矩阵做的基本运算之一，也是并发和并行编程课程中常采用的经典问题。如果你有一个 *m* 行 *n* 列的矩阵 *A*，和另一个 *n* 行 *p* 列的矩阵 *B*，那么可以将两个矩阵相乘得到一个 *m* 行 *p* 列的矩阵 *C*。

本节将实现两个矩阵相乘的串行版本算法，以及三种不同的并发版本。然后，我们将比较四个解决方案，看看何时并发处理会带来更好的性能。

2.2.1　公共类

为了实现这个例子，我们用到了一个名为 MatrixGenerator 的类。使用它随机生成将进行乘法操作的矩阵。这个类有一种名为 generate() 的方法，它接收矩阵中所需的行数和列数作为参数，并基于这两个维数生成一个带有随机 double 值的矩阵。该类的源代码如下：

```
public class MatrixGenerator {

  public static double[][] generate (int rows, int columns) {
    double[][] ret=new double[rows][columns];
    Random random=new Random();
    for (int i=0; i<rows; i++) {
      for (int j=0; j<columns; j++) {
        ret[i][j]=random.nextDouble()*10;
      }
    }
    return ret;
  }
}
```

2.2.2　串行版本

我们在 SerialMultiplier 类中实现了该算法的串行版本。该类只有一种静态方法，名为
multiply()。它接收三个 double 型矩阵作为参数：其中两个矩阵是将要相乘的矩阵，另一个矩阵用
于存储结果。

我们并不检查矩阵的维数，只保证其正确性，并使用一个三重嵌套循环计算结果矩阵。
SerialMultiplier 类的源代码如下：

```
public class SerialMultiplier {

  public static void multiply (double[][] matrix1, double[][] matrix2,
                               double[][] result) {
    int rows1=matrix1.length;
    int columns1=matrix1[0].length;

    int columns2=matrix2[0].length;

    for (int i=0; i<rows1; i++) {
      for (int j=0; j<columns2; j++) {
        result[i][j]=0;
        for (int k=0; k<columns1; k++) {
          result[i][j]+=matrix1[i][k]*matrix2[k][j];
        }
      }
    }
  }
}
```

我们还实现了一个名为 SerialMain 的主类，用于测试串行版矩阵乘法算法。在 main()方法中，
生成两个 2000 行 2000 列的随机矩阵，并使用 SerialMultiplier 类进行两个矩阵的乘法运算。算
法执行时间的单位是毫秒，如下所示：

```
public class SerialMain {

  public static void main(String[] args) {

    double matrix1[][] = MatrixGenerator.generate(2000, 2000);
    double matrix2[][] = MatrixGenerator.generate(2000, 2000);
    double resultSerial[][]= new double[matrix1.length]
                                        [matrix2[0].length];

    Date start=new Date();
    SerialMultiplier.multiply(matrix1, matrix2, resultSerial);
    Date end=new Date();
    System.out.printf("Serial: %d%n",end.getTime()-start.getTime());
  }
}
```

2.2.3　并行版本

我们已经实现了三种不同的并行算法，基于不同的粒度实现这些例子。

❑ 结果矩阵中每个元素对应一个线程。

❑ 结果矩阵中每行对应一个线程。

❑ 采用与 JVM 中可用处理器数或核心数相同的线程。

让我们来看看这三个版本的源代码。

1. 第一个并发版本：每个元素一个线程

在这个版本中，我们将在结果矩阵中为每个元素创建一个新的执行线程。例如，将两个 2000 行 2000 列的矩阵相乘，得到的矩阵将有 4 000 000 个元素，因此我们将创建 4 000 000 个 Thread 对象。因为如果同时启动所有线程，可能会使系统超载，所以将以 10 个线程一组的形式启动线程。

启动 10 个线程后，使用 join() 方法等待它们完成，而且一旦完成，就启动另外 10 个线程。我们一直遵循这个过程，直到启动所有必需线程。选择 10 作为批量处理线程数并没有特殊理由。你也可以更改这一数值，并查看更改后的数值对算法性能的影响。

我们将实现 IndividualMultiplierTask 类和 ParallelIndividualMultiplier 类。IndividualMultiplierTask 类将实现每个 Thread。该类实现了 Runnable 接口，将使用五个内部属性：两个要相乘的矩阵、结果矩阵，以及要计算的元素的行和列。我们将使用该类的构造函数来初始化所有这些属性：

```
public class IndividualMultiplierTask implements Runnable {

  private final double[][] result;
  private final double[][] matrix1;
  private final double[][] matrix2;

  private final int row;
  private final int column;

  public IndividualMultiplierTask(double[][] result, double[][]
                                  matrix1, double[][] matrix2,
                                  int i, int j) {
    this.result = result;
    this.matrix1 = matrix1;
    this.matrix2 = matrix2;
    this.row = i;
    this.column = j;
  }
```

run() 方法将计算由 row 和 column 属性决定的元素值。下面的代码将展示如何实现该行为。

```
  @Override
  public void run() {
    result[row][column] = 0;
    for (int k = 0; k < matrix1[row].length; k++) {
      result[row][column] += matrix1[row][k] * matrix2[k][column];
    }
  }
}
```

ParallelIndividualMultiplier 类将创建所有必要的执行线程计算结果矩阵。它有一种名为

multiply()的方法，接收两个将要相乘的矩阵和第三个用于存储结果的矩阵作为参数。该类将处理结果矩阵的所有元素，并创建一个单独的 IndividualMultiplierTask 类计算每个元素。如前所述，我们按照 10 个一组的方式启动线程。启动 10 个线程后，可使用 waitForThreads() 辅助方法等待这 10 个线程最终完成，该方法调用了 join() 方法。下面的代码块展示了该类的实现：

```java
public class ParallelIndividualMultiplier {

  public static void multiply(double[][] matrix1, double[][] matrix2,
                              double[][] result) {

    List<Thread> threads=new ArrayList<>();

    int rows1=matrix1.length;

    int rows2=matrix2.length;

    for (int i=0; i<rows1; i++) {
      for (int j=0; j<columns2; j++) {
        IndividualMultiplierTask task=new IndividualMultiplierTask
                                  (result, matrix1, matrix2, i, j);
        Thread thread=new Thread(task);
        thread.start();
        threads.add(thread);

        if (threads.size() % 10 == 0) {
          waitForThreads(threads);
        }
      }
    }

  }

  private static void waitForThreads(List<Thread> threads){
    for (Thread thread: threads) {
      try {
        thread.join();
      } catch (InterruptedException e) {
        e.printStackTrace();
      }
    }

    threads.clear();
  }

}
```

与其他示例相同，我们创建了一个主类用以测试该示例。它与 SerialMain 类非常相似，但在本例中，我们将它称为 ParallelIndividualMain 类。此处不再给出该类的源代码。

2. 第二个并发版本：每行一个线程

在这一版本中，我们将在结果矩阵中为每一行创建一个新的执行线程。例如，如果将两个 2000 行和 2000 列的矩阵相乘，就要创建 4 000 000 个线程。正如前面的示例中所做的那样，我们将以 10

个线程为一组启动线程，然后等待它们终结，再启动新线程。

我们将实现 RowMultiplierTask 类和 ParallelRowMultiplier 类以实现该版本。
RowMultiplierTask 类将实现每个 Thread。它实现了 Runnable 接口，并且将使用五个内部属性：
两个要相乘的矩阵、结果矩阵，以及要计算的结果矩阵的行。我们将使用该类的构造函数来初始化所
有这些属性，如下所示。

```
public class RowMultiplierTask implements Runnable {

    private final double[][] result;
    private final double[][] matrix1;
    private final double[][] matrix2;

    private final int row;

    public RowMultiplierTask(double[][] result, double[][] matrix1,
                             double[][] matrix2, int i) {
        this.result = result;
        this.matrix1 - matrix1;
        this.matrix2 = matrix2;
        this.row = i;
    }
```

run()方法有两个循环。第一个循环将处理待计算结果矩阵 row 中的所有元素，而第二个循环将
计算每个元素的结果值。

```
    @Override
    public void run() {
        for (int j = 0; j < matrix2[0].length; j++) {
            result[row][j] = 0;
            for (int k = 0; k < matrix1[row].length; k++) {
                result[row][j] += matrix1[row][k] * matrix2[k][j];
            }
        }
    }
}
```

ParallelRowMultiplier 类将创建计算结果矩阵所需的所有执行线程。它有一种名为 multiply()
的方法，该方法接收两个待乘矩阵和第三个用于存储结果的矩阵作为参数。它将处理结果矩阵的所有
行，并创建一个 RowMultiplierTask 处理每一行。如前所述，我们以 10 个为一组的方式启动线程。
启动 10 个线程后，使用 waitForThreads() 辅助方法等待这 10 个线程最终完成，它将调用 join()
方法。下面的代码块展示了如何实现这个类：

```
public class ParallelRowMultiplier {

    public static void multiply(double[][] matrix1, double[][]
                                matrix2, double[][] result) {

        List<Thread> threads = new ArrayList<>();

        int rows1 = matrix1.length;
```

```
    for (int i = 0; i < rows1; i++) {
      RowMultiplierTask task = new RowMultiplierTask(result,
                                    matrix1, matrix2, i);
      Thread thread = new Thread(task);
      thread.start();
      threads.add(thread);

      if (threads.size() % 10 == 0) {
        waitForThreads(threads);
      }
    }
  }

  private static void waitForThreads(List<Thread> threads){
    for (Thread thread : threads) {
      try {
        thread.join();
      } catch (InterruptedException e) {
        e.printStackTrace();
      }
    }
    threads.clear();
  }

}
```

与其他示例相同，我们创建了一个主类用以测试这个例子。它与 SerialMain 类非常相似，但在本例中，我们将它称为 ParallelRowMain 类。此处不再给出该类的源代码。

3. 第三个并发版本：线程的数量由处理器决定

在最后一个版本中，只创建与 JVM 可用核或处理器数量相同的线程。我们使用 Runtime 类的 availableProcessors() 方法计算这一数值。

在 GroupMultiplierTask 类和 ParallelGroupMultiplier 类中实现了此版本。Group-MultiplierTask 类实现了我们将要创建的线程。它实现了 Runnable 接口，并且使用了五个内部属性：两个要相乘的矩阵、结果矩阵，以及该任务将要计算的结果矩阵的初始行和最终行。我们将使用该类的构造函数初始化所有这些属性。下面的代码块展示了如何实现类的第一部分：

```
public class GroupMultiplierTask implements Runnable {

  private final double[][] result;
  private final double[][] matrix1;
  private final double[][] matrix2;

  private final int startIndex;
  private final int endIndex;

  public GroupMultiplierTask(double[][] result, double[][]
                             matrix1, double[][] matrix2,
                             int startIndex, int endIndex) {
    this.result = result;
    this.matrix1 = matrix1;
```

```
        this.matrix2 = matrix2;
        this.startIndex = startIndex;
        this.endIndex = endIndex;
    }
```

run ()方法将使用三个循环实现其计算。第一个循环将检查该任务将要计算的结果矩阵的行，第二个循环将处理每一行的所有元素，最后一个循环将计算每个元素的值。

```
    @Override
    public void run() {
        for (int i = startIndex; i < endIndex; i++) {
            for (int j = 0; j < matrix2[0].length; j++) {
                result[i][j] = 0;
                for (int k = 0; k < matrix1[i].length; k++) {
                    result[i][j] += matrix1[i][k] * matrix2[k][j];
                }
            }
        }
    }
```

ParallelGroupMutiplier 类将创建线程计算结果矩阵。它有一种名为 multiply()的方法，接收要相乘的两个矩阵和第三个用于存放结果的矩阵作为参数。首先，通过使用 Runtime 类的 availableProcessors()方法获取可用处理器的数量。然后，计算每个任务必须处理的行，以及创建并启动这些线程。最后，使用 join()方法等待线程结束。

```
public class ParallelGroupMultiplier {

    public static void multiply(double[][] matrix1, double[][] matrix2,
                                double[][] result) {
        List<Thread> threads=new ArrayList<>();

        int rows1=matrix1.length;

        int numThreads=Runtime.getRuntime().availableProcessors();
        int startIndex, endIndex, step;
        step=rows1 / numThreads;
        startIndex=0;
        endIndex=step;

        for (int i=0; i<numThreads; i++) {
            GroupMultiplierTask task=new GroupMultiplierTask
                        (result, matrix1, matrix2, startIndex, endIndex);
            Thread thread=new Thread(task);
            thread.start();
            threads.add(thread);
            startIndex=endIndex;
            endIndex= i==numThreads-2?rows1:endIndex+step;
        }

        for (Thread thread: threads) {
            try {
                thread.join();
```

```
    } catch (InterruptedException e) {
      e.printStackTrace();
    }
  }

  }

}
```

与其他示例相同，我们创建了一个主类测试这个例子。它与 `SerialMain` 类非常相似，但在本例中，我们将它称为 `ParallelGroupMain` 类。此处不再给出该类的源代码。

4. 比较方案

比较一下本节中实现的乘法器算法四个版本的解决方案（包括串行版和并发版）。为了测试该算法，我们已经使用 **JMH 框架**执行这些示例，该框架可支持在 Java 中实现微基准测试。使用基准测试框架是一种很好的解决方案，可以直接使用 `currentTimeMillis()` 或 `nanoTime()` 等方法度量时间。在两种不同架构中，执行这些例子各 10 次。

- ❑ 一台计算机配置有 Intel Core i5-5300i 处理器、Windows 7 操作平台和 16GB 内存。该处理器有两个核，每个核可以执行两个线程，所以将有四个并行线程。
- ❑ 另一台计算机配置有 AMD A8-640 处理器、Windows 10 操作系统和 8GB 内存，此处理器有四个核。

我们已用三种不同大小的随机矩阵测试了算法：

- ❑ 500×500
- ❑ 1000×1000
- ❑ 2000×2000

下表给出了平均执行时间以及标准偏差（单位：毫秒）。

算　　法	规　　模	AMD	Intel
串行版	500	1821.729±366.885	447.920±49.864
	1000	27 661.481±796.670	5474.942±164.447
	2000	315 457.940±32 961.165	70 968.563±4056.883
按个体处理的并行版	500	43 512.382±813.131	17 152.883±170.408
	1000	164 968.834±1034.453	72 858.419±381.258
	2000	774 681.287±17 380.02	316 466.479±5033.577
按行处理的并行版	500	685.465±72.474	229.228±61.497
	1000	8565±437.611	3710.613±411.490
	2000	92 923.685±11 595.433	42 655.081±1370.940
按分组处理的并行版	500	515.743±51.106	133.530±12.271
	1000	7466.880±409.136	3862.635±368.427
	2000	86 639.811±2834.1	43 353.603±1857.568

由上表可以得出以下结论。

❑ 这两种架构有很大不同，但是你必须考虑到两台电脑处理器、操作系统、内存和硬盘等的配置不同。

❑ 在两种架构上得到的结果相同。按分组处理的并行版和按行处理的并行版得到了最佳结果，而按个体处理的并行版得到的结果最差。

这个例子告诉我们，开发一个并发应用程序时必须非常小心。如果没有选择良好的解决方案，那么性能表现会很糟糕。

针对 500×500 矩阵，我们用性能最佳的并发版本和串行版本求取加速比，以此来考查并发处理对算法性能的改进情况。

$$S_{\text{AMD}} = \frac{T_{\text{serial}}}{T_{\text{concurrent}}} = \frac{1821.729}{515.743} = 3.53$$

$$S_{\text{Intel}} = \frac{T_{\text{serial}}}{T_{\text{concurrent}}} = \frac{447.920}{133.530} = 3.35$$

2.3　第二个例子：文件搜索

所有操作系统都提供了一种功能，即在文件系统中搜索符合某种条件的文件 。（例如，按照名称或部分名称、修改日期等进行搜索。）在我们的示例中将实现一个算法，用于查找具有预定名称的文件。该算法将采用启动搜索的初始路径和要查找的文件作为输入。JDK 提供了遍历目录树结构的功能，因此不需要再次在实际应用中自己实现它。

2.3.1　公共类

这两个版本的算法将共享一个公共类用以存储搜索结果。我们将其称为 Result 类，而它有两个属性：一个名为 found 的 Boolean 值，用于判定是否找到了正在查找的文件；一个名为 path 的 String 值。如果找到了该文件，就将其完整路径存放在该属性中。

这个类的代码非常简单，所以此处不再给出源代码。

2.3.2　串行版本

这个算法的串行版本非常简单。搜索初始路径，获取文件和目录内容，并对其进行处理。对于文件来说，会将其名称与正在寻找的名称进行比较。如果相同，则将其填入 Result 对象并完成算法执行。对于各目录来说，我们对本操作进行递归调用，以便在这些目录中搜索文件。

我们将在 SerialFileSearch 类的 searchFiles() 方法中实现这个操作。SerialFileSearch 类的源代码如下：

```java
public class SerialFileSearch {

    public static void searchFiles(File file, String fileName,
                                   Result result) {
```

```
File[] contents;
contents=file.listFiles();

if ((contents==null) || (contents.length==0)) {
  return;
}

for (File content : contents) {
  if (content.isDirectory()) {
    searchFiles(content,fileName, result);
  } else {
    if (content.getName().equals(fileName)) {
      result.setPath(content.getAbsolutePath());
      result.setFound(true);
      System.out.printf("Serial Search: Path: %s%n",
                        result.getPath());
      return;
    }
  }
  if (result.isFound()) {
    return;
  }
}
}
}
```

2.3.3　并发版本

并行化该算法有多种方法（如下所示）。

❑ 你可以为我们要处理的每个目录创建一个执行线程。

❑ 你可以将目录树分组，并为每个组创建执行线程。你创建的组数将决定应用程序使用的执行线程数。

❑ 你可以使用与 JVM 的可用核数相同的线程数。

在这种情况下，我们必须考虑到算法将集中使用 I/O 操作。因为一次只有一个线程可以读取磁盘，所以不是所有解决方案都会提高算法串行版本的性能。

我们将按照最后一种供选方案实现并发版本。将在一个 ConcurrentLinkedQueue（一个可以在并发应用程序中使用的队列 Queue 接口实现）中存储初始路径所包含的目录，并创建与 JVM 可用处理器数量相同的线程。每个线程将从队列中获取一条路径，并处理该目录及其所有子目录和其中的文件。线程处理完毕该目录中的所有文件和目录时，将从队列中提取另一个目录。

如果其中一个线程找到了正在查找的文件，该线程会立即终止执行。在这种情况下，我们使用 interrupt() 方法结束其他线程的执行。

我们在 ParallelGroupFileTask 类和 ParallelGroupFileSearch 类中实现了该版本的算法。ParallelGroupFileTask 类实现了所有将用于查找文件的线程。它实现了 Runnable 接口并且使用了四个内部属性：一个名为 fileName 的 String 属性，用于存储待查找文件的名称；一个名为

directories 的 File 对象的 ConcurrentLinkedQueue，用于存放将要处理的目录列表；一个名为 parallelResult 的 Result 对象，用于存储搜索结果；一个名为 found 的 Boolean 属性，用于标记是否发现了正在寻找的文件。我们将使用该类的构造函数初始化所有属性：

```
public class ParallelGroupFileTask implements Runnable {

  private final String fileName;
  private final ConcurrentLinkedQueue<File> directories;
  private final Result parallelResult;
  private boolean found;

  public ParallelGroupFileTask(String fileName, Result parallelResult,
                       ConcurrentLinkedQueue<File>directories) {
    this.fileName = fileName;
    this.parallelResult = parallelResult;
    this.directories = directories;
    this.found = false;
  }
```

run()方法有一个循环，在队列中有元素并且没有找到该文件时会被执行。它使用 Concurrent-LinkedQueue 类的 poll()方法处理下一个目录，并调用辅助方法 processDirectory()。如果找到了这个文件（found 属性为 true），那么使用 return 语句结束线程。

```
@Override
public void run() {
  while (directories.size() > 0) {
    File file = directories.poll();
    try {
      processDirectory(file, fileName, parallelResult);
      if (found) {
        System.out.printf("%s has found the file%n",
                        Thread.currentThread().getName());
        System.out.printf("Parallel Search: Path: %s%n",
                        parallelResult.getPath());
        return;
      }
    } catch (InterruptedException e) {
      System.out.printf("%s has been interrupted%n",
                        Thread.currentThread().getName());
    }
  }
}
```

如果找到了作为参数的文件，processDirectory()方法将接收存放待处理目录的 File 对象、正在查找的文件名和存放结果的 Result 对象。它使用 listFiles()方法获取 File 对象的内容。listFiles()方法可返回 File 对象数组并对其进行处理。对于目录来说，这将建立一个新对象对该方法进行递归调用。对于文件来说，该方法将调用辅助的 processFile()方法：

```
private void processDirectory(File file, String fileName,
                       Result parallelResult) throws
          InterruptedException {
  File[] contents;
```

```
    contents = file.listFiles();

    if ((contents == null) || (contents.length == 0)) {
      return;
    }

    for (File content : contents) {
      if (content.isDirectory()) {
        processDirectory(content, fileName, parallelResult);
        if (Thread.currentThread().isInterrupted()) {
          throw new InterruptedException();
        }
        if (found) {
          return;
        }
      } else {
        processFile(content, fileName, parallelResult);
        if (Thread.currentThread().isInterrupted()) {
          throw new InterruptedException();
        }
        if (found) {
          return;
        }
      }
    }
  }
```

在处理完每个目录和文件之后，还要检查线程是否被中断。我们使用 Thread 类的 current-Thread()方法获取执行该任务的 Thread 对象，然后使用 isInterrupted()方法来验证线程是否被中断。如果线程被中断，我们将抛出一个新的 InterruptedExeption 异常，在 run()方法中捕捉该异常以结束线程的执行。这种机制使我们能够在找到文件后完成搜索。

我们还要检查 found 属性是否为 true。如果为 true，我们将立即返回以完成线程的执行。

如果找到了作为参数的文件，processFile()方法接收存储待处理文件的 File 对象、待查找文件的名称、存放操作结果的 Result 对象。我们将当前处理 File 的名称与正在查找的文件名称进行比较。如果两个名称相同，那么填入 Result 对象并且将 found 属性设置为 true，如下所示：

```
    private void processFile(File content, String fileName,
                             Result parallelResult) {
      if (content.getName().equals(fileName)) {
        parallelResult.setPath(content.getAbsolutePath());
        this.found = true;
      }
    }

    public boolean getFound() {
      return found;
    }
  }
```

ParallelGroupFileSearch 类使用辅助任务实现了整个算法。它将实现静态的 searchFiles()

方法，接收一个指向搜索基本路径的 File 对象、一个存储当前查找文件名称的 fileName 的 String、存放操作结果的 Result 对象作为参数。

首先，创建 ConcurrentLinkedQueue 对象，并且将基本路径所包含的所有目录存放在其中，如下所示：

```
public class ParallelGroupFileSearch {

    public static void searchFiles(File file, String fileName,
                                    Result parallelResult) {

        ConcurrentLinkedQueue<File> directories = new
                                        ConcurrentLinkedQueue<>();
        File[] contents = file.listFiles();

        for (File content : contents) {
            if (content.isDirectory()) {
                directories.add(content);
            }
        }
```

然后，我们使用 Runtime 类的 availableProcessors()方法获得 JVM 可用线程的数量，创建一个 ParallelFileGroupTask 对象，并且为每个处理器创建一个 Thread。

```
int numThreads = Runtime.getRuntime().availableProcessors();
Thread[] threads = new Thread[numThreads];
ParallelGroupFileTask[] tasks = new ParallelGroupFileTask
                                        [numThreads];

for (int i = 0; i < numThreads; i++) {
    tasks[i] = new ParallelGroupFileTask(fileName, parallelResult,
                                    directories);
    threads[i] = new Thread(tasks[i]);
    threads[i].start();
}
```

最后，等待某个线程找到文件或者所有线程都完成执行为止。对于第一种情况，使用 interrupt()方法和前面提到的机制取消其他线程的执行。使用 Thread 类的 getState()方法检查各个线程是否已完成执行，如下所示：

```
boolean finish = false;
int numFinished = 0;

while (!finish) {
    numFinished = 0;
    for (int i = 0; i < threads.length; i++) {
        if (threads[i].getState() == State.TERMINATED) {
            numFinished++;
            if (tasks[i].getFound()) {
                finish = true;
            }
        }
    }
}
```

```
      if (numFinished == threads.length) {
        finish = true;
      }
    }
    if (numFinished != threads.length) {
      for (Thread thread : threads) {
        thread.interrupt();
      }
    }
  }
}
```

2.3.4　对比解决方案

比较一下本节中实现的乘法器算法四个版本的解决方案（串行版和并发版）。为了测试该算法，我们使用 JMH 框架执行这些示例，该框架可支持用 Java 语言实现微基准测试。使用基准测试框架是一种很好的解决方案，它可以直接使用 currentTimeMillis() 或 nanoTime() 等方法来计算时间。我们在两种不同架构中执行这些例子各 10 次。

❑ 一台计算机配置有 Intel Core i5-5300i 处理器、Windows 7 操作系统和 16GB 内存。该处理器有两个核，每个核可以执行两个线程，所以将有四个并行线程。

❑ 另一台计算机配置有 AMD A8-640 处理器、Windows 10 操作系统和 8GB 内存。该处理器有四个核。

在 Windows 目录下用两个不同的文件名测试算法：

❑ hosts

❑ yyy.yyy

我们已经在 Windows 操作系统上测试了算法。第一个文件存在而第二个文件不存在。如果你使用了其他操作系统，要相应地更改文件的名称。以下表格给出了以毫秒为单位的平均执行时间及其标准偏差。

算　法	范　围	AMD	Intel
串行版	hosts	5869.019±124.548	2955.535±69.252
	yyy.yyy	26 474.179±785.680	14 508.276±195.725
并行版	hosts	2792.313±100.885	1972.248±193.386
	yyy.yyy	21 337.288±954.344	12 742.856±361.681

我们可以得出以下结论。

❑ 这两种架构的性能有所区别，但是你必须考虑到它们的处理器、操作系统、内存和硬盘不同。

❑ 在两种架构上得到的结果相同。并行算法的性能优于串行算法。对 hosts 文件的搜索来说，这种性能差异要比查找不存在的文件更大。

我们可以用搜索 hosts 文件性能最好的并发版本和串行版本求取加速比，以此来观察采用并发处理如何提高算法的性能。

$$S_{\text{AMD}} = \frac{T_{\text{serial}}}{T_{\text{concurrent}}} = \frac{5869.019}{2792.313} = 2.10$$

$$S_{\text{Intel}} = \frac{T_{\text{serial}}}{T_{\text{concurrent}}} = \frac{2955.535}{1972.248} = 1.5$$

2.4　小结

本章介绍了在 Java 中创建执行线程的最基本元素：Runnable 接口和 Thread 类。在 Java 中，创建线程的方式有两种。

❑ 扩展 Thread 类并且重载 run() 方法。

❑ 实现 Runnable 接口，并且将该类的对象传递给 Thread 类的构造函数。

第二种机制比第一种更受欢迎，因为它带来了更大的灵活性。

我们还了解了 Thread 类中有许多不同的方法。用这些方法可以获取线程信息，更改线程的优先级，或者等待线程结束。我们在两个例子中使用了所有这些方法，其中一个例子是矩阵乘法，另一个例子是在目录中搜索文件。在这两种情况下，并发处理呈现的性能更好，但是我们也明白了，实现算法的并发版本时必须小心。若使用并发处理的方式不合适，那么性能也会糟糕。

下一章将介绍执行器框架，在该框架下创建并发应用程序时不必担心线程的创建和管理。

第3章

管理大量线程：执行器

3

实现简单的并发应用程序时，要为每个并发任务创建一个线程并执行。这种方式会引发一些重要问题。从 Java 5 开始，Java 并发 API 便引入了执行器框架，用以改善那些执行大量并发任务的并发应用程序的性能。本章将介绍以下内容。

❑ 执行器简介。

❑ 第一个例子：*k*-最近邻算法。

❑ 第二个例子：客户端/服务器环境下的并发处理。

3.1 执行器简介

第 2 章已经介绍过，Java 实现并发应用程序的基本机制如下。

❑ **实现了 Runnable 接口的类**：这是要以并发方式实现的代码。

❑ **Thread 类的一个实例**：这是将以并发方式执行该代码的线程。

这种方式可以创建并管理 Thread 对象，并且实现线程间的同步机制。然而，这也会带来一些问题，尤其对那些具有大量并发任务的应用程序来说更是如此。如果线程太多，就会降低应用程序性能，甚至会使整个系统中断运行。

Java 5 引入了执行器框架解决这些问题，并且提供了一个高效的解决方案，相对于传统并发机制而言，该解决方案更便于编程人员使用。

在本章中，我们将通过实现如下两个使用执行器框架的例子，介绍该框架的基本特征。

❑ ***k*-最近邻算法**：这是一种用于分类的基本机器学习算法。它基于训练数据集中 *k* 个与测试范例标签最相似的范例确定测试范例的标签。

❑ **客户端/服务器环境下的并发处理**：当前，能够将信息提供给成千上万个客户端的应用程序非常重要，采用最佳方式实现系统的服务器端非常必要。

第 4 章和第 5 章将介绍执行器的更多高级特性。

3.1.1 执行器的基本特征

执行器的主要特征如下。

❑ 不需要创建任何 Thread 对象。如果要执行一个并发任务，只需要创建一个执行该任务（例如一个实现 Runnable 接口的类）的实例并且将其发送给执行器。执行器会管理执行该任务的线程。

❑ 执行器通过重新使用线程来缩减线程创建带来的开销。在内部，执行器管理着一个线程池，其中的线程称为**工作线程**（worker-thread）。如果向执行器发送任务而且存在某一空闲的工作线程，那么执行器就会使用该线程执行任务。

❑ 使用执行器控制资源很容易。可以限制执行器工作线程的最大数目。如果发送的任务数多于工作线程数，那么执行器就会将任务存入一个队列。当工作线程完成某个任务的执行后，将从队列中调取另一个任务继续执行。

❑ 你必须以显式方式结束执行器的执行，必须告诉执行器完成执行之后终止所创建的线程。如若不然，执行器则不会结束执行，这样应用程序也不会结束。

执行器还有一些更有用的特征，使其更加强大、灵活。

3.1.2 执行器框架的基本组件

执行器框架中含有各种接口和类，它们可实现执行器提供的全部功能。该框架的基本组件如下。

❑ **Executor 接口**：这是 Executor 框架的基本接口。它仅定义了一个方法，即允许编程人员向执行器发送一个 Runnable 对象。

❑ **ExecutorService 接口**：该接口扩展了 Executor 接口并且包括更多方法，增加了该框架的功能，例如以下所述。

■ 执行可返回结果的任务：Runnable 接口提供的 run() 方法并不会返回结果，但是借用执行器，任务可以返回结果。

■ 通过单个方法调用执行一个任务列表。

■ 结束执行器的执行并且等待其终止。

❑ **ThreadPoolExecutor 类**：该类实现了 Executor 接口和 ExecutorService 接口。此外，它还包含一些其他获取执行器状态（工作线程的数量、已执行任务的数量等）的方法、确定执行器参数（工作线程的最小和最大数目、空闲线程等待新任务的时间等）的方法，以及支持编程人员扩展和调整其功能的方法。

❑ **Executors 类**：该类为创建 Executor 对象和其他相关类提供了实用方法。

3.2 第一个例子：*k*-最近邻算法

k-最邻近算法是一种用于监督分类的简单机器学习算法。该算法的主要组成部分如下所示。

❑ **训练数据集**：该数据集由实例构成，其中包括定义每个实例的一个或者多个属性，以及一个可确定实例标签的特殊属性。

❑ **距离指标**：该指标用于确定训练数据集的实例与你想要分类的新实例之间的距离（或者说相似度）。

❑ **测试数据集**：该数据集用于度量算法的行为。

对某个实例进行分类时，该算法计算该实例和训练数据集所有实例的距离。然后，选取 k 个距离最邻近的实例并且查看这些实例的标签。实例最多的标签将被指派为输入实例的标签。

在本章中，我们将采用 UCI 机器学习资源库（UCI Machine Learning Repository）的 Bank Marketing 数据集。为了度量实例之间的距离，我们将采用**欧氏距离**（Euclidean distance）。该指标要求实例的所有属性必须有数值。Bank Marketing 数据集的一些属性是"类别型的"，也就是说，这些属性可以从一些预定义值中取值，这样就不能直接对该数据集使用欧氏距离。可以为每个类别型的值指派一个序号。例如，对于婚姻状况来说，可用 0 代表单身，1 代表已婚，2 代表离婚。然而，这可能意味着离婚的人与已婚的人之间的距离要比其与单身的人之间的距离更近，而这一点也值得商榷。如果使所有的类别型取值的距离相同，还要为此单独创建属性，例如**已婚**、**单身**和**离婚**，而每个属性都只有两个值：0（否）和 1（是）。

数据集有 66 个属性和两个可能的标签：**是**和**否**。我们还将数据划分成如下两个子集。

❑ **训练数据集**：有 39 129 个实例。

❑ **测试数据集**：有 2059 个实例。

正如第 1 章中所述，我们首先实现了该算法的串行版本。然后，寻找该算法中可以进行并行处理的部分，之后采用执行器框架执行并发任务。在下面几节中，我们将剖析 k-最近邻算法的串行版本和两个不同的并发版本，其中第一个并发版本具有非常细的粒度，而第二个并发版本则具有较粗的粒度。

3.2.1 k-最近邻算法：串行版本

我们在 KnnClassifier 类中实现 k-最近邻算法的串行版本。该类内存储了训练数据集和数值 k（用于确定某个实例标签的范例数量）。

```java
public class KnnClassifier {

  private final List <? extends Sample>dataSet;
  private int k;

  public KnnClassifier(List <? extends Sample>dataSet, int k) {
    this.dataSet=dataSet;
    this.k=k;
  }
```

KnnClassifier 类仅实现了一个名为 classify 的方法，该方法接收一个 Sample 对象作为参数，而该对象中含待分类的实例；classify 方法返回一个字符串，其中含有要指派给该实例的标签。

```java
public String classify (Sample example) {
```

该方法包括三个主要的部分。首先，计算范例和训练集所有范例之间的距离。

```java
Distance[] distances=new Distance[dataSet.size()];
int index=0;

for (Sample localExample : dataSet) {
  distances[index]=new Distance();
  distances[index].setIndex(index);
  distances[index].setDistance(EuclideanDistanceCalculator
```

```
                                        .calculate(localExample, example));
        index++;
    }
```

其次，使用 `Arrays.sort()` 方法按照距离从低到高的顺序排列范例。

```
Arrays.sort(distances);
```

最后，我们在 k 个最邻近的范例中统计实例最多的标签。

```
Map<String, Integer> results = new HashMap<>();
for (int i = 0; i < k; i++) {
    Sample localExample = dataSet.get(distances[i].getIndex());
    String tag = localExample.getTag();
    results.merge(tag, 1, (a, b) ->a+b);
}
return Collections.max(results.entrySet(),
                       Map.Entry.comparingByValue()).getKey();
}
```

为了计算两个范例之间的距离，可以使用以辅助类形式实现的欧氏距离。该类的代码如下：

```
public class EuclideanDistanceCalculator {
    public static double calculate (Sample example1, Sample example2) {
        double ret=0.0d;

        double[] data1=example1.getExample();
        double[] data2=example2.getExample();

        if (data1.length!=data2.length) {
            throw new IllegalArgumentException ("Vector doesn't have
                                                the same length");
        }

        for (int i=0; i<data1.length; i++) {
            ret+=Math.pow(data1[i]-data2[i], 2);
        }
        return Math.sqrt(ret);
    }

}
```

我们还可以用 `Distance` 类存放 `Sample` 输入和训练数据集中某一实例之间的距离。该类只有两个属性：训练集范例的索引和它到输入范例的距离。此外，该类还采用 `Arrays.sort()` 方法实现了 `Comparable` 接口。`Sample` 类中存放了一个实例。它只有一个双精度型数组和一个含有该实例标签的字符串。

3.2.2 k-最近邻算法：细粒度并发版本

如果你分析一下 k-最近邻算法的串行版本，就会发现在如下两处可以进行算法的并行处理。

❑ **距离的计算**：在每次循环迭代中都会计算输入范例和训练集某个范例之间的距离，而每次迭代均独立于其他各次迭代。

❑ **距离的排序**：Java 8 在 Array 类中引入了 parallelSort() 方法，可以使用并行方式对数组进行排序。

在算法的第一个并行版本中，我们为待计算范例间的每个距离创建一个任务，也使距离数组的并发排序成为可能。我们在一个名为 KnnClassifierParrallelIndividual 的类中实现了这一版本的算法。该类中存放了训练数据集、参数 k、执行并行任务的 ThreadPoolExecutor 对象、一个用于存放执行器中工作线程数的属性，以及一个用于指定是否要进行并行排序的属性。

我们将创建一个线程数固定的执行器，这样就可以控制该执行器将要使用的系统资源。这个数值可通过系统中可用处理器的数目（用 Runtime 类的 availableProcessors() 方法获得）乘以构造函数中参数 factor 的值得到。factor 的值就是你从处理器获得的线程数。我们总是使用数值 1，不过你也可以测试一下其他值并且对比结果。下面是分类算法的构造函数：

```
public class KnnClassifierParrallelIndividual {

    private final List<? extends Sample>dataSet;
    private final int k;
    private final ThreadPoolExecutor executor;
    private final int numThreads;
    private final boolean parallelSort;

    public KnnClassifierParrallelIndividual(List<? extends Sample>dataSet,
                                    int k, int factor,
                                    booleanparallelSort) {
        this.dataSet=dataSet;
        this.k=k;
        numThreads=factor* (Runtime.getRuntime().availableProcessors());
        executor=(ThreadPoolExecutor)Executors
                        .newFixedThreadPool(numThreads);
        this.parallelSort=parallelSort;
    }
```

要创建执行器，我们要使用 Executors 工具类及其 newFixedThreadPool() 方法。该方法接收的是你打算在执行器中使用的工作线程数。执行器的工作线程数绝不会超过你在该构造函数中指定的数目。该方法返回一个 ExecutorService 对象，但是我们将其强制类型转换为一个 ThreadPool-Executor 对象，以便访问那些在 ThreadPoolExecutor 类中提供但是在 ExecutorService 接口中没有提供的方法。

该类还实现了 classify() 方法，它接收一个范例作为参数并且返回一个字符串。

首先，为每个需要计算的距离创建一个任务，并且将其发送给执行器。然后，主线程等待这些任务执行结束。为了控制该完成过程，我们使用了 Java 并发 API 提供的一种同步机制：CountDownLatch 类。该类允许一个线程一直等待，直到其他线程到达其代码的某一确定点。该类需要使用等待线程数进行初始化，它实现了以下两种方法。

❑ getDown()：该方法用于减少要等待的线程数。

❑ await()：该方法挂起调用它的线程，直到计数器达到 0 为止。

在本例中，我们使用将在执行器中执行的任务数初始化 CountDownLatch 类。主线程为其调用

await()方法，而每个任务完成其计算时调用getDown()方法：

```
public String classify (Sample example) throws Exception {

    Distance[] distances=new Distance[dataSet.size()];
    CountDownLatchendController=new CountDownLatch(dataSet.size());

    int index=0;
    for (Sample localExample : dataSet) {
      IndividualDistanceTask task=new IndividualDistanceTask(distances,
                          index, localExample, example, endController);
      executor.execute(task);
      index++;
    }
    endController.await();
```

然后，根据parallelSort属性的值，调用Arrays.sort()方法或者Arrays.parallelSort()方法。

```
if (parallelSort) {
  Arrays.parallelSort(distances);
} else {
  Arrays.sort(distances);
}
```

最后，计算指派给输入范例的标签。这一部分代码与串行版本相同。

KnnClassifierParallelIndividual 类还包含一个用于关闭执行器的方法，该方法调用了shutdown()方法。如果你不调用该方法，应用程序就不会结束，因为执行器所创建的线程仍然存在，并且在等待处理新任务。在此之前提交的任务已执行完毕，而新提交的任务会被拒绝。该方法并不会等待执行器完成，它会立即返回，如下所示。

```
public void destroy() {
  executor.shutdown();
}
```

本例的关键环节就是 IndividualDistanceTask 类。该类将输入范例与训练数据集中某个范例之间的距离作为一项并发任务计算。它存放了一个完整的距离数组（我们将只确立其中一个位置的值）、训练数据集中范例的索引、这两个范例和用于控制任务结束的 CountDownLatch 对象。IndividualDistanceTask 类实现了 Runnable 接口，因此可以在执行器中执行。该类的构造函数如下：

```
public class IndividualDistanceTask implements Runnable {

  private final Distance[] distances;
  private final int index;
  private final Sample localExample;
  private final Sample example;
  private final CountDownLatchendController;

  public IndividualDistanceTask(Distance[] distances, int index, Sample
                      localExample,Sample example,
                      CountDownLatchendController) {
```

```
    this.distances=distances;
    this.index=index;
    this.localExample=localExample;
    this.example=example;
    this.endController=endController;
}
```

run()方法采用前面提到的 `EuclideanDistanceCalculator` 类计算了两个范例之间的距离，并且将结果存放在 distances 数组的对应位置中：

```
@Override
public void run() {
  distances[index] = new Distance();
  distances[index].setIndex(index);
  distances[index].setDistance(EuclideanDistanceCalculator
                        .calculate(localExample, example));
  endController.countDown();
}
```

请注意，尽管所有任务共享 distances 数组，但是我们并不需要采用任何同步机制，因为每个任务只会修改该数组的不同位置。

3.2.3　*k*-最近邻算法：粗粒度并发版本

上一节中给出的并发解决方案可能存在一定问题：执行的任务太多了。想想看，在这个例子中，我们有 29 000 多个训练范例，对于每个待分类范例需要启动 29 000 个任务。另一方面，我们已经创建的执行器最大工作线程数为 numThreads。因此，另一个解决方案是仅启动 numThreads 个任务，并且将训练数据集划分为 numThreads 个组。比如，使用一个四核处理器执行这个例子，这样每个任务将要计算输入范例与大约 7000 个训练范例之间的距离。

我们已在 `KnnClassifierParallelGroup` 类中实现了该解决方案。它与 `KnnClassifier-ParallelIndividual` 类非常相似，但是存在两个主要区别。首先是 classify()方法的初始化部分。现在，我们只有 numThreads 个任务，而且必须将训练数据集划分为 numThreads 个子集。

```
public String classify(Sample example) throws Exception {

  Distance distances[] = new Distance[dataSet.size()];
  CountDownLatchendController = new CountDownLatch(numThreads);

  int length = dataSet.size() / numThreads;
  intstartIndex = 0, endIndex = length;

  for (int i = 0; i <numThreads; i++) {
    GroupDistanceTask task = new GroupDistanceTask(distances, startIndex,
                          endIndex, dataSet, example, endController);
    startIndex = endIndex;
    if (i <numThreads - 2) {
      endIndex = endIndex + length;
    } else {
      endIndex = dataSet.size();
```

```
        }
        executor.execute(task);

    }
    endController.await();
```

计算每个任务的样本数量并存放在变量 length 中。然后，为每个线程指派待处理样本的开始索引和结束索引。除最后一个线程外，均时使用 length 值加上开始索引计算结束索引。对于最后一个线程而言，最后的索引值即为数据集的大小。

其次，该类使用 GroupDistanceTask 代替了 IndividualDistanceTask。这两个类之间的主要区别在于前一个类处理的是训练数据集的一个子集，因此它存放的是整个训练数据集及其要处理的这部分数据集的起始位置和终止位置。

```
public class GroupDistanceTask implements Runnable {
    private final Distance[] distances;
    private final intstartIndex, endIndex;
    private final Example example;
    private final List<? extends Example>dataSet;
    private final CountDownLatchendController;

    public GroupDistanceTask(Distance[] distances, intstartIndex,
                             intendIndex, List<? extends Example>dataSet,
                             Example example, CountDownLatchendController) {
        this.distances = distances;
        this.startIndex = startIndex;
        this.endIndex = endIndex;
        this.example = example;
        this.dataSet = dataSet;
        this.endController = endController;
    }
```

run()方法处理的是一个范例集合，而不仅仅是一个范例。

```
public void run() {
    for (int index = startIndex; index <endIndex; index++) {
        Sample localExample=dataSet.get(index);
        distances[index] = new Distance();
        distances[index].setIndex(index);
        distances[index].setDistance(EuclideanDistanceCalculator
                                     .calculate(localExample, example));
    }
    endController.countDown();
}
```

3.2.4   对比解决方案

对比一下已经实现的 *k*-最近邻算法的不同版本。我们有如下五个不同版本。

❑ 串行版本。

❑ 采用串行排序的细粒度并发版本。

❑ 采用并发排序的细粒度并发版本。

❑ 采用串行排序的粗粒度并发版本。

❏ 采用并发排序的粗粒度并发版本。

为了测试该算法，从 Bank Marketing 数据集中选取了 2059 个测试实例。分别在 k 取值为 10、30和 50 的情况下采用上述五个版本的算法对上述所有实例进行分类，并且度量各个版本的执行时间。我们采用 JMH 框架执行上述各例，该框架支持用 Java 实现微型基准测试。使用一个面向基准测试的框架是一种比较好的解决方案，使用其中的 `currentTimeMillis()` 方法或者 `nanoTime()` 方法就可以测量时间。我们在两套架构上分别将其执行 10 次。

❏ 一台计算机配置了 Intel Core i5-5300 CPU、Windows 7 操作系统和 16GB 的 RAM。该处理器有两个核，每个核可以执行两个线程，这样我们就有了四个并行线程。

❏ 另一台计算机配置了 AMD A8-640 CPU、Windows 10 操作系统和 8GB 的 RAM。该处理器有四个核。

执行时间如下所示（单位：秒）。

算 法	k	AMD	Intel
串行	10	309.99	126.26
	30	310.22	125.65
	50	309.59	126.48
细粒度串行排序	10	153.19	89.97
	30	152.85	90.61
	50	155.01	89.97
细粒度并发排序	10	120.10	76.81
	30	122.00	76.69
	50	125.61	73.33
粗粒度串行排序	10	138.28	77.99
	30	137.54	78.69
	50	137.85	78.25
粗粒度并发排序	10	107.62	66.48
	30	107.36	65.93
	50	106.61	66.22

我们可以得出以下结论。

❏ 参数值 k（10、30 和 50）的选择对算法的执行时间并无影响。对于这三个取值来说，五个版本在两套架构上都表现出相似的结果。

❏ 正如我们所期望的那样，使用 `Arrays.parallelSort()` 方法进行并发排序，该算法的细粒度并发版和粗粒度并发版在性能上都会有显著提升。

❏ 各并发版本都提升了应用程序的性能，但是采用串行或并行排序的粗粒度版本其性能实现了较大提升。

因此，如果与串行版本比较求取加速比，那么该算法的最好版本是采用并行排序的粗粒度解决方案。

$$S = \frac{T_{serial}}{T_{concurrent}} = \frac{99.218}{53.255} = 1.86$$

这个例子说明，选择一个良好的并发解决方案可以带来巨大的性能提升，反之则相反。

3.3   第二个例子：客户端/服务器环境下的并发处理

客户端/服务器模型是一种软件架构，基于这种模型的应用程序被划分为两个部分：提供资源（数据、操作、打印机、存储等）的服务器端和使用服务器端所提供的资源的客户端。传统上，这种架构用于企业领域，但是随着互联网的蓬勃发展，至今它仍然是一个很现实的主题。你也可以将 Web 应用程序视为客户端/服务器应用程序，其服务器部分就是在 Web 服务器中执行的应用程序后台部分，而 Web 浏览器则执行应用程序客户端部分。SOA（service-oriented architecture，面向服务的架构）是客户端/服务器架构的另一个例子，其中公开的 Web 服务即为其服务器部分，而使用这些服务的各种客户端则是客户端部分。

在客户端/服务器环境中，我们通常都有一台服务器和很多使用该服务器所提供服务的客户端，因此设计这样的系统时，服务器的性能方面非常重要。

在本节，我们将实现一个简单的客户端/服务器应用程序。它将对某银行发布的发展指数进行数据搜索。

该服务器主要有以下特点。

❑ 客户端与服务器都使用套接字连接。

❑ 客户端将以字符串形式发送查询，而服务器将用另一个字符串返回结果。

❑ 服务器可以响应三种不同查询。

■ Query：这种查询的格式是 q;codCountry;codIndicator;year，其中 codCountry 是国家代码，codIndicator 是指数代码，而 year 是一个可选参数，表示你想要查询的年份。服务器的响应信息将以单个字符串的形式返回。

■ Report：这种查询的格式是 r;codIndicator，其中 codIndicator 是你要制表的指数代码。服务器将以单个字符串形式响应各年份所有国家该指数的平均值。

■ Stop：这种查询的格式是 z；接收到该命令时，服务器将停止执行。

❑ 在其他情况下，服务器将返回一个错误消息。

与前面的例子相同，下文将展示如何实现该客户端/服务器应用程序的串行版本。然后，将展示如何使用执行器实现其并发版本。最后，我们将比较这两种解决方案，以审视在这种情况下使用并发处理的优点。

3.3.1   客户端/服务器：串行版

服务器应用程序的串行版本主要有三个部件。

❑ DAO（data access object，数据访问对象）部件，负责访问数据并且获取查询结果。

❑ 命令部件，由各种查询的命令组成。

❑ 服务器部件，接收查询，调用对应命令，并且向客户端返回结果。

下面仔细了解一下上述部件。

1. DAO 部件

正如我们前面提到的，服务器将针对发展指数进行数据搜索。该数据以 CSV 文件存放。该应用程序中的 DAO 组件将整个文件加载到内存的一个 `List` 对象中。它为涉及的每个查询都实现一个方法，而这些方法通过搜索该列表查找数据。

在此我们不介绍这个类的代码，因为很容易实现，而且它也不是本书所要讲述的重点内容。

2. 命令部件

命令部件是 DAO 部件和服务器部件之间的中介。我们实现了一个基本抽象类 `Command`，它是所有命令的基类。

```
public abstract class Command {

  protected final String[] command;

  public Command (String [] command) {
    this.command=command;
  }

  public abstract String execute ();

}
```

然后，我们为每一个查询实现了一条命令。查询在 `QueryCommand` 类中实现，其 `execute()` 方法如下所示：

```
public String execute() {
    WDIDAOdao=WDIDAO.getDAO();

    if (command.length==3) {
      return dao.query(command[1], command[2]);
    } else if (command.length==4) {
    try {
      return dao.query(command[1], command[2],
                        Short.parseShort(command[3]));
    } catch (Exception e) {
      return "ERROR;Bad Command";
    }
    } else {
      return "ERROR;Bad Command";
    }
}
```

Report 查询在 `ReportCommand` 中实现，其 `execute()` 方法如下所示：

```
@Override
public String execute() {

  WDIDAOdao=WDIDAO.getDAO();
  return dao.report(command[1]);
}
```

Stop 查询在 `StopCommand` 类中实现，其 `execute()` 方法如下所示：

```
@Override
public String execute() {
  return "Server stopped";
}
```

最后，出错的情况通过 ErrorCommand 类处理，其 execute() 方法如下所示：

```java
@Override
public String execute() {
  return "Unknown command: "+command[0];
}
```

3. 服务器部件

最后，服务器部件在 SerialServer 类中实现。首先，它通过调用 getDAO() 方法初始化 DAO。其主要目的是使用 DAO 加载所有数据。

```java
public class SerialServer {

  public static void main(String[] args) throws IOException {
    WDIDAOdao = WDIDAO.getDAO();
    booleanstopServer = false;
    System.out.println("Initialization completed.");

    try (ServerSocketserverSocket = new ServerSocket(Constants
                                        .SERIAL_PORT)) {
```

此后，我们需要执行一个循环，直到该服务器接收到一个 Stop 查询为止。该循环执行以下四步。

❑ 接收来自客户端的查询。

❑ 解析并分割该查询的要素。

❑ 调用对应的命令。

❑ 向客户端返回结果。

这四个步骤的实现如下述代码片段所示：

```java
do {
  try (Socket clientSocket = serverSocket.accept();
    PrintWriter out = new PrintWriter(clientSocket.getOutputStream(),
                                      true);
    BufferedReader in = new BufferedReader(new InputStreamReader
                          (clientSocket.getInputStream()));) {
    String line = in.readLine();
    Command command;

    String[] commandData = line.split(";");
    System.out.println("Command: " + commandData[0]);
    switch (commandData[0]) {
      case "q":
        System.out.println("Query");
        command = new QueryCommand(commandData);
        break;
      case "r":
        System.out.println("Report");
        command = new ReportCommand(commandData);
        break;
      case "z":
        System.out.println("Stop");
        command = new StopCommand(commandData);
        stopServer = true;
```

```
      break;
    default:
      System.out.println("Error");
      command = new ErrorCommand(commandData);
    }
    String response = command.execute();
    System.out.println(response);
  } catch (IOException e) {
    e.printStackTrace();
  }
} while (!stopServer);
```

3.3.2　客户端/服务器：并行版本

在串行版本中，服务器部件存在一个非常严重的缺陷。当处理一个查询时并不能兼顾其他查询。如果响应每个查询请求或特定请求需要耗费大量时间，那么服务器的性能就会很低。

我们可以使用并发处理获得更好的性能。如果服务器收到请求后创建了一个线程，它可以将该查询的所有处理委托该线程，并开始处理新的请求。这种方法也存在一些问题。如果我们接收到了大量查询，则会导致系统因创建太多线程而不堪重负。但是如果我们使用线程数固定的执行器，就可以控制服务器所使用的资源，并获得比串行版本更好的性能。

为了使用执行器将串行版服务器部件转换为并发版，必须修改服务器端。DAO 部件是相同的，虽然我们也已经更改了实现命令部件的类名，但是实现过程几乎相同。只有 Stop 查询发生了改变，因为现在它有了更多职能。下面我们了解一下并发版服务器部件的实现细节。

1. 服务器部件

并发服务器部件在 ConcurrentServer 部件中实现。我们为其加入了两项串行服务器不具备的要素：在 ParallelCache 类中实现的缓存系统和在 Logger 类中实现的日志系统。首先，并发服务器调用 getDAO()方法初始化 DAO 部分。主要目标是 DAO 加载所有数据并且使用 Executors 类的 newFixedThreadPool()方法创建一个 ThreadPoolExecutor 对象。该方法接收的是我们要在服务器中使用的最大工作线程数。执行器绝不会超过该工作线程数。要获得工作线程数，我们要使用 Runtime 类的 availableProcessors()方法获取系统的核数。

```
public class ConcurrentServer {

  private static ThreadPoolExecutor executor;
  private static ParallelCache cache;
  private static ServerSocketserverSocket;
  private static volatileboolean stopped=false;
  public static void main(String[] args) {
    serverSocket=null;
    WDIDAOdao=WDIDAO.getDAO();
    executor=(ThreadPoolExecutor) Executors.newFixedThreadPool
                   (Runtime.getRuntime().availableProcessors());
    cache=new ParallelCache();
    Logger.initializeLog();

    System.out.println("Initialization completed.");
```

布尔变量 stopped 被声明为 volatile 型，因为另一个线程可以更改它。当 stopped 变量被另一个线程设置为 true 时，volatile 关键字确保了这一改变在主方法中可见。如果没有 volatile 关键字，由于 CPU 缓存或者编译优化方面的原因，这样的改变则不可见。然后，我们初始化 ServerSocket 以监听请求：

```
serverSocket = new ServerSocket(Constants.CONCURRENT_PORT);
```

我们不能使用一个 try-with-resources 语句管理服务器 socket。当我们收到 Stop 命令后需要关闭服务器，但是服务器正在等待 serverSocket 对象的 accept() 方法。为了迫使服务器丢弃该方法，需要显式关闭服务器（我们将在 shutdown() 方法中执行这一操作），因此不能使用 try-with-resources 语句关闭 socket。

此后，我们会执行一个循环，直到服务器接收到一个 Stop 查询为止。该循环执行如下三个步骤。

❑ 从客户端接收一个查询。

❑ 创建一个任务处理该查询。

❑ 将该任务发送给执行器。

下面的代码片段展示了这三个步骤：

```
do {
  try {
    Socket clientSocket = serverSocket.accept();
    RequestTask task = new RequestTask(clientSocket);
    executor.execute(task);
  } catch (IOException e) {
    e.printStackTrace();
  }
} while (!stopped);
```

最后，一旦服务器完成了执行（离开了该循环），则必须使用 awaitTermination() 方法结束该执行器。该执行器完成 execution() 方法前，该方法将一直阻塞主线程。然后，关闭缓存系统，等待一条表明服务器执行完毕的消息，如下所示：

```
executor.awaitTermination(1, TimeUnit.DAYS);
System.out.println("Shutting down cache");
cache.shutdown();
System.out.println("Cache ok");

System.out.println("Main server thread ended");
```

我们已经额外加入了两种方法：一种是 getExecutor() 方法，它返回了用于执行并发任务的 ThreadPoolExecutor 对象；另一种是 shutdown() 方法，它用于按照顺序结束服务器的执行器，该方法调用了执行器的 shutdown() 方法并且关闭 ServerSocket。

```
public static void shutdown() {
  stopped = true;
  System.out.println("Shutting down the server...");
  System.out.println("Shutting down executor");
  executor.shutdown();
  System.out.println("Executor ok");
  System.out.println("Closing socket");
```

```
try {
  serverSocket.close();
  System.out.println("Socket ok");
} catch (IOException e) {
  e.printStackTrace();
}
System.out.println("Shutting down logger");
Logger.sendMessage("Shutting down the logger");
Logger.shutdown();
System.out.println("Logger ok");
}
```

3

在并发服务器中有一个关键部件：处理每个客户端请求的 `RequestTask` 类。该类实现了 `Runnable`接口，这样它就可以以并发方式在执行器中执行。其构造函数将接收用于与客户端通信的 `Socket`参数。

```
public class RequestTask implements Runnable {

  private final Socket clientSocket;

  public RequestTask(Socket clientSocket) {
    this.clientSocket = clientSocket;
  }
```

响应每个请求时，`run()`方法所完成的操作与串行服务器所做的操作相同。

❑ 接收客户端查询。

❑ 解析并分割该查询的要素。

❑ 调用相应的命令。

❑ 向客户端返回结果。

其代码片段如下所示：

```
public void run() {

  try (PrintWriter out = new  PrintWriter(clientSocket
                                    .getOutputStream(), true);
  BufferedReader in = new BufferedReader(new InputStreamReader
                          (clientSocket.getInputStream()));) {
    String line = in.readLine();
    Logger.sendMessage(line);
    ParallelCache cache = ConcurrentServer.getCache();
    String ret = cache.get(line);

    if (ret == null) {
      Command command;
      String[] commandData = line.split(";");
      System.out.println("Command: " + commandData[0]);
      switch (commandData[0]) {
        case "q":
          System.err.println("Query");
          command = new ConcurrentQueryCommand(commandData);
          break;
        case "r":
```

```
          System.err.println("Report");
          command = new ConcurrentReportCommand(commandData);
          break;
        case "s":
          System.err.println("Status");
          command = new ConcurrentStatusCommand(commandData);
          break;
        case "z":
          System.err.println("Stop");
          command = new ConcurrentStopCommand(commandData);
          break;
        default:
          System.err.println("Error");
          command = new ConcurrentErrorCommand(commandData);
          break;
      }
      ret = command.execute();
      if (command.isCacheable()) {
        cache.put(line, ret);
      }
    } else {
      Logger.sendMessage("Command "+line+" was found in the cache");
    }
      System.out.println(ret);
    } catch (Exception e) {
      e.printStackTrace();
    } finally {
      try {
        clientSocket.close();
      } catch (IOException e) {
        e.printStackTrace();
      }
    }
  }
```

2. 命令部件

正如前面的代码片段所示，我们重命名了命令部件中的所有类。除了 `ConcurrentStopCommand` 类之外，其他实现过程都相同。现在，命令部件调用 `ConcurrentServer` 类的 `shutdown()` 方法按照顺序结束服务器的执行。`execute()` 方法的源代码如下：

```
@Override
public String execute() {
  ConcurrentServer.shutdown();
  return "Server stopped";
}
```

同样，现在 Command 类包含了一个新的 Boolean 型的 `isCacheable()` 方法，如果缓存中存放了命令的结果，则该方法返回 `true`，否则返回 `false`。

3.3.3 额外的并发服务器组件

我们已经实现了一些额外的并发服务器组件：返回服务器状态信息的新命令，存储命令执行结果以便在重复请求时节省时间的缓存系统，以及记录错误信息和调试信息的日志系统。接下来将介绍这些组件。

1. 状态命令

首先，我们有了一种新的查询。它有自己的格式，并且通过 ConcurrentStatusCommand 类处理。该类可获取服务器所使用的 ThreadPoolExecutor 对象，并且获取该执行器的相关状态信息：

```
public class ConcurrentStatusCommand extends Command {
  public ConcurrentStatusCommand (String[] command) {
    super(command);
    setCacheable(false);
  }
  @Override
  public String execute() {
    StringBuildersb=new StringBuilder();
    ThreadPoolExecutor executor=ConcurrentServer.getExecutor();
    Logger.sendMessage(sb.toString());
    return sb.toString();
  }
}
```

可以从该服务器获取的信息如下。

❑ getActiveCount()：该方法返回执行并发任务的大致任务数。线程池中可能有更多线程，但是它们都是空闲的。

❑ getMaximumPoolSize()：该方法返回了执行器可拥有的工作线程的最大数目。

❑ getCorePoolSize()：该方法返回了执行器拥有的核心工作线程数目。这个数字决定了线程池中线程数的最小值。

❑ getPoolSize()：该方法返回了当前线程池中的线程数。

❑ getLargestPoolSize()：该方法返回了线程池在执行期间的最大线程数。

❑ getCompletedTaskCount()：该方法返回了执行器已经执行的任务数。

❑ getTaskCount()：该方法返回了已预定执行任务的大致数目。

❑ getQueue().size()：该方法返回了在任务队列中等待的任务数。

因为使用 Executor 类的 newFixedThreadPool() 方法创建了执行器，那么它的最大工作线程数和核心工作线程数相同。

2. 缓存系统

并行服务器中带有一个缓存系统，其作用是避免重复搜索那些近期已经进行过的数据。该缓存系统有如下三个要素。

❑ **CacheItem 类**：该类用于描述在缓存中存放的每个元素，而且它有如下四个属性。

■ 在缓存中存储的命令。我们将 Query 和 Report 命令存放在缓存之中。

■ 该命令所产生的响应。

■ 缓存中某一项的创建日期。

■ 该项在缓存中的最后访问时间。

❑ **CleanCacheTask** 类：如果在缓存中存储所有命令并从未删除，那么缓存的大小就会无限制增加。为了避免这种情况，我们还可以创建一个任务删除缓存中的元素，并将该任务作为一个 Thread 对象实现。有如下两种供选方案。

■ 你可以为缓存设定最大规模。如果缓存中的元素数大于最大值，就可以将那些近期很少访问的元素删除。

■ 你可以删除缓存中那些在某个预定时段内未被访问的元素。我们将要采用的就是这种方式。

❑ **ParallelCache** 类：该类实现了在缓存中存储和检索各元素的操作。为了在缓存中存储数据，我们采用了一种 ConcurrentHashMap 数据结构。因为缓存由服务器所有任务共享，我们必须采用一种同步机制保护对缓存的访问，以避免数据竞争条件。有如下三种供选方案。

■ 我们可以使用一种 non-synchronized 型的数据结构（例如 HashMap）并且加入必要代码同步对该数据结构的各种访问，例如，采用锁。你也可以使用 Collections 类的 synchronizedMap()方法将一个 HashMap 转换为一个 synchronized 型结构。

■ 使用 synchronized 型的数据结构，例如 Hashtable。对于这种情况，我们不会形成数据竞争条件，但是性能会更好。

■ 使用并发数据结构，例如 ConcurrentHashMap 类，该类消除了出现数据竞争条件的可能性，而且该类被优化用于高并发环境中。我们将使用 ConcurrentHashMap 类的对象实现这种方案。

CleanCacheTask 类的代码如下：

```
public class CleanCacheTask implements Runnable {

  private final ParallelCache cache;

  public CleanCacheTask(ParallelCache cache) {
    this.cache = cache;
  }

  @Override
  public void run() {
    try {
      while (!Thread.currentThread().interrupted()) {
        TimeUnit.SECONDS.sleep(10);
        cache.cleanCache();
      }
    } catch (InterruptedException e) {

    }
  }

}
```

该类中有一个 ParallelCache 对象，并且每 10 秒钟，就会执行 ParallelCache 实例的 cleanCache() 方法。ParallelCache 类有五种不同的方法。首先，该类的构造函数初始化了该缓存的元素。它创建了 ConcurrentHashMap 对象并且启动了一个执行 CleanCacheTask 类的线程：

```
public class ParallelCache {

  private final ConcurrentHashMap<String, CacheItem> cache;
  private final CleanCacheTask task;
  private final Thread thread;
  public static intMAX_LIVING_TIME_MILLIS = 600_000;
  public ParallelCache() {
    cache=new ConcurrentHashMap<>();
    task=new CleanCacheTask(this);
    thread=new Thread(task);
    thread.start();
  }
```

然后，该类中还有两个方法可用于存储和检索缓存中的元素。我们使用 put() 方法将元素插入 HashMap，并使用 get() 方法在 HashMap 中检索元素：

```
public void put(String command, String response) {
  CacheItem item = new CacheItem(command, response);
  cache.put(command, item);
}

public String get (String command) {
  CacheItem item=cache.get(command);
  if (item==null) {
    return null;
  }
  item.setAccessDate(new Date());
  return item.getResponse();
}
```

然后，CleanCacheTask 类清理缓存的方法如下：

```
public void cleanCache() {
  Date revisionDate = new Date();
  Iterator<CacheItem> iterator = cache.values().iterator();

  while (iterator.hasNext()) {
    CacheItem item = iterator.next();
    if (revisionDate.getTime() - item.getAccessDate().getTime()
        >MAX_LIVING_TIME_MILLIS) {
      iterator.remove();
    }
  }
}
```

最后，还有一个用于关闭缓存的方法，该方法可中断执行 CleanCacheTask 类的线程，并且返回缓存中存储的元素数。

```
public void shutdown() {
  thread.interrupt();
}

public intgetItemCount() {
  return cache.size();
}
```

3. 日志系统

在本章所有例子中，我们都使用 System.out.println()方法将信息反馈到控制台。当你实现的是一个准备在生产环境中执行的企业应用程序时，最好的方法就是使用日志系统记录调试信息和错误信息。log4j 是 Java 中最受欢迎的日志系统。在本例中，我们将实现自己的日志系统，该系统采用了生产者/消费者并发设计模式。使用日志系统的任务将作为生产者，而把日志信息写入文件的特别任务（作为一个线程执行）将作为消费者。该日志系统的组件如下。

❏ LogTask：该类实现了日志消费者，它可每 10 秒钟读取队列中存储的日志消息并将其写入文件。该类通过一个 Thread 对象来执行。

❏ Logger：这是日志系统的主类。它有一个队列，生产者将存入信息，而消费者将读取这些信息。它还提供了一个可将消息加入队列的方法，以及一个获取队列存储的所有消息并将其写入磁盘的方法。

实现该队列，与缓存系统相同，我们需要采用一种并发数据结构，以避免任何数据不一致的错误。我们有如下两个供选方案。

❏ 使用**阻塞型数据结构**。当队列为满（在我们的例子中，队列永不会满）或者为空时，将会阻塞线程。

❏ 使用**非阻塞型数据结构**。如果队列为满或者为空时，将会返回一个特定值。

我们选择了一种非阻塞型数据结构，即 ConcurrentLinkedQueue 类，它实现了 Queue 接口。我们使用 offer()方法将元素插入队列，使用 poll()方法从队列中获取元素。

LogTask 类的代码非常简单：

```
public class LogTask implements Runnable {

  @Override
  public void run() {
    try {
      while (Thread.currentThread().interrupted()) {
        TimeUnit.SECONDS.sleep(10);
        Logger.writeLogs();
      }
    } catch (InterruptedException e) {
    }
    Logger.writeLogs();
  }
}
```

该类实现了 Runnable 接口，而且在 run()方法中，每 10 秒钟调用一次 Logger 类的 writeLogs()方法。

Logger 类有 5 个不同的静态方法。首先，用一个静态代码块初始化并启动执行 LogTask 的线程，并且该线程创建用于存放日志数据的 ConcurrentLinkedQueue 类：

```
public class Logger {

  private static ConcurrentLinkedQueue<String>logQueue = new
                             ConcurrentLinkedQueue<String>();
```

```
private static Thread thread;

private static final String LOG_FILE = Paths.get("output",
                                        "server.log").toString();
static {
    LogTask task = new LogTask();
    thread = new Thread(task);
}
```

然后，Logger 类中含有一种 sendMessage() 方法，该方法接收一个字符串作为参数并且将该消息存放在队列之中。该方法使用 offer() 方法存放消息：

```
public static void sendMessage(String message) {
    logQueue.offer(new Date()+": "+message);
}
```

Logger 类中的关键方法是 writeLogs() 类。该方法使用 ConcurrentLinkedQueue 类的 poll() 方法获取并删除队列中存储的所有日志消息，并将它们写入文件。

```
public static void writeLogs() {
    String message;
    Path path = Paths.get(LOG_FILE);
    try (BufferedWriterfileWriter = Files.newBufferedWriter(path,
                                    StandardOpenOption.CREATE,
                                    StandardOpenOption.APPEND)) {
        while ((message = logQueue.poll()) != null) {
            fileWriter.write(new Date()+": "+message);
            fileWriter.newLine();
        }
    } catch (IOException e) {
        e.printStackTrace();
    }
}
```

最后还有两个方法：一个用于删减日志文件，另一个用于结束日志系统的执行器，该方法会中断执行 LogTask 的线程。

```
public static void initializeLog() {
    Path path = Paths.get(LOG_FILE);
    if (Files.exists(path)) {
        try (OutputStream out = Files.newOutputStream(path,
                            StandardOpenOption.TRUNCATE_EXISTING)) {
        } catch (IOException e) {
            e.printStackTrace();
        }
    }
    thread.start();
}
public static void shutdown() {
    thread.interrupt();
}
```

3.3.4　对比两种解决方案

现在，测试一下串行服务器和并发服务器，观察哪种解决方案会使服务器性能更好。我们实现了四个类进行自动测试，它们可以向服务器发出查询。这些类如下所示。

❑ `SerialClient`：该类实现了一个可用的串行服务器客户端。该客户端产生了 9 个使用 `Query` 消息的请求和一个使用 `Report` 消息的查询。该客户端将重复该过程 10 次，这样就会请求 90 次 `Query` 查询和 10 次 `Report` 查询。

❑ `MultipleSerialClients`：该类模拟了同时存在多个客户端的情况。对于这种情形，我们为每个 `SerialClient` 创建一个线程，并且同时运行这些客户端以查看服务器的性能。我们测试了 1 到 5 个并发客户端。

❑ `ConcurrentClient`：该类与 `SerialClient` 类相似，只不过它调用的是并发服务器而非串行服务器。

❑ `MultipleConcurrentClients`：该类与 `MultipleSerialClients` 类相似，只不过它调用的是并发服务器而非串行服务器。

要测试串行服务器，可以按照下述步骤进行。

(1) 启动串行服务器并且等待其初始化。

(2) 启动 `MultipleSerialClients` 类，该类首先启动一个 `SerialClient` 类，然后依次启动两个、三个、四个，最后启动五个 `SerialClient` 类。

对于并发服务器，你可以按照类似过程进行处理。

(1) 启动并发服务器并且等待其初始化。

(2) 启动 `MultipleConcurrentClients` 类，该类首先启动一个 `ConcurrentClient` 类，然后依次启动两个、三个、四个，最后启动五个 `ConcurrentClient` 类。

为比较这两个版本的执行时间，我们使用 JMH 框架（请查看名为 "Code Tools: jmh" 的文章）实现了一个微基准测试，该框架支持在 Java 中实现微型基准测试。使用面向基准测试的框架是一种比较好的解决方案，可直接使用其中的 `currentTimeMillis()` 方法或者 `nanoTime()` 方法测量时间。我们在两套计算机架构上分别将其执行 10 次。

❑ 一台计算机配置了 Intel Core i5-5300 CPU、Windows 7 操作系统和 16GB 的 RAM。该处理器有两个核，每个核可以执行两个线程，这样我们就有了四个并行线程。

❑ 另一台计算机配置了 AMD A8-640 CPU、Windows 10 操作系统和 8GB 的 RAM。该处理器有四个核。

全部执行结果如下。

客户端	AMD			Intel		
	串行	并发	加速比	串行	并发	加速比
1	4.970	4.391	1.13	1.090	0.914	1.19
2	9.713	5.154	1.88	1.981	1.312	1.51
3	14.565	6.244	2.33	2.903	1.644	1.77
4	19.751	7.676	2.57	3.878	1.988	1.95
5	24.212	8.434	2.87	4.775	2.346	2.04

上表各单元中给出的是每个客户端的平均时间（单位：秒）。我们可以得出以下结论。

❏ 在两种架构上的执行时间差别很大，这需要考虑多方面的因素，例如硬盘、内存和操作系统等都会影响性能。不过，两种架构下得到加速比比较相近。

❏ 两种服务器的性能均受向服务器发送请求的并发客户端数量的影响。

❏ 在所有情况下，并发版本的执行时间均比串行版本的执行时间更低。

3.3.5 其他重要方法

贯穿本章，我们使用了 Java 并发 API 中的一些类实现执行器框架的基础功能。这些类还有其他一些重要方法。在本节，我们将讲解其中一部分。

Executors 类提供了其他一些创建 ThreadPoolExecutor 对象的方法。这些方法有如下几种。

❏ newCachedThreadPool()：该方法创建了一个 ThreadPoolExecutor 对象，会重新使用空闲的工作线程，但是如果必要，它也会创建一个新的工作线程。在此并没有最大工作线程数。

❏ newSingleThreadExecutor()：该方法创建了一个仅使用单个工作线程的 ThreadPool-Executor 对象。发送给执行器的任务会存储在一个队列中，直到该工作线程可以执行它们为止。

❏ CountDownLatch 类额外提供了如下几种方法。

　■ await(long timeout, TimeUnit unit)：该方法将一直等待，直到内部计数器数值为 0 并超过参数中指定的时间为止。如果超时，则该方法返回 false 值。

　■ getCount()：该方法返回内部计数器的实际值。

Java 中有两种类型的并发数据结构。

❏ **阻塞型数据结构**：当你调用某个方法但是类库无法执行该项操作时（例如，你试图获取某个元素而数据结构是空的），这种结构将阻塞线程直到这些操作可以执行。

❏ **非阻塞型数据结构**：当你调用某个方法但是类库无法执行该项操作时（因为结构为空或者为满），该方法会返回一个特定值或抛出一个异常。

既有实现上述两种行为的数据结构，也有仅实现其中一种行为的数据结构。通常，阻塞型数据结构也会实现具有非阻塞型行为的方法，而非阻塞型数据结构并不会实现阻塞型方法。

实现阻塞型操作的方法如下。

❏ put()、putFirst()、putLast()：这些方法将一个元素插入数据结构。如果该数据结构已满，则会阻塞该线程，直到出现空间为止。

❏ take()、takeFirst()、takeLast()：这些方法返回并且删除数据结构中的一个元素。如果该数据结构为空，则会阻塞该线程直到其中有元素为止。

实现非阻塞型操作的方法如下。

❏ add()、addFirst()、addLast()：这些方法将一个元素插入数据结构。如果该数据结构已满，则会抛出一个 IllegalStateException 异常。

- ❑ remove()、removeFirst()、removeLast()：这些方法将返回并且删除数据结构中的一个元素。如果该结构为空，则这些方法将抛出一个 IllegalStateException 异常。
- ❑ element()、getFirst()、getLast()：这些方法将返回但是不删除数据结构中的一个元素。如果该数据结构为空，则会抛出一个 IllegalStateException 异常。
- ❑ offer()、offerFirst()、offerLast()：这些方法可以将一个元素插入数据结构。如果该结构已满，则返回一个 Boolean 值 false。
- ❑ poll()、pollFirst()、pollLast()：这些方法将返回并且删除数据结构中的一个元素。如果该结构为空，则返回 null 值。
- ❑ peek()、peekFirst()、peekLast()：这些方法返回但是并不删除数据结构中的一个元素。如果该数据结构为空，则返回 null 值。

第 11 章将更加详细地讲述并发数据结构。

3.4　小结

在简单的并发应用程序中，本章使用 Runnable 接口和 Thread 类执行并发任务。我们创建和管理这些线程并且控制其执行。但是在大型并发应用程序中，不能采用这种方式，因为它会导致很多问题。在这种情况下，Java 并发 API 引入了执行器框架。本章讲述了该框架的基本特征及其构成组件。首先，我们探讨了 Executor 接口，它定义了将 Runnable 任务发送给执行器的基本方法。该接口有一个子接口 ExecutorService，该子接口所包含的方法可向执行器发送返回结果的任务（这些任务实现了 Callable 接口，正如第 5 章即将讲到的那样）和一个任务列表。

ThreadPoolExecutor 类是这两种接口的基本实现：增加额外的方法以获取有关执行器状态的信息，以及正在执行的线程或任务的数量。为该类创建对象最简单的方式是使用 Executors 工具类，该类包含了创建不同类型执行器的方法。

我们已经向你展示了如何使用执行器，并且使用执行器实现了两个实际例子，说明了如何将串行算法转换为并发算法。第一个例子是 k-最近邻算法，应用于 UCI 机器学习资源库的 Bank Marketing 数据集。第二个例子是客户端/服务器应用程序，用以查询某银行发布的发展指数。

在这两个用例中，使用执行器极大地改善了性能。

下一章将介绍如何采用执行器实现高级技术。我们将通过提高任务撤销的可能性，完善客户端/服务器应用程序，并且使高优先级任务早于低优先级任务执行。我们还将展示如何实现周期性执行的任务，实现一个 RSS 新闻阅读器。

第 4 章　充分利用执行器

第 3 章介绍了执行器的基本特征，将其作为改进执行大量并发任务的并发应用程序性能的一种方式。本章将探究执行器的高级特性，这些特性使它们成为支持并发应用程序的强大工具。本章将讲述以下几项内容。

- ❑ 执行器的高级特性。
- ❑ 第一个例子：高级服务器应用程序。
- ❑ 第二个例子：执行周期性任务。
- ❑ 有关执行器的其他信息。

4.1　执行器的高级特性

执行器是一个类，它允许编程人员执行并发任务而无须担心线程的创建和管理。编程人员创建 Runnable 对象并将其发送给执行器，而执行器创建和管理必要的线程以执行这些任务。第 3 章曾介绍执行器框架具有以下基本特征。

- ❑ 如何创建执行器以及在创建执行器时有哪些不同选项。
- ❑ 如何将并发任务发送给执行器。
- ❑ 如何控制执行器使用的资源。
- ❑ 在执行器的内部，如何使用一个线程池优化应用程序的性能。

无论如何，执行器提供了很多选项，这使其成为并发应用程序中的一种强大机制。

4.1.1　任务的撤销

将任务发送给执行器之后，还可以撤销该任务的执行。使用 submit() 方法将 Runnable 对象发送给执行器时，它会返回 Future 接口的一个实现。该类允许你控制该任务的执行。该类有 cancel() 方法，可用于撤销任务的执行。该方法接收一个布尔值作为参数，如果接收到的参数为 true，那么执行器执行该任务，否则执行该任务的线程会被中断。

以下便是想要撤销的任务无法被撤销的情形。

- ❑ 任务已经被撤销。
- ❑ 任务已经完成了执行。

- 任务正在执行而提供给 cancel() 方法的参数为 false。
- 在 API 文档中并未说明的其他原因。

cancel() 方法返回了一个布尔值，用于表明当前任务是否被撤销。

4.1.2　任务执行调度

ThreadPoolExecutor 类是 Executor 接口和 ExecutorService 接口的基本实现。但是 Java 并发 API 为该类提供了一个扩展类，以支持预定任务的执行，这就是 ScheduledThreadPoolExeuctor 类。你可以进行如下操作。

- 在某段延迟之后执行某项任务。
- 周期性地执行某项任务，包括以固定速率执行任务或者以固定延迟执行任务。

4.1.3　重载执行器方法

执行器框架是一种非常灵活的机制。你可以通过扩展一个已有的类（ThreadPoolExecutor 或者 ScheduledThreadPoolExecutor）实现自己的执行器，获得想要的行为。这些类中包括一些便于改变执行器工作方式的方法。如果你重载了 ThreadPoolExecutor 类，就可以重载以下方法。

- beforeExecute()：该方法在执行器中的某一并发任务执行之前被调用。它接收将要执行的 Runnable 对象和将要执行这些对象的 Thread 对象。该方法接收的 Runnable 对象是 FutureTask 类的一个实例，而不是使用 submit() 方法发送给执行器的 Runnable 对象。
- afterExecute()：该方法在执行器中的某一并发任务执行之后被调用。它接收的是已执行的 Runnable 对象和一个 Throwable 对象，该 Throwable 对象存储了任务中可能抛出的异常。与 beforeExecute() 方法相同，Runnable 对象是 FutureTask 类的一个实例。
- newTaskFor()：该方法创建的任务将执行使用 submit() 方法发送的 Runnable 对象。该方法必须返回 RunnableFuture 接口的一个实现。默认情况下，Open JDK 9 和 Oracle JDK 9 返回 FutureTask 类的一个实例，但是这在今后的实现中可能会发生变化。

如果扩展 ScheduledThreadPoolExecutor 类，你可以重载 decorateTask() 方法。该方法与面向预定任务的 newTaskFor() 方法类似并且允许重载执行器所执行的任务。

4.1.4　更改一些初始化参数

你也可以在执行器创建之时更改一些参数以改变其行为。最常用的一些参数如下所示。

- BlockingQueue<Runnable>：每个执行器均使用一个内部的 BlockingQueue 存储等待执行的任务。可以将该接口的任何实现作为参数传递。例如，更改执行器执行任务的默认顺序。
- ThreadFactory：可以指定 ThreadFactory 接口的一个实现，而且执行器将使用该工厂创建执行该任务的线程。例如，你可以使用 ThreadFactory 接口创建 Thread 类的一个扩展类，保存有关任务执行时间的日志信息。

❑ RejectedExecutionHandler：调用 shutdown() 方法或者 shutdownNow() 方法之后，所有发送给执行器的任务都将被拒绝。可以指定 RejectedExecutionHandler 接口的一个实现管理这种情形。

4.2 第一个例子：高级服务器应用程序

第 3 章介绍了一个客户端/服务器应用程序的例子。本节实现了一个服务器，针对 3.3 节例子中的发展指数进行数据搜索，并且实现了一个客户端，多次调用该服务器，以便测试执行器的性能。

本节将扩展这个例子，为其加入几个特性，如下所示。

❑ 可以使用新的撤销型查询撤销服务器上执行的查询。

❑ 可以使用优先级参数控制查询执行的顺序。具有较高优先级的任务将优先执行。

❑ 服务器将计算任务的数量以及使用该服务器各用户的总执行时间。

为了实现这些新特征，对服务器做了以下改动。

❑ 为每个查询增加了两个参数。第一个参数是发送查询的用户名，而另一个则是查询的优先级。查询的新格式有如下几种。

  ■ Query 查询：格式为 q;username;priority;codCountry;codIndicator;year，其中，username 是用户名，priority 是查询优先级，codCountry 是国家代码，codIndicator 是指数代码，year 是可选参数，表示想要查询的年份。

  ■ Report 查询：格式为 r;username;priority;codIndicator，其中，username 是用户名，priority 是查询优先级，codIndicator 是你想要制表的指数代码。

  ■ Status 查询：格式为 s;username;priority，其中，username 是用户名，priority 是查询的优先级。

  ■ Stop 查询：格式为 z;username;priority，其中，username 是用户名，priority 是查询的优先级。

❑ 还实现了一种新查询，如下所示。

  ■ Cancel 查询：格式为 c;username;priority，其中，username 是用户名，priority 是查询的优先级。

❑ 实现了自己的执行器进行如下操作。

  ■ 统计每个用户对服务器的使用情况。

  ■ 按照优先级执行任务。

  ■ 控制任务的拒绝。

  ■ 修改了 ConcurrentServer 和 RequestTask 类以适应服务器的新要素。

服务器的其他要素（缓存系统、日志系统和 DAO 类等）都相同，因此不再赘述。

4.2.1 ServerExecutor 类

如前所述，我们实现了自己的执行器执行服务器任务，也实现了一些额外的但是必要的类用以提供所有功能。现在介绍一下这些类。

1. 统计对象

该服务器将计算每个用户在服务器上执行的任务数量，以及这些任务的总执行时间。为了存储这样的数据，我们实现了 ExecutorStatistics 类。它有两个用于存储这些信息的属性。

```
public class ExecutorStatistics {
  private AtomicLong executionTime = new AtomicLong(0L);
  private AtomicInteger numTasks = new AtomicInteger(0);
```

这些属性都是支持在单个变量上进行原子操作的 AtomicVariables 型变量，可以在不同的线程中使用这些变量，而且不需要采用任何同步机制。然后，该类还有两个方法可以分别增加任务数和执行时间。

```
public void addExecutionTime(long time) {
  executionTime.addAndGet(time);
}
public void addTask() {
  numTasks.incrementAndGet();
}
```

最后，我们还增加了可获取上述两个属性值的方法，而且重载了 toString() 方法以可读方式获取信息。

```
@Override
public String toString() {
  return "Executed Tasks: "+ getNumTasks()+". Execution Time: "+
        getExecutionTime();
}
```

2. 被拒绝任务控制器

创建执行器时，可以指定一个类用以管理其拒绝的任务。如果在执行器已调用 shutdown() 或 shutdownNow() 方法之后提交任务，则该任务会被执行器拒绝。

为了控制这种情况，我们实现了 RejectedTaskController 类。该类实现了 Rejected-ExecutionHandler 接口和 rejectedExecution() 方法。

```
public class RejectedTaskController implements
                        RejectedExecutionHandler {

  @Override
  public void rejectedExecution(Runnable task, ThreadPoolExecutor
                              executor) {
    ConcurrentCommand command=(ConcurrentCommand)task;

    try (Socket clientSocket=command.getSocket();
      PrintWriter out = new PrintWriter(clientSocket
                            .getOutputStream(),true);
    ) {
      String message="The server is shutting down."+
              " Your request can not be served."+
              " Shutting Down: "+
          String.valueOf(executor.isShutdown()) + ". Terminated: "+
```

```
            String.valueOf(executor.isTerminated())+ ". Terminating: "+
            String.valueOf(executor.isTerminating());
        System.out.println(message);
    } catch (IOException e) {
        e.printStackTrace();
    }
}
```

每个被拒绝的任务都要调用一次 `rejectedExecution()`方法，而该方法将接收被拒绝的任务和拒绝该任务的执行器作为参数。

3. 执行器任务

向执行器提交 `Runnable` 对象时，它并不会直接执行该对象，而是创建一个新的对象，即 `FutureTask` 类的一个实例，而且这项任务由执行器的工作线程执行。

在我们的例子中，为了度量任务的执行时间，我们在 `ServerTask` 类中实现了自己的 `FutureTask` 类。该类扩展了 `FutureTask` 类并且实现了 `Comparable` 接口，如下所示：

```
public class ServerTask<V> extends FutureTask<V> implements
    Comparable<ServerTask<V>>{
```

从内部看，该类存储了将作为 `ConcurrentCommand` 对象执行的查询。

```
private ConcurrentCommand command;
```

在构造函数中，该类使用 `FutureTask` 类的构造函数并且存储了 `ConcurrentCommand` 对象。

```
public ServerTask(ConcurrentCommand command) {
    super(command, null);
    this.command=command;
}

public ConcurrentCommand getCommand() {
    return command;
}

public void setCommand(ConcurrentCommand command) {
    this.command = command;
}
```

最后，该类还实现了 `compareTo()`操作，用于比较两个 `ServerTask` 实例存储的命令，如下所示：

```
@Override
  public int compareTo(ServerTask<V> other) {
      return command.compareTo(other.getCommand());
  }
```

4. 执行器

既然有了执行器的辅助类，那么必须实现执行器本身。我们实现了针对这一用途的 `Server-Executor` 类，它扩展了 `ThreadPoolExecutor` 类并且还有一些内部属性，如下所示。

- ❑ `startTimes`：这是用于存储每个任务开始日期的程序代码 `ConcurrentHashMap`，其键为 `ServerTask` 对象（一个 `Runnable` 对象），而其值为 `Date` 对象。

- ❑ executionStatistics：这是用于存储每个用户使用情况统计的 ConcurrentHashMap，其键为用户名，而其值为 ExecutorStatistics 对象。
- ❑ CORE_POOL_SIZE、MAXIMUM_POOL_SIZE 和 KEEP_ALIVE_TIME：这些是用于定义执行器特征的常量。
- ❑ REJECTED_TASK_CONTROLLER：这是一个 RejectedTaskController 类的属性，用于控制执行器拒绝的任务。

这可以通过以下代码解释。

```
public class ServerExecutor extends ThreadPoolExecutor {
  private ConcurrentHashMap<Runnable, Date> startTimes;
  private ConcurrentHashMap<String, ExecutorStatistics>
                      executionStatistics;
  private static int CORE_POOL_SIZE = Runtime.getRuntime()
                              .availableProcessors();
  private static int MAXIMUM_POOL_SIZE = Runtime.getRuntime()
                                .availableProcessors();
  private static long KEEP_ALIVE_TIME = 10;

  private static RejectedTaskController REJECTED_TASK_CONTROLLER
                          = new RejectedTaskController();

  public ServerExecutor() {
    super(CORE_POOL_SIZE, MAXIMUM_POOL_SIZE, KEEP_ALIVE_TIME,
        TimeUnit.SECONDS, new PriorityBlockingQueue<>(),
      REJECTED_TASK_CONTROLLER);

    startTimes = new ConcurrentHashMap<>();
    executionStatistics = new ConcurrentHashMap<>();
  }
```

该类的构造函数调用父类的构造函数，创建了一个 PriorityBlockingQueue 类，用于存储那些将在执行器中执行的任务。该类根据 compareTo() 方法的执行结果对元素进行排序（因此其中存储的元素必须实现 Comparable 接口）。该类的实现将允许我们按照优先级执行任务。

然后，重载了 ThreadPoolExecutor 类的一些方法。首先是 beforeExecute() 方法。该方法在每个任务执行之前执行。它接收 ServerTask 对象和执行该任务的线程作为参数。在本例中，将实际日期存放于 ConcurrentHashMap，这样每个任务的起始日期如下所示。

```
protected void beforeExecute(Thread t, Runnable r) {
  super.beforeExecute(t, r);
  startTimes.put(r, new Date());
}
```

下一个方法是 afterExecute() 方法。该方法在执行器的每个任务执行完毕后执行，并接收已执行的 ServerTask 对象和 Throwable 对象，其中该方法将已执行的 ServerTask 对象作为参数。作为最后一个参数只有任务执行抛出异常时才会有值。在我们的例子中，将使用该方法进行如下操作。

(1) 计算任务的执行时间。

(2) 按照下述方式更新用户的统计信息。

```
@Override
protected void afterExecute(Runnable r, Throwable t) {
  super.afterExecute(r, t);
  ServerTask<?> task=(ServerTask<?>)r;
  ConcurrentCommand command=task.getCommand();

  if (t==null) {
    if (!task.isCancelled()) {
      Date startDate = startTimes.remove(r);
      Date endDate=new Date();
      long executionTime= endDate.getTime() -
                          startDate.getTime();
      ExecutorStatistics statistics = executionStatistics
                     .computeIfAbsent (command.getUsername(),
                     n -> new ExecutorStatistics());
      statistics.addExecutionTime(executionTime);
      statistics.addTask();
      ConcurrentServer.finishTask (command.getUsername(),
                          command);
    }
    else {
      String message="The task" + command.hashCode() + "of
                          user" + command.getUsername() + "has
                          been cancelled.";
      Logger.sendMessage(message);
    }

  } else {
    String message="The exception "+t.getMessage()+" has
                      been thrown.";
    Logger.sendMessage(message);
  }
}
```

最后重载 newTaskFor() 方法。该方法执行后会转换发送给执行器的 Runnable 对象，使用执行器待执行的 FutureTask 实例中的 submit() 方法。在我们的例子中，使用 ServerTask 对象替代默认的 FutureTask 对象。

```
@Override
protected <T> RunnableFuture<T> newTaskFor(Runnable runnable, T
                                            value) {
  return new ServerTask<T>(runnable);
}
```

我们在执行器中引入了一种额外方法，将执行器中存储的所有统计信息写入日志系统。稍后你将看到，该方法将在服务器执行结束时被调用，代码如下所示：

```
public void writeStatistics() {

  for(Entry<String, ExecutorStatistics> entry: executionStatistics
      .entrySet()) {
    String user = entry.getKey();
    ExecutorStatistics stats = entry.getValue();
    Logger.sendMessage(user+":"+stats);
  }
}
```

4.2.2 命令类

命令类执行发送给服务器的各种查询。可以向服务器发送以下 5 种查询。

❑ **Query** 查询：这种查询用于获取有关某个国家、某个指数以及某个年份（可选）的信息，通过 `ConcurrentQueryCommand` 类实现。

❑ **Report** 查询：这种查询用于获取有关某个指数的信息，通过 `ConcurrentReportCommand` 类实现。

❑ **Status** 查询：这种查询用于获取服务器状态的信息，通过 `ConcurrentStatusCommand` 类实现。

❑ **Cancel** 查询：这种查询用于撤销某一用户任务的执行，通过 `ConcurrentCancelCommand` 类实现。

❑ **Stop** 查询：这种查询用于停止服务器的执行，通过 `ConcurrentStopCommand` 类实现。

我们还有 `ConcurrentErrorCommand` 类和 `ConcurrentCommand` 类，前一种类用于管理某一未知命令到达服务器的情况，后一种类是所有命令的基类。

1. ConcurrentCommand 类

这是每个命令的基类，包含所有命令的共性行为，如下所述。

❑ 调用实现每个命令特定逻辑的方法。

❑ 将结果写入客户端。

❑ 关闭在通信过程中使用的所有资源。

该类扩展了 `Command` 类并且实现了 `Comparable` 接口和 `Runnable` 接口。在第 3 章的例子中，命令都是较为简单的类，但在本例中，并发命令都是将要发送给执行器的 `Runnable` 对象。

```
public abstract class ConcurrentCommand extends Command implements
        Comparable<ConcurrentCommand>, Runnable{
```

该类有以下三个属性。

❑ username：该属性用于存储发送该查询的用户名称。

❑ priority：该属性用于存储查询的优先级，它将决定查询的执行顺序。

❑ socket：该属性表示的是用于与客户端通信的套接字。

该类的构造函数中对这三个属性进行了初始化。

```
private String username;
private byte priority;
private Socket socket;

public ConcurrentCommand(Socket socket, String[] command) {
  super(command);
  username=command[1];
  priority=Byte.parseByte(command[2]);
  this.socket=socket;

}
```

该类的主要功能位于抽象方法 execute() 和 run() 方法中。其中，每个具体命令都通过实现 execute() 方法计算和返回查询的结果。run() 方法调用 execute() 方法，将结果存储在缓存，写入套接字中，并且关闭在通信中使用的所有资源，代码如下所示：

```
@Override
public abstract String execute();

@Override
public void run() {

  String message="Running a Task: Username: "+username+";
                  Priority: "+priority;
  Logger.sendMessage(message);

  String ret=execute();

  ParallelCache cache = ConcurrentServer.getCache();

  if (isCacheable()) {
    cache.put(String.join(";",command), ret);
  }

  try (PrintWriter out = new PrintWriter(socket.getOutputStream(),
                                          true);) {

    System.out.println(ret);

  } catch (IOException e) {
    e.printStackTrace();
  }
  System.out.println(ret);
}
```

最后，compareTo() 方法使用其优先级属性确定任务执行的顺序。PriorityBlockingQueue 类将使用该方法对任务进行排序，这样具有较高优先级的任务将优先执行。请注意，当 getPriority() 方法返回一个较低的值时，该任务具有较高的优先级。如果任务的 getPriority() 方法返回 1，则该任务的优先级高于使用该方法返回 2 的任务的优先级。

```
@Override
public int compareTo(ConcurrentCommand o) {
  return Byte.compare(o.getPriority(), this.getPriority());
}
```

2. 具体的命令

我们已经在实现不同的命令类时做了稍许改动，而且还增加了一个由 ConcurrentCancel-Command 类实现的新类。这些类的主要逻辑都包含在 execute() 方法中，该方法计算查询的响应并且将其作为字符串返回。

ConcurrentCancelCommand 新类的 execute() 方法调用了 ConcurrentServer 类的 cancelTasks() 方法。该方法将停止执行与参数中指定用户相关的所有待处理任务。

```
@Override
public String execute() {
```

```
ConcurrentServer.cancelTasks(getUsername());

String message = "Tasks of user "+getUsername()+
                  " has been cancelled.";
Logger.sendMessage(message);
return message;
}
```

ConcurrentReportCommand 类的 execute() 方法使用 WDIDAO 类的 query() 方法获取用户请求的数据。在第 3 章中，你可以找到该方法的实现，这里实现过程基本一样。唯一的区别在于命令数组索引，如下所示：

```
@Override
public String execute() {

  WDIDAO dao=WDIDAO.getDAO();

  if (command.length==5) {
    return dao.query(command[3], command[4]);
  } else if (command.length==6) {
    try {
      return dao.query(command[3], command[4],
                       Short.parseShort(command[5]));
    } catch (NumberFormatException e) {
      return "ERROR;Bad Command";
    }
  } else {
    return "ERROR;Bad Command";
  }
}
```

ConcurrentQueryCommand 类的 execute() 方法使用 WDIDAO 类的 report() 方法获取数据。在第 3 章中，可以找到该方法的实现。这里的实现过程几乎相同，唯一的区别在于命令数组索引。

```
@Override
public String execute() {

  WDIDAO dao=WDIDAO.getDAO();
  return dao.report(command[3]);
}
```

ConcurrentStatusCommand 类在其构造函数中有一个额外参数：Executor 对象，该对象将执行这些命令。这些命令使用该对象获取有关执行器的信息，并且将其作为响应发送给用户。这一实现与第 3 章基本相同。我们使用同样的方法获取 Executor 对象的状态。

ConcurrentStopCommand 类和 ConcurrentErrorCommand 类也与第 3 章相同，因此不再对其源代码进行说明。

4.2.3　服务器部件

服务器接收来自所有客户端的查询，创建执行这些查询的命令类并且将其发送给执行器。服务器部件由如下两个类实现。

❑ **ConcurrentServer** 类：该类包含服务器的 main() 方法以及额外用于撤销任务和结束系统执行的方法。

❑ **RequestTask** 类：该类创建命令并且将其发送给执行器。

与第 3 章中的例子相比，最主要的区别在于 RequestTask 的角色。在 SimpleServer 例子中，ConcurrentServer 类为每个查询创建一个 RequestTask 对象，并且将其发送给执行器。在本例中，只有一个将作为线程执行的 RequestTask 的实例。当 ConcurrentServer 收到一个连接，它将与客户端通信所需的套接字存放在待连接列表中。RequestTask 线程读取该套接字，处理客户端发送的数据，创建相应的命令并且将其发送给执行器。

这样更改的主要原因是为了只在任务中留下执行器要执行的查询代码，而将预处理代码放在执行器之外。

1. **ConcurrentServer** 类

ConcurrentServer 类需要一些内部属性才能更好地工作。

❑ 一个 ParallelCache 实例，用于调用缓存系统。

❑ 一个 ServerSocket 实例，用于从客户端获取连接。

❑ 一个布尔值，用于指明该类何时要停止执行。

❑ 一个 LinkedBlockingQueue 实例，用于存储那些向服务器发送消息的客户端的套接字。这些套接字将由 RequestTask 类处理。

❑ 一个 ConcurrentHashMap，用于存放执行器执行的每个任务所关联的 Future 对象。它的键是发送查询的用户名，而其值为另一个 Map，该 Map 的键是一个 ConcurrenCommand 对象，它的值是与任务相关联的 Future 实例。使用这些 Future 实例撤销任务的执行。

❑ 一个 RequestTask 实例，用于创建命令并且将它们发送给执行器。

❑ 一个 Thread 对象，用于执行 RequestTask 对象。

这部分的代码如下。

```
public class ConcurrentServer {
  private static ParallelCache cache;
  private static volatile boolean stopped=false;
  private static LinkedBlockingQueue<Socket> pendingConnections;
  private static ConcurrentMap<String, ConcurrentMap
                <ConcurrentCommand, ServerTask<?>>>
                taskController;
  private static Thread requestThread;
  private static RequestTask task;
```

该类的 main() 方法初始化这些对象并且打开 ServerSocket 实例监听来自客户端的连接。此外，它创建了 RequestTask 对象并且将其作为线程执行。在此之后是一个循环，直到 shutdown() 方法改变了 stopped 属性的取值为止。此后，main() 方法等待 Excecutor 对象结束，它要调用 RequestTask 对象的 endTermination() 方法，并且使用 finishServer() 方法关闭 Logger 系统和 RequestTask 对象。

```
public static void main(String[] args) {

  WDIDAO dao=WDIDAO.getDAO();
  cache=new ParallelCache();
  Logger.initializeLog();
  pendingConnections = new LinkedBlockingQueue<Socket>();
  taskController = new ConcurrentHashMap<String,
                        ConcurrentHashMap<Integer, Future<?>>>();
  task=new RequestTask(pendingConnections, taskController);
  requestThread=new Thread(task);
  requestThread.start();

  System.out.println("Initialization completed.");

  serverSocket= new ServerSocket(Constants.CONCURRENT_PORT);
  do {
    try {
      Socket clientSocket = serverSocket.accept();
      pendingConnections.put(clientSocket);
    } catch (Exception e) {
      e.printStackTrace();
    }
  } while (!stopped);
  finishServer();
  System.out.println("Shutting down cache");
  cache.shutdown();
  System.out.println("Cache ok" + new Date());

}
```

关闭服务器的执行器包括两种方法。shutdown()方法会改变 stopped 变量的取值并且关闭 serverSocket 实例。finishServer()方法用于停止执行器,中断执行 RequestTask 对象的线程,并且关闭 Logger 系统。我们将关闭服务器的过程划分为两部分,直到服务器的最后一条指令都可以使用 Logger 系统。

```
public static void shutdown() {
  stopped=true;
  try {
    serverSocket.close();
  } catch (IOException e) {
    e.printStackTrace();
  }
}

private static void finishServer() {
  System.out.println("Shutting down the server...");
  task.shutdown();
  System.out.println("Shutting down Request task");
  requestThread.interrupt();
  System.out.println("Request task ok");
  System.out.println("Closing socket");
  System.out.println("Shutting down logger");
  Logger.sendMessage("Shutting down the logger");
```

```
    Logger.shutdown();
    System.out.println("Logger ok");
    System.out.println("Main server thread ended");
}
```

该服务器还包含了撤销用户关联任务的方法。正如前面提到的，`Server` 类使用一个嵌套的 `ConcurrentHashMap` 存储所有与用户关联的任务。首先，获得含有用户所有任务的 `Map`，然后调用 `Future` 对象的 `cancel()` 方法处理那些任务的所有 `Future` 对象。传递 `true` 值作为参数，这样，如果执行器正在执行一个来自该用户的任务，那么它将会中断。我们也给出了必要的代码以避免撤销 `ConcurrentCancelCommand`。

```java
public static void cancelTasks(String username) {

    ConcurrentMap<ConcurrentCommand, ServerTask<?>> userTasks =
                            taskController.get(username);
    if (userTasks == null) {
        return;
    }
    int taskNumber = 0;

    Iterator<ServerTask<?>> it = userTasks.values().iterator();
    while(it.hasNext()) {
        ServerTask<?> task = it.next();
        ConcurrentCommand command = task.getCommand();
        if(!(command instanceof ConcurrentCancelCommand) &&
            task.cancel(true)) {
            taskNumber++;
            Logger.sendMessage("Task with code "+command.hashCode()+
                            "cancelled: "+ command.getClass()
                            .getSimpleName());
            it.remove();
        }
    }
    String message=taskNumber+" tasks has been cancelled.";
    Logger.sendMessage(message);
}
```

最后我们还给出了 `finishTask()` 方法，当任务正常执行结束时，该方法从 `ServerTask` 对象的嵌套 `Map` 中清除与该任务相关的 `Future` 对象。如下所示：

```java
public static void finishTask(String username, ConcurrentCommand
                                command) {

    ConcurrentMap<ConcurrentCommand, ServerTask<?>> userTasks =
                            taskController.get(username);
    userTasks.remove(command);
    String message = "Task with code "+command.hashCode()+
                    " has finished";
    Logger.sendMessage(message);

}
```

2. RequestTask 类

`RequestTask` 类是 `ConcurrentServer` 类与 `Executor` 类之间的中介，`ConcurrentServer`

类用于连接客户端，Executor 类用于执行并发任务。RequestTask 类打开与客户端连接的套接字，读取查询数据，创建适当的命令，并且将命令发送给执行器。

该类用到以下几个内部属性。

❑ LinkedBlockingQueue：ConcurrentServer 类在其中存储客户端套接字。

❑ ServerExecutor：将命令作为并发任务执行。

❑ ConcurrentHashMap：存储与任务相关的 Future 对象。

该类的构造函数初始化了上述所有对象。

```
public class RequestTask implements Runnable {
  private LinkedBlockingQueue<Socket> pendingConnections;
  private ServerExecutor executor = new ServerExecutor();
  private ConcurrentMap<String, ConcurrentMap<ConcurrentCommand,
                     ServerTask<?>>> taskController;
  public RequestTask(LinkedBlockingQueue<Socket>
                   pendingConnections, ConcurrentHashMap<String,
                       ConcurrentHashMap<Integer, Future<?>>>
                   taskController) {
    this.pendingConnections = pendingConnections;
    this.taskController = taskController;
  }
```

run()方法是该类的主要方法。它执行循环直到该线程中断处理存放在 pendingConnections 对象中的套接字。在该对象中，ConcurrentServer 类存储了与不同客户端通信所用的套接字，并且这些客户端都向该服务器发送了一个查询。它打开套接字，读取数据并且创建相应的命令。它还将命令发送给执行器，并且在双重 ConcurrentHashMap 中存储 Future 对象，将该对象与任务的 hashCode 以及发送查询的用户相关联。

```
public void run() {
  try {
    while (!Thread.currentThread().interrupted()) {
      try {
        Socket clientSocket = pendingConnections.take();
        BufferedReader in = new BufferedReader(new
                InputStreamReader (clientSocket.getInputStream()));
        String line = in.readLine();

        Logger.sendMessage(line);
        ConcurrentCommand command;

        ParallelCache cache = ConcurrentServer.getCache();
        String ret = cache.get(line);
        if (ret == null) {
          String[] commandData = line.split(";");
        System.out.println("Command: " + commandData[0]);
        switch (commandData[0]) {
          case "q":
            System.out.println("Query");
            command = new ConcurrentQueryCommand(clientSocket,
                                          commandData);
            break;
```

```
          case "r":
            System.out.println("Report");
            command = new ConcurrentReportCommand (clientSocket,
                                              commandData);
            break;
          case "s":
            System.out.println("Status");
            command = new ConcurrentStatusCommand(executor,
                                              clientSocket,
                                              commandData);
            break;
          case "z":
            System.out.println("Stop");
            command = new ConcurrentStopCommand(clientSocket,
                                              commandData);
            break;
          case "c":
            System.out.println("Cancel");
            command = new ConcurrentCancelCommand (clientSocket,
                                              commandData);
            break;
          default:
            System.out.println("Error");
            command = new ConcurrentErrorCommand(clientSocket,
                                              commandData);
            break;
          }

          ServerTask<?> controller = (ServerTask<?>)executor
                                              .submit(command);
          storeContoller(command.getUsername(), controller, command);
        } else {
          PrintWriter out = new PrintWriter (clientSocket
                                        .getOutputStream(), true);
          System.out.println(ret);
          clientSocket.close();
        }

      } catch (IOException e) {
        e.printStackTrace();
      }
    }
  } catch (InterruptedException e) {
    // 不需要执行任何操作
  }
}
```

storeController()方法在双重 ConcurrentHashMap 中存储 Future 对象。

```
private void storeContoller(String userName, ServerTask<?>
                    controller, ConcurrentCommand command) {
taskController.computeIfAbsent(userName, k -> new
          ConcurrentHashMap<>()).put(command,
controller);taskController.computeIfAbsent(userName, k -> new
          ConcurrentHashMap<>()).put(command, controller);
}
```

最后，给出了两个用于管理 Executor 类执行的方法。其中一个调用了面向执行器的 shutdown()方法，而另一个方法则等待其结束。请记住，必须显式调用 shutdown()方法或者 shutdownNow()方法以终止执行器的执行。否则，程序不会结束。请看下面的代码：

```
public void shutdown() {

    String message="Request Task: "+pendingConnections.size()+"
                    pending connections.";
    Logger.sendMessage(message);
    executor.shutdown();
}

public void terminate() {
    try {
        executor.awaitTermination(1,TimeUnit.DAYS);
        executor.writeStatistics();
    } catch (InterruptedException e) {
        e.printStackTrace();
    }

}
```

4.2.4　客户端部件

现在，该是测试服务器的时候了。在本例中，并不用担心执行时间，测试的主要目标是检查新功能是否工作正常。

将客户端部件划分成下述两个类。

❑ **The ConcurrentClient** 类：该类实现了服务器单独的一个客户端。该类的每个实例都有不同的用户名称。该客户端创建了 100 个查询，其中 90 个为 Query 型，10 个为 Report 型。Query 型的查询其优先级为 5，而 Report 型的查询优先级较低为 10。

❑ **MultipleConcurrentClient** 类：该类以并行方式度量了多个并发客户端的行为。我们使用了 1 到 5 个并发客户端测试服务器。该类还测试了 cancel 命令和 stop 命令。

我们采用一个执行器执行对服务器的并发请求，以便增加客户端的并发层级。

在下面的屏幕截图中，可以看到任务撤销的结果。

```
22953 01:13:39 CET 2016: Fri Dec 23 01:13:34 CET 2016: Task with code 195713384cancelled: ConcurrentQueryCommand
22963 01:13:39 CET 2016: Fri Dec 23 01:13:34 CET 2016: Task with code 1547932103cancelled: ConcurrentReportCommand
22973 01:13:39 CET 2016: Fri Dec 23 01:13:34 CET 2016: Task with code 1917877449cancelled: ConcurrentQueryCommand
22983 01:13:39 CET 2016: Fri Dec 23 01:13:34 CET 2016: Task with code 158306644cancelled: ConcurrentQueryCommand
22993 01:13:39 CET 2016: Fri Dec 23 01:13:34 CET 2016: Task with code 336552833cancelled: ConcurrentQueryCommand
23003 01:13:39 CET 2016: Fri Dec 23 01:13:34 CET 2016: 5 tasks has been cancelled.
23013 01:13:39 CET 2016: Fri Dec 23 01:13:34 CET 2016: Tasks of user USER_2 has been cancelled.
```

在本例中，用户 USER_2 的四个任务已被撤销。

下面的屏幕截图展示了每个用户的任务数量和执行时间的最终统计信息。

```
4509 Fri Dec 23 00:46:00 CET 2016: Fri Dec 23 00:46:00 CET 2016: Task with code 938223162 has finished
4510 Fri Dec 23 00:46:00 CET 2016: Fri Dec 23 00:46:00 CET 2016: USER_2:Executed Tasks: 400. Execution Time: 10574
4511 Fri Dec 23 00:46:00 CET 2016: Fri Dec 23 00:46:00 CET 2016: USER_3:Executed Tasks: 300. Execution Time: 7074
4512 Fri Dec 23 00:46:00 CET 2016: Fri Dec 23 00:46:00 CET 2016: USER_1:Executed Tasks: 500. Execution Time: 14454
4513 Fri Dec 23 00:46:00 CET 2016: Fri Dec 23 00:46:00 CET 2016: admin:Executed Tasks: 1. Execution Time: 1
4514 Fri Dec 23 00:46:00 CET 2016: Fri Dec 23 00:46:00 CET 2016: USER_4:Executed Tasks: 200. Execution Time: 5381
4515 Fri Dec 23 00:46:00 CET 2016: Fri Dec 23 00:46:00 CET 2016: USER_5:Executed Tasks: 100. Execution Time: 2443
4516 Fri Dec 23 00:46:00 CET 2016: Fri Dec 23 00:46:00 CET 2016: Shuttingdown the logger
```

4.3　第二个例子：执行周期性任务

在前面含有执行器的例子中，各任务都被执行一次，而且都被尽快执行。执行器框架包括了其他一些执行器实现，这使我们在任务的执行时间上有了更多的灵活性。ScheduledThreadPool-Executor 类使我们可以周期性地执行任务，或者经过某一延时后执行任务。

本节将通过实现一个 RSS 订阅程序，促使你学会如何执行周期性任务。在这个简单的例子中，需要定期执行同一任务（阅读 RSS 订阅上的新闻）。我们的例子有如下几个特征。

- ❑ 在文件中存储 RSS 源。我们从一些重要的报纸（例如《纽约时报》《每日新闻》《卫报》等）上选取了一些世界新闻。
- ❑ 对每个 RSS 源，我们向执行器发送一个 Runnable 对象。每当执行器运行对象时，它会解析 RSS 源并且将其转换成一个含有 RSS 内容的 CommonInformationItem 对象列表。
- ❑ 我们使用生产者/消费者设计模式将 RSS 新闻写入磁盘。生产者是执行器的任务，它们将每个 CommonInformationItem 写入到缓存中。缓存中仅存储新条目。消费者是一个独立线程，它从缓存中读取新闻并将其写入磁盘。

从任务执行结束到下一次执行的时间间隔是 1 分钟。

我们还实现了这个例子的高级版本，在该版本中，一个任务的两次执行之间的时间间隔是可变的。

4.3.1　公共部件

正如前面提过的，我们读取一个 RSS 订阅并将其转换成一个对象列表。为了解析该 RSS 文件，将其视为一个 XML 文件，而且在 RSSDataCapturer 类中实现了一个 SAX（Simple API for XML 的缩写）解析器。它可以解析该文件并且创建一个 CommonInformationItem 列表。该类为每个 RSS 项都存储了下述信息。

- ❑ Title：RSS 项的标题。
- ❑ Date：RSS 项的日期。
- ❑ Link：RSS 项的链接。
- ❑ Description：RSS 项的文本描述。
- ❑ ID：RSS 项的 ID。如果该项并不含有 ID，那么我们还可以计算其 ID。
- ❑ Source：RSS 源的名称。

由于使用生产者/消费者设计模式将新闻存入磁盘，因此需要用缓存储存新闻，而且在本例中还需要一个 Consumer 类，该类可从缓存中读取新闻并将其写入磁盘。

我们在 NewsBuffer 类中实现了缓存，该类有两个内部属性。

❑ **LinkedBlockingQueue**：这是一个带有阻塞操作的并发数据结构。如果从列表中获取某个项但是列表为空，那么调用方法的线程就会被阻塞，直到列表中有元素为止。我们使用这种结构存储 CommonInformationItems。

❑ **ConcurrentHashMap**：这是 HashMap 的一个并发实现。它用来存储之前在缓存中存放的各新闻项的 ID。

我们将只插入那些此前并未插入缓存中的新闻。

```
public class NewsBuffer {
  private LinkedBlockingQueue<CommonInformationItem> buffer;
  private ConcurrentHashMap<String, String> storedItems;

  public NewsBuffer() {
    buffer=new LinkedBlockingQueue<>();
    storedItems=new ConcurrentHashMap<String, String>();
  }
```

我们在 NewsBuffer 类中给出了两种方法。其中一种方法用于将某一项存储到缓存，并预先检查该项此前是否已经插入；另一种方法用于从缓存中获取下一项。使用 compute()方法将元素插入 ConcurrentHashMap。该方法接收一个 lambda 表达式作为参数，其中含有键和与键相关联的实际值（如果该键没有相关联的值则为 null）。在我们的例子中，将此前并未处理过的项加入缓存。我们使用 add()方法和 take()方法插入、获取和删除队列中的元素。

```
public void add (CommonInformationItem item) {
  storedItems.compute(item.getId(), (id, oldSource) -> {
    if(oldSource == null) {
      buffer.add(item);
      return item.getSource();
    } else {
      System.out.println("Item "+item.getId()+" has been processed
                          before");
      return oldSource;
    }
  });
}

public CommonInformationItem get() throws InterruptedException {
  return buffer.take();
}
```

缓存的项可通过 NewsWriter 类写入磁盘，该类将作为一个独立线程执行。该类只有一个内部属性，该属性指向在应用程序中使用的 NewsBuffer 类。

```
public class NewsWriter implements Runnable {
  private NewsBuffer buffer;
  public NewsWriter(NewsBuffer buffer) {
    this.buffer=buffer;
  }
```

该 Runnable 对象的 run()方法从缓存中获取 CommonInformationItem 实例并且将其保存到

磁盘。与使用阻塞型方法一样，如果该缓存为空，则该线程将被阻塞，直到缓存中有元素为止。

```
public void run() {
  try {
    while (!Thread.currentThread().interrupted()) {
      CommonInformationItem item=buffer.get();
      Path path=Paths.get ("output\\"+item.getFileName());

      try (BufferedWriter fileWriter = Files.newBufferedWriter
                          (path, StandardOpenOption.CREATE)) {
        fileWriter.write(item.toString());
      } catch (IOException e) {
        e.printStackTrace();
      }
    }
  } catch (InterruptedException e) {
    // 正常执行
  }
}
```

4.3.2 基础阅读器

该基础阅读器将使用标准的 `ScheduledThreadPoolExecutor` 类执行周期性任务。我们对每个 RSS 源都执行一个任务，而且从任务执行结束到下次执行开始间隔时间为一分钟。这些并发任务都是在 `NewsTask` 类中实现的，该类有三个内部属性，用于存储 RSS 订阅的名称、URL，以及用于存储新闻的 `NewsBuffer` 类。

```
public class NewsTask implements Runnable {
  private String name;
  private String url;
  private NewsBuffer buffer;

  public NewsTask (String name, String url, NewsBuffer buffer) {
    this.name=name;
    this.url=url;
    this.buffer=buffer;
  }
```

该 Runnable 对象的 `run()` 方法直接解析 RSS 订阅，获取一个 `CommonItemInterface` 实例列表，并将它们存储到缓存中。该方法将周期性执行。每次执行时，该 `run()` 方法都将从开始执行到结束。

```
@Override
public void run() {
  System.out.println(name + " : Running. " + new Date());
  RSSDataCapturer capturer = new RSSDataCapturer(name);
  List<CommonInformationItem> items=capturer.load(url);

  for (CommonInformationItem item: items) {
    buffer.add(item);
  }
}
```

在本例中，还实现了另一个线程，以完成执行器和任务的初始化，然后等待执行结果。我们已将这个类命名为 NewsSystem。该类有三个内部属性：用于存储含有 RSS 源的文件路径、用于存放新闻的缓存、以及一个控制其执行结束的 CountDownLatch 对象。CountDownLatch 类是一种同步机制，允许存在一个线程等待某一事件。第 11 章将详细介绍该类的用途。我们有如下代码。

```
public class NewsSystem implements Runnable {
  private String route;
  private ScheduledThreadPoolExecutor executor;
  private NewsBuffer buffer;
  private CountDownLatch latch=new CountDownLatch(1);

  public NewsSystem(String route) {
    this.route = route;
    executor = new ScheduledThreadPoolExecutor
                      (Runtime.getRuntime().availableProcessors());
    buffer=new NewsBuffer();
  }
```

在 run() 方法中，我们读取了所有的 RSS 源，为每个 RSS 源创建了一个 NewsTask 类，并且将它们发送给 ScheduledThreadPool 执行器。使用 Executors 类的 newScheduledThreadPool() 方法创建执行器，并使用 scheduleAtFixedDelay() 方法将任务发送给该执行器，也将 NewsWriter 实例作为一个线程启动。run() 方法等待通知消息，在收到通知后采用 CountDownLatch 类的 await() 方法结束其执行，并且结束 NewsWriter 任务和 ScheduledExecutor 的执行。

```
@Override
public void run() {
  Path file = Paths.get(route);
  NewsWriter newsWriter=new NewsWriter(buffer);
  Thread t=new Thread(newsWriter);
  t.start();

  try (InputStream in = Files.newInputStream(file);
  BufferedReader reader = new BufferedReader(new
                        InputStreamReader(in))) {
    String line = null;
    while ((line = reader.readLine()) != null) {
      String data[] = line.split(";");

      NewsTask task = new NewsTask(data[0], data[1], buffer);
      System.out.println("Task "+task.getName());
      executor.scheduleWithFixedDelay(task,0, 1,
                              TimeUnit.MINUTES);
    }
  } catch (Exception e) {
    e.printStackTrace();
  }
```

```
  synchronized (this) {
  try {
    latch.await();
  } catch (InterruptedException e) {
    e.printStackTrace();
  }
}

System.out.println("Shutting down the executor.");
executor.shutdown();
t.interrupt();
System.out.println("The system has finished.");

}
```

我们还实现了 shutdown() 方法。该方法将告知 NewsSystem 类必须使用 CountDownLatch 类的 countDown() 方法停止其执行过程。该方法将会唤醒 run() 方法，这样就可以关闭正在运行 NewsTask 对象的执行器。

```
public void shutdown() {
  latch.countDown();
}
```

本例最后一个类是 Main 类，它实现了该例中的 main() 方法。该类将 NewsSystem 实例作为一个线程启动，等待 10 分钟后，通知线程结束执行，进而结束整个系统的执行，如下所示。

```
public class Main {

  public static void main(String[] args) {

    // 创建 system 并将其作为一个线程执行
    NewsSystem system=new NewsSystem("data\\sources.txt");

    Thread t=new Thread(system);

    t.start();

    // 等待 10 分钟
    try {
      TimeUnit.MINUTES.sleep(10);
    } catch (InterruptedException e) {
      e.printStackTrace();
    }

    // 通知 system 终止

    system.shutdown();
  }
```

执行本例时，可以看到各个任务如何以周期性方式执行，以及新闻项如何写入磁盘，如下图所示。

```
Task The New York Times
Task Daily News
Task Washington Post
Task Los Angeles Times
Task Wall Street Journal
Task Denver Post
Task New York Post
Task Newsday
Task BBC
Task Financial Times
The New York Times: Running. Fri Dec 23 12:05:38 CET 2016
Daily News: Running. Fri Dec 23 12:05:38 CET 2016
Washington Post: Running. Fri Dec 23 12:05:38 CET 2016
Los Angeles Times: Running. Fri Dec 23 12:05:38 CET 2016
Wall Street Journal: Running. Fri Dec 23 12:05:39 CET 2016
Denver Post: Running. Fri Dec 23 12:05:39 CET 2016
Item https://www.washingtonpost.com/world/the_americas/explosic
New York Post: Running. Fri Dec 23 12:05:39 CET 2016
Newsday: Running. Fri Dec 23 12:05:39 CET 2016
BBC: Running. Fri Dec 23 12:05:39 CET 2016
Financial Times: Running. Fri Dec 23 12:05:39 CET 2016
```

4.3.3　高级阅读器

基础新闻阅读器是一个使用 `ScheduledThreadPoolExecutor` 类的例子,不过我们可以更深入。与使用 `ThreadPoolExecutor` 的情形一样,可以实现自己的 `ScheduledThreadPoolExecutor` 获得特定行为。在我们的例子中,希望周期性任务的延迟时间随着一天中的时刻而改变。在这部分,你将学到如何实现这一行为。

第一步是实现一个类,用于获取一个周期性任务两次执行之间的时延。我们将其命名为 `Timer` 类。该类只有一个名为 `getPeriod()` 的静态方法,该方法返回的是本次执行结束到下次执行开始之间的毫秒数。下面是实现过程,不过也可以自己编写代码。

```java
public class Timer {
  public static long getPeriod() {
    Calendar calendar = Calendar.getInstance();
    int hour = calendar.get(Calendar.HOUR_OF_DAY);

    if ((hour >= 6) && (hour <= 8)) {
      return TimeUnit.MILLISECONDS.convert(1, TimeUnit.MINUTES);
    }

    if ((hour >= 13) && (hour <= 14)) {
      return TimeUnit.MILLISECONDS.convert(1, TimeUnit.MINUTES);
    }

    if ((hour >= 20) && (hour <= 22)) {
      return TimeUnit.MILLISECONDS.convert(1, TimeUnit.MINUTES);
    }
    return TimeUnit.MILLISECONDS.convert(2, TimeUnit.MINUTES);
  }
}
```

接下来,还要实现执行器的内部任务。向执行器发送一个 `Runnable` 对象时,从外部来讲,可以将该对象视为并发任务,但是执行器会将该对象转换成另一个任务,即 `FutureTask` 类的一个实例,转换方法包括用于执行任务的 `run()` 方法和用于管理任务执行的 `Future` 接口中的方法。为了实现这个例子，必须实现一个类用以扩展 FutureTask 类，而且因为将在预定的执行器中执行这些任务，必须实现 RunnableScheduledFuture 接口。该接口提供了 getDelay() 方法，该方法返回了距离任务下一次执行所剩余的时间。我们已在 ExecutorTask 类中实现了这些内部任务，该类有如下四个内部属性。

- ❑ 由 ScheduledThreadPoolExecutor 类创建的初始 RunnableScheduledFuture 内部任务。
- ❑ 执行该任务的预定执行器。
- ❑ 该任务下一次执行的起始时间。
- ❑ RSS 订阅的名称。

代码如下所示。

```
public class ExecutorTask<V> extends FutureTask<V> implements
                                    RunnableScheduledFuture<V> {
  private RunnableScheduledFuture<V> task;

  private NewsExecutor executor;

  private long startDate;

  private String name;

  public ExecutorTask(Runnable runnable, V result,
                      RunnableScheduledFuture<V> task,
                      NewsExecutor executor) {
    super(runnable, result);
    this.task = task;
    this.executor = executor;
    this.name=((NewsTask)runnable).getName();
    this.startDate=new Date().getTime();
  }
```

我们在该类中重载或者实现了不同的方法。第一个是 getDelay() 方法，如前所述，该方法在给定的时间单位内返回距离任务下次执行的剩余时间。

```
@Override
public long getDelay(TimeUnit unit) {
  long delay;
  if (!isPeriodic()) {
    delay = task.getDelay(unit);
  } else {
    if (startDate == 0) {
      delay = task.getDelay(unit);
    } else {
      Date now = new Date();
      delay = startDate - now.getTime();
      delay = unit.convert(delay, TimeUnit.MILLISECONDS);
    }

  }

  return delay;
}
```

接下来是用于对比两个任务的 compareTo() 方法，主要考量这两个任务下次执行的起始时间。

```
@Override
public int compareTo(Delayed object) {
  return Long.compare(this.getStartDate(),
                         ((ExecutorTask<V>)object).getStartDate());
}
```

然后，如果任务是周期性的，则 isPeriodic() 方法返回 true，否则返回 false。

```
@Override
public boolean isPeriodic() {
  return task.isPeriodic();
}
```

最后，在 run() 方法中实现了本例最重要的部分。首先，调用 FutureTask 类的 runAndReset()
方法。该方法执行任务并且重置其状态，这样任务就可以再次执行。然后，使用 Timer 类计算下次
执行的起始时间。最后，还要在 ScheduledThreadPoolExecutor 类的队列中再次插入该任务。如
果不做最后一步，那么任务就不会像如下所示这样再次执行。

```
@Override
public void run() {
  if (isPeriodic() && (!executor.isShutdown())) {
    super.runAndReset();
    Date now=new Date();
    startDate=now.getTime()+Timer.getPeriod();
    executor.getQueue().add(this);
    System.out.println("Start Date: "+new Date(startDate));
  }
}
```

一旦有了面向执行器的任务后，则必须实现执行器。我们实现了 NewsExecutor 类，用以扩展
ScheduledThreadPoolExecutor 类。我们重载了 decorateTask() 方法，有了该方法，就可以替
换预定执行器使用的内部任务。默认情况下，该方法返回 RunnableScheduledFuture 接口的默认
实现，但是在我们的例子中，它将返回 Executor 扩展类的一个实例。

```
public class NewsExecutor extends ScheduledThreadPoolExecutor {

  public NewsExecutor(int corePoolSize) {
    super(corePoolSize);
  }

  @Override
  protected <V> RunnableScheduledFuture<V> decorateTask(Runnable
                     runnable, RunnableScheduledFuture<V> task) {
    ExecutorTask<V> myTask = new ExecutorTask<>(runnable, null,
                                           task, this);
    return myTask;
  }
}
```

为了实现 NewsSystem 的其他版本，以及使用 NewsExecutor 的 Main 类，我们实现了 News-
AdvancedSystem 和 AdvancedMain。

现在，你可以运行高级新闻系统，查看各次执行之间延迟时间的变化。

4.4 有关执行器的其他信息

本章扩展了 `ThreadPoolExecutor` 类和 `ScheduledThreadPoolExecutor` 类，并且重载了其中的一些方法。但是如果想实现更多特殊行为，还可以重载更多方法。下面是可以重载的一些方法。

- ❏ `shutdown()`：必须显式调用该方法以结束执行器的执行，也可以重载该方法，加入一些代码释放执行器所使用的额外资源。
- ❏ `shutdownNow()`：`shutdown()` 方法和 `shutdownNow()` 方法之间的区别在于 `shutdown()` 方法要等待执行器中所有处于等待状态的任务全部终结。
- ❏ `submit()`、`invokeall()` 或者 `invokeany()`：可以调用这些方法向执行器发送并发任务。如果需要在将任务插入到执行器任务队列之前或之后进行一些操作，就可以重载这些方法。请注意，在任务进行排队之前或之后添加定制操作与在该任务执行之前或之后添加定制操作是不同的，这些操作要考虑到重载 `beforeExecute()` 方法和 `afterExecute()` 方法。

在新闻阅读器例子中，我们使用 `scheduleWithFixedDelay()` 方法将任务发送给执行器。但是 `ScheduledThreadPoolExecutor` 类还有其他一些方法可用于执行周期性任务或者延迟之后的任务。

- ❏ `schedule()`：该方法在给定延迟之后执行某个任务，且该任务仅执行一次。
- ❏ `scheduleAtFixedRate()`：该方法按照给定周期执行一个周期性任务。它与 `scheduleWithFixedDelay()` 方法的区别在于，对于后者而言，两次执行之间的延迟是指第一次执行结束之后到第二次执行之前的时间；而对于前者而言，两次执行之间的延迟是指两次执行起始之间的时间。

4.5 小结

本章通过介绍两个例子探索了执行器的高级特性。在第一个例子中，延用了第 3 章中客户端/服务器的例子。通过扩展 `ThreadPoolExecutor` 类实现了自己的执行器，以便按照优先级执行任务，并且度量每个用户任务的执行时间。此外，还引入了一种新的命令支持任务的撤销。

在第二个例子中，解释了如何使用 `ScheduledThreadPoolExecutor` 类执行周期性任务。实现了两个版本的新闻阅读器。第一个版本展示了如何使用 `ScheduledExecutorService` 的基本功能，第二个版本展示了如何覆盖 `ScheduledExecutorService` 类的行为，例如改变任务两次执行之间的延迟时间。

下一章将学习如何执行返回结果的 `Executor` 任务。如果扩展 `Thread` 类或者实现 `Runnable` 接口，`run()` 方法并不会返回任何结果，但是包含了 `Callable` 接口的执行器框架则允许实现返回结果的任务。

第 5 章

从任务获取数据：Callable
接口与 Future 接口

在第 3 章和第 4 章中，我们引入了执行器框架来改进并发应用程序的性能，并且展示了如何实现高级特性以使该框架适应你的需求。在这两章中，执行器执行的所有任务都基于 Runnable 接口，而其 run() 方法并不返回值。然而，执行器框架也允许我们执行其他基于 Callable 接口和 Future 接口返回值的任务。Callable 是一种函数接口，它定义了 call() 方法。call() 方法可以抛出一种与 Runnable 接口不同的校验异常。Callable 接口的处理结果要用 Future 接口来打包，而 Future 接口则描述了异步计算的结果。本章将讲述下述主题。

❏ Callable 接口和 Future 接口简介。

❏ 第一个例子：单词最佳匹配算法。

❏ 第二个例子：为文档集创建倒排索引。

5.1 Callable 接口和 Future 接口简介

执行器框架允许编程人员执行并发任务而无须创建和管理线程。你可以创建任务并将其发送给执行器，而执行器负责创建和管理所需的线程。

在执行器中，你可以执行两种任务。

❏ **基于 Runnable 接口的任务**：这些任务实现了不返回任何结果的 run() 方法。

❏ **基于 Callable 接口的任务**：这些任务实现了返回某个对象作为结果的 call() 接口。call() 方法返回的具体类型由 Callable 接口的泛型参数指定。为了获取该任务返回的结果，执行器会为每个任务返回一个 Future 接口的实现。

在前面的几章中，你了解了如何创建执行器，如何基于 Runnable 接口向执行器发送任务，以及如何个性化定制执行器以适应你的需求。本章，你将学习如何基于 Callable 接口和 Future 接口来与任务打交道。

5.1.1 Callable 接口

Callable 接口是一个与 Runnable 接口非常相似的接口。Callable 接口的主要特征如下。

- ❑ 它是一个通用接口。它有一个简单类型参数，与 call() 方法的返回类型相对应。
- ❑ 它声明了 call() 方法。执行器运行任务时，该方法会被执行器执行。它必须返回声明中指定类型的对象。
- ❑ call() 方法可以抛出任何一种校验异常。你可以实现自己的执行器并重载 afterExecute() 方法来处理这些异常。

5.1.2 Future 接口

当你向执行器发送一个 Callable 任务时，它将为你返回一个 Future 接口的实现，这允许你控制任务的执行和任务状态，使你能够获取结果。该接口的主要特征如下。

- ❑ 你可以使用 cancel() 方法来撤销任务的执行。该方法有一个布尔型参数，用于指定是否需要在任务运行期间中断任务。
- ❑ 你可以校验任务是否已被撤销（采用 isCancelled() 方法）或者是否已经结束（采用 isDone() 方法）。
- ❑ 你可以使用 get() 方法获取任务返回的值。该方法有两个变体。第一个变体不带有参数，当任务完成执行后，该变体将返回任务所返回的值。如果任务并没有完成执行，它将挂起执行线程直到任务执行完毕。第二个变体带有两个参数：时间周期和该周期的 TimeUnit（时间单位）。该变体与第一个变体的区别在于将线程等待的时间周期作为参数来传递。如果这一周期结束后任务仍未结束执行，该方法就会抛出一个 TimeoutException 异常。

5.2 第一个例子：单词最佳匹配算法

单词最佳匹配算法的主要目标是找出与作为参数的字符串最相似的单词。要实现一个这样的算法，需要做如下准备。

- ❑ 单词列表：在我们的例子中使用了英国高级疑难词典（UKACD），这是专门为填字游戏社区编纂的一个单词列表，有 250 353 个单词和习惯用语。
- ❑ 用于评估两个单词之间相似度的指标：我们使用 Levenshtein 距离来度量两个字符序列的差异。Levenshtein 距离是指，将第一个字符串转换成第二个字符串所需进行的最少的插入、删除或替换操作次数。你可以查看维基百科关于 "Levenshtein distance" 的解释，找到对这一指标的简要描述。

在我们的例子中，你可以实现如下两个操作。

- ❑ 第一个操作使用 Levenshtein 距离返回与某个字符序列最相似的单词列表。
- ❑ 第二个操作是使用 Levenshtein 距离来判定我们的字典当中是否存在某个字符序列。如果我们使用 equals() 方法，速度将会更快。但是就本书的目的而言，我们的版本则是更好的选择。

你将实现上述操作的串行版本和并发版本，以便验证在本例中使用并发处理是否确实有帮助。

5.2.1 公共类

在本例实现的所有任务中，都将用到下面三个基类。

❑ WordsLoader 类：用于将单词列表加载到字符串对象列表中。

❑ LevenshteinDistance 类：用于计算两个字符串之间的 Levenshtein 距离。

❑ BestMatchingData 类：用于存放最佳匹配算法的结果。它存储了单词列表以及这些单词与输入字符串之间的距离。

UKACD 在文件中是按照每行一个单词的形式存放的，这样实现 load() 静态方法的 Words-Loader 类在接收到单词列表文件的路径之后，就会返回一个含有 250 353 个单词的字符串对象列表。

LevenshteinDistance 类实现了 calculate() 方法，该方法接收两个字符串对象作为参数，并且返回一个 int 值来表示两个单词之间的距离。这种分类操作的代码如下。

```
public class LevenshteinDistance {

    public static int calculate (String string1, String string2) {
      int[][] distances=new
      int[string1.length()+1][string2.length()+1];

      for (int i=1; i<=string1.length();i++) {
        distances[i][0]=i;
      }

      for (int j=1; j<=string2.length(); j++) {
        distances[0][j]=j;
      }

      for(int i=1; i<=string1.length(); i++) {
        for (int j=1; j<=string2.length(); j++) {
          if (string1.charAt(i-1)==string2.charAt(j-1)) {
            distances[i][j]=distances[i-1][j-1];
          } else {
            distances[i][j]=minimum(distances[i-1][j],
                    distances[i][j-1],distances[i-1][j-1])+1;
          }
        }
      }

      return distances[string1.length()][string2.length()];
    }

    private static int minimum(int i, int j, int k) {
      return Math.min(i,Math.min(j, k));
    }
}
```

BestMatchingData 类只有两个属性：一个用于存储单词列表的字符串对象列表，以及一个名为 distance 的整型属性，该属性存放了这些单词与输入字符串之间的距离。

5.2.2　最佳匹配算法：串行版本

首先，我们将实现最佳匹配算法的串行版本。我们将使用该版本作为并发版本的起点，然后将比较两个版本的执行时间，以此来验证并发处理是否可以帮助我们获得更好的性能。

我们在下面两个类中实现了最佳匹配算法的串行版本。

❏ BestMatchingSerialCalculation 类，用于计算与输入字符串最相似的单词的列表。

❏ BestMatchingSerialMain 类，其中包含 main() 方法，它用于执行算法、测量执行时间并且在控制台显示结果。

让我们分析一下以上两个类的源代码。

1. BestMatchingSerialCalculation 类

该类只有一个名为 getBestMatchingWords() 的方法，该方法接收两个参数：一个作为参照的有序字符串，以及含有字典中所有单词的字符串对象列表。该方法返回一个 BestMatchingData 对象，其中含有算法执行结果。

```
public class BestMatchingSerialCalculation {

  public static BestMatchingData getBestMatchingWords(String
               word, List<String> dictionary) {
    List<String> results=new ArrayList<String>();
    int minDistance=Integer.MAX_VALUE;
    int distance;
```

在内部变量完成初始化之后，算法处理字典中的所有单词，计算这些单词与参照字符串之间的 Levenshtein 距离。如果针对一个单词计算得到的距离比实际最小距离更小，那么我们将清空结果列表并且将该单词存放在列表中。如果针对一个单词计算得到的距离与实际最小距离相等，那么将该单词添加到结果列表中。

```
for (String str: dictionary) {
  distance=LevenshteinDistance.calculate(word,str);
  if (distance<minDistance) {
    results.clear();
    minDistance=distance;
    results.add(str);
  } else if (distance==minDistance) {
    results.add(str);
  }
}
```

最后，创建 BestMatchingData 对象来返回算法结果。

```
    BestMatchingData result=new BestMatchingData();
    result.setWords(results);
    result.setDistance(minDistance);
    return result;
  }
}
```

2. BestMachingSerialMain 类

该类是本例的主类。它加载 UKACD 文件，调用 getBestMatchingWords() 方法（该方法以接收到的字符串作为参数），然后在控制台显示结果以及算法执行时间。可参看如下代码。

```java
public class BestMatchingSerialMain {

  public static void main(String[] args) {

    Date startTime, endTime;
    List<String> dictionary=WordsLoader.load("data/UK Advanced
                                    Cryptics Dictionary.txt");

    System.out.println("Dictionary Size: "+dictionary.size());

    startTime=new Date();
    BestMatchingData result= BestMatchingSerialCalculation
                        .getBestMatchingWords
                          (args[0], dictionary);
    List<String> results=result.getWords();
    endTime=new Date();
    System.out.println("Word: "+args[0]);
    System.out.println("Minimum distance: " +result.getDistance());
    System.out.println("List of best matching words: "
                        +results.size());
    results.forEach(System.out::println);
    System.out.println("Execution Time: "+(endTime.getTime()-
                        startTime.getTime()));
  }

}
```

在此，我们使用 Java 8 语言提供的一种名叫方法引用（method reference）的新构造，以及用于输出结果的新方法 List.forEach()。forEach()方法是一种末端操作，对所有元素会有次生效应。

5.2.3　最佳匹配算法：第一个并发版本

我们实现了两个并发版本的最佳匹配算法。第一个版本基于 Callable 接口，以及在 Abstract-ExecutorService 接口中定义的 submit()方法。

我们采用下面三个类来实现这一版本的算法。

❑ BestMatchingBasicTask 类：该类执行那些实现 Callable 接口并且将在执行器中执行的任务。

❑ BestMatchingBasicConcurrentCalculation 类：该类创建了执行器和必要的任务，并且将任务发送给执行器。

❑ BestMatchingConcurrentMain 类：该类实现了 main()方法，执行算法并且在控制台显示结果。

让我们看看这些类的源代码。

1. BestMatchingBasicTask 类

正如前面提到的，该类将实现获取最佳匹配单词列表的任务。该任务将实现采用 BestMatchingData 类参数化的 Callable 接口。这意味着该类将实现 call()方法，而该方法将返回一个 BestMatchingData 对象。

每个任务处理一部分字典，并且返回这一部分字典获得的结果。我们用到了如下四个内部属性。

❏ 任务要分析的这一部分字典的起始位置（包含）。

❏ 任务要分析的这一部分字典的结束位置（不包含）。

❏ 以字符串对象列表形式表示的字典。

❏ 参照输入字符串。

其代码如下。

```java
public class BestMatchingBasicTask implements Callable
                            <BestMatchingData > {
  private int startIndex;
  private int endIndex;
  private List < String > dictionary;
  private String word;

  public BestMatchingBasicTask(int startIndex, int endIndex,
                  List < String > dictionary, String word) {
    this.startIndex = startIndex;
    this.endIndex = endIndex;
    this.dictionary = dictionary;
    this.word = word;
  }
```

call()方法处理 startIndex 和 endIndex 属性值之间的所有单词，并且计算这些单词与输入字符串之间的 Levenshtein 距离。该方法仅返回与输入字符串最接近的单词。如果在此过程中它找到了比前一个单词更加接近的单词，将清空结果列表并且将新单词加入到该列表中。如果找到一个与当前查找结果距离相同的单词，那么就将该单词加入到结果列表中，如下所示。

```java
@Override
  public BestMatchingData call() throws Exception {
    List<String> results=new ArrayList<String>();
    int minDistance=Integer.MAX_VALUE;
    int distance;
    for (int i=startIndex; i<endIndex; i++) {
      distance = LevenshteinDistance.calculate(word,dictionary.get(i));
      if (distance<minDistance) {
        results.clear();
        minDistance=distance;
        results.add(dictionary.get(i));
      } else if (distance==minDistance) {
        results.add(dictionary.get(i));
      }
    }
```

最后，我们创建一个 BestMatchingData 对象并且返回该对象，该对象中含有查找到的单词列表以及这些单词与输入字符串之间的距离。

```java
    BestMatchingData result=new BestMatchingData();
    result.setWords(results);
    result.setDistance(minDistance);
    return result;
  }
}
```

基于 Runnable 接口的任务之间的主要差别在于，方法中最后一行的返回语句。run() 方法并不返回值，因此那些任务都无法返回值。而 call() 方法可返回一个对象（该对象的类在其实现语句中定义），因而这种类型的任务可以返回结果。

2. BestMatchingBasicConcurrentCalculation 类

该类负责为处理整个词典创建必需的任务、执行这些任务的执行器，并且在执行器中控制这些任务的执行。

该类只有一个 getBestMatchingWords() 方法，且该方法有两个输入参数：有完整单词列表的字典和参照字符串。该方法返回一个含有算法执行结果的 BestMatchingData 对象。首先，我们创建并初始化该执行器。我们将机器的核数作为在此使用的最大线程数。看一看下面这个代码块。

```
public class BestMatchingBasicConcurrentCalculation {

    public static BestMatchingData getBestMatchingWords(String
            word, List<String> dictionary) throws InterruptedException,
            ExecutionException {

        int numCores = Runtime.getRuntime().availableProcessors();
        ThreadPoolExecutor executor = (ThreadPoolExecutor)
                        Executors.newFixedThreadPool(numCores);
```

然后，我们计算每个任务要处理的那部分字典的规模，并且创建一个 Future 对象列表来存储这些任务的结果。当你将一个基于 Callable 接口的任务发送给执行器时，将得到 Future 接口的一个实现。你可以使用该对象进行如下操作。

❑ 了解任务是否已经执行。

❑ 获取任务执行的结果（call() 方法返回的对象）。

❑ 撤销任务的执行。

其代码如下：

```
int size = dictionary.size();
int step = size / numCores;
int startIndex, endIndex;
List<Future<BestMatchingData>> results = new ArrayList<>();
```

然后，我们创建这些任务，使用 submit() 方法将其发送给执行器，并且将该方法返回的 Future 对象添加到 Future 对象列表。submit() 方法会立即返回，它并不会一直等待任务执行。我们有如下代码。

```
for (int i = 0; i < numCores; i++) {
    startIndex = i * step;
    if (i == numCores - 1) {
        endIndex = dictionary.size();
    } else {
        endIndex = (i + 1) * step;
    }
    BestMatchingBasicTask task = new BestMatchingBasicTask(startIndex,
                                endIndex, dictionary, word);
    Future<BestMatchingData> future = executor.submit(task);
    results.add(future);
}
```

我们把任务发送给执行器后，可以调用执行器的 shutdown() 方法来结束其执行，并且对 Future 对象列表执行迭代操作以获得每个任务的执行结果。我们使用不带任何参数的 get() 方法。如果任务执行结束，则该方法返回由 call() 方法返回的对象。如果任务尚未结束，该方法会通过当前线程将调用线程置为休眠状态，直到任务执行结束并且可获得结果为止。

我们将任务的结果组合成一个结果列表，这样就可以仅返回与参照字符串距离最近的单词的列表了，如下所示：

```
executor.shutdown();
List<String> words=new ArrayList<String>();
int minDistance=Integer.MAX_VALUE;
for (Future<BestMatchingData> future: results) {
  BestMatchingData data=future.get();
if (data.getDistance()<minDistance) {
  words.clear();
  minDistance=data.getDistance();
  words.addAll(data.getWords());
} else if (data.getDistance()==minDistance) {
  words.addAll(data.getWords());
}

}
```

最后，我们创建并返回一个 BestMatchingData 对象，其中含有算法执行结果。

```
BestMatchingData result=new BestMatchingData();
result.setDistance(minDistance);
result.setWords(words);
return result;
}
}
```

BestMatchingConcurrentMain 类和前面介绍的 BestMatchingSerialMain 类非常相似。唯一的差别是所用的类不同（使用 BestMatchingBasicConcurrent-Calculation 类代替 BestMatchingSerialCalculation），所以此处没有给出其源码。请注意，当并发任务工作于各个独立的数据片之上时，我们既没有采用线程安全的数据结构，也没有使用同步机制，而是当并发任务执行完毕后以顺序方式来合并最终结果。

5.2.4 最佳匹配算法：第二个并发版本

我们使用 AbstractExecutorService（在 ThreadPoolExecutorClass 中实现）的 invokeAll() 方法实现了最佳匹配算法的第二个版本。在前一个版本中我们使用了 submit() 方法，该方法接收一个 Callable 对象作为参数，并返回一个 Future 对象。invokeAll() 方法接收一个 Callable 对象列表作为参数，并且返回一个 Future 对象列表。其中第一个 Future 对象和第一个 Callable 对象相关联，以此类推。这两个方法之间还有另一个重要区别。尽管 submit() 方法可立即返回，但是 invokeAll() 方法仅当所有 Callable 任务都终止执行时才返回。这意味着如果你调用了 isDone()

方法，那么所有返回的 Future 对象都会返回 true。

　　要实现该版本的程序，我们使用了在前面例子中实现的 BestMatchingBasicTask 类，并且实现了 BestMatchingAdvancedConcurrentCalculation 类。该类与 BestMatchingBasicConcurrentTask 类的区别在于任务的创建和对结果的处理上。在任务创建方面，现在我们创建一个列表并且用它存放我们要执行的任务。

```
for (int i = 0; i < numCores; i++) {
  startIndex = i * step;
  if (i == numCores - 1) {
    endIndex = dictionary.size();
  } else {
    endIndex = (i + 1) * step;
  }
  BestMatchingBasicTask task = new BestMatchingBasicTask(startIndex,
                                  endIndex, dictionary, word);
  tasks.add(task);
}
```

为了处理结果，我们调用 invokeAll() 方法并且之后遍历返回的 Future 对象列表。

```
results = executor.invokeAll(tasks);
executor.shutdown();
List<String> words = new ArrayList<String>();
int minDistance = Integer.MAX_VALUE;
for (Future<BestMatchingData> future : results) {
BestMatchingData data = future.get();
if (data.getDistance() < minDistance) {
  words.clear();
  minDistance = data.getDistance();
  words.addAll(data.getWords());
} else if (data.getDistance()== minDistance) {
  words.addAll(data.getWords());
}
}
BestMatchingData result = new BestMatchingData();
result.setDistance(minDistance);
result.setWords(words);
return result;
}
```

　　为执行该版本的代码，我们还实现了 BestMatchingConcurrentAdvancedMain 类。该类的源码与前一个例子中（BestMatchingConcurrentMain）的代码非常类似，此处不再给出。

5.2.5　单词存在算法：串行版本

　　本例中，我们实现了另一个操作来检查一个字符串是否在我们的单词列表中。为检查一个单词是否存在，我们要再次用到 Levenshtein 距离。我们认为，如果列表中存在某个单词，那么该单词与列表中的某一单词之间的距离为 0。使用 equals() 方法或者 equalsIgnoreCase() 方法做对比会更加快捷，或者也可将输入单词读入到一个 HashSet 中并使用 contains() 方法（这比我们的版本更加高效），但是这里假定我们的版本更加适合本书的主旨。

正如前面的例子，首先，我们实现该操作的串行版本，将其作为基础来实现并发版本，然后再对比这两个版本的执行时间。

实现串行版程序时，要用到如下两个类。

❑ ExistSerialCalculation 类：该类实现 existWord() 方法来比较输入字符串和字典中的所有单词，直到找到该单词为止。

❑ ExistSerialMain 类：该类启动本例并且度量执行时间。

让我们分析一下这两个类的源代码。

1. ExistSerialCalculation 类

该类只有一个方法，就是 existWord() 方法。该方法接收两个参数：我们要查找的单词与完整的单词列表。该方法查找整个列表，计算输入单词和列表中每个单词之间的 Levenshtein 距离，直到找到满足条件的单词（距离为 0）为止，这种情况下该方法返回 true 值；或者当结束对单词列表的查找时没有找到单词，此时该方法返回 false 值。参见如下代码块：

```
public class ExistSerialCalculation {

  public static boolean existWord(String word, List<String>
                                  dictionary) {
    for (String str: dictionary) {
      if (LevenshteinDistance.calculate(word, str) == 0) {
        return true;
      }
    }
    return false;
  }
}
```

2. ExistSerialMain 类

该类实现了 main() 方法，并在其中调用了 existWord() 方法。该类将 main() 方法的第一个参数作为我们要查找的单词，并且调用 existWord() 方法进行查找。该类还度量其执行时间并在控制台显示结果。我们给出下述代码。

```
public class ExistSerialMain {

  public static void main(String[] args) {
    Date startTime, endTime;
    List<String> dictionary=WordsLoader.load("data/UK Advanced
                                  Cryptics Dictionary.txt");

    System.out.println("Dictionary Size: "+dictionary.size());

    startTime=new Date();
    boolean result=ExistSerialCalculation.existWord(args[0],
                                  dictionary);
    endTime=new Date();

    System.out.println("Word: "+args[0]);
```

```
        System.out.println("Exists: "+result);
        System.out.println("Execution Time: "+(endTime.getTime()-
                        startTime.getTime()));
    }
}
```

5.2.6 单词存在算法：并行版本

要实现这一操作的并发版本，我们要考虑其最重要的特征，不需要处理整个单词列表。找到符合条件的单词时，就可以完成该列表的处理并且返回结果。这一操作并不处理整个输入数据，而是满足某个条件时就会停止，这也叫作**短路**（short-circuit）操作。

AbstractExecutorService 接口定义了一个可适应上述想法的操作（在 ThreadPool-Executor 类中实现），即 invokeAny() 方法。该方法接收一个 Callable 任务列表作为参数，并且将其发送给执行器，然后返回第一个完成执行且没有抛出异常的任务作为结果。如果所有任务都抛出了异常，则该方法抛出一个 ExecutionException 异常。

正如前面的例子所示，为实现该版本的算法我们还实现了如下这些类。

❑ ExistBasicTask 类实现了我们将要在执行器中执行的任务。

❑ ExistBasicConcurrentCalculation 类创建了执行器和任务，并且将任务发送给执行器。

❑ ExistBasicConcurrentMain 类用于执行示例并且度量其运行时间。

1. **ExistBasicTasks 类**

该类实现了搜索单词的任务。它实现了以布尔类参数化的 Callable 接口。如果有任务找到了单词，则其 call() 方法将返回 true 值。该类使用了如下四个内部属性。

❑ 完整的单词列表。

❑ 任务将在列表中处理的第一个单词（包括）。

❑ 任务将在列表中处理的最后一个单词（不包括）。

❑ 任务要查找的单词。

我们有如下代码。

```
public class ExistBasicTask implements Callable<Boolean> {

    private int startIndex;
    private int endIndex;
    private List<String> dictionary;
    private String word;

    public ExistBasicTask(int startIndex, int endIndex,
                        List<String> dictionary, String word) {
        this.startIndex=startIndex;
        this.endIndex=endIndex;
        this.dictionary=dictionary;
        this.word=word;
    }
```

call 方法将遍历分配给该任务的那部分列表，计算输入单词和这部分列表中各单词之间的

Levenshtein 距离。如果找到了该单词，那么它将返回 true 值。

如果任务处理完分配给它的所有单词之后并没有发现要找的单词，那么它将抛出一个异常以适应 invokeAny() 方法的行为。在这种情况下，如果该任务返回了 false 值，invokeAny() 方法将返回 false 值而无须等待剩下的任务。也许另一个任务会找到该单词。

代码如下所示。

```java
@Override
public Boolean call() throws Exception {
  for (int i=startIndex; i<endIndex; i++) {
    if (LevenshteinDistance.calculate(word, dictionary.get(i))==0) {
      return true;
    }
  }
  if (Thread.interrupted()) {
    return false;
  }
  throw new NoSuchElementException("The word "+word+
                                   "doesn't exists.");
}
```

2. ExistBasicConcurrentCalculation 类

该类将执行在完整单词列表中搜索输入单词的过程，创建并执行必要的任务。该类仅仅实现了一个名为 existWord() 的方法。该方法接收两个参数、输入字符串和完整的单词列表，并且返回一个布尔值，以表明单词是否存在。

首先，创建执行器来执行这些任务。我们使用 Executor 类并且创建一个 ThreadPoolExecutor 类，该类的最大线程数由计算机的可用硬件线程数决定，如下所示：

```java
public class ExistBasicConcurrentCalculation {

  public static boolean existWord(String word, List<String> dictionary)
                    throws InterruptedException, ExecutionException{
    int numCores = Runtime.getRuntime().availableProcessors();
    ThreadPoolExecutor executor = (ThreadPoolExecutor)
                      Executors.newFixedThreadPool(numCores);
```

然后，创建与执行器中运行的线程数目相同的任务。每个任务都处理单词列表中同等的一部分。我们创建这些任务并且将其存放在一个列表中。

```java
int size = dictionary.size();
int step = size / numCores;
int startIndex, endIndex;
List<ExistBasicTask> tasks = new ArrayList<>();

for (int i = 0; i < numCores; i++) {
  startIndex = i * step;

  if (i == numCores - 1) {
    endIndex = dictionary.size();
  } else {
    endIndex = (i + 1) * step;
```

```
}
ExistBasicTask task = new ExistBasicTask(startIndex, endIndex,
                                         dictionary, word);
tasks.add(task);
}
```

然后，使用 `invokeAny()` 方法在执行器中执行这些任务。如果该方法返回一个布尔值，则单词存在，就返回该值。如果该方法抛出异常，则单词不存在，我们就在控制台打印异常并且返回 false 值。这两种情况下，我们都调用执行器的 `shutdown()` 方法来结束其执行，如下所示：

```
try {
  Boolean result=executor.invokeAny(tasks);
  return result;
} catch (ExecutionException e) {
  if (e.getCause() instanceof NoSuchElementException)
    return false;
    throw e;
  } finally {
    executor.shutdown();
  }
}
}
```

除了使用 `shutdown()` 方法，我们还可以使用 `shutdownNow()` 方法。这两个方法之间的主要区别在于，`shutdown()` 方法在终止执行器执行之前会执行所有待执行任务，而 `shutdownNow()` 方法则不再执行待执行任务。

3. `ExistBasicConcurrentMain` 类

该类实现了本例中的 `main()` 方法。它和 `ExistSerialMain` 类相当，唯一的区别在于它使用了 `ExistBasicConcurrentCalculation` 类来替代 `ExistSerialCalculation`，因此这里不再介绍其源代码。

5.2.7　对比解决方案

让我们比较一下在本节实现的两个操作的不同解决方案（串行和并行）。我们采用 JMH 框架（请查看名为 "Code Tools: jmh" 的文章）执行这些示例，该框架允许你用 Java 实现微型基准测试。使用一个面向基准测试的框架是比较好的解决方案，它直接用 `currentTimeMillis()` 方法或者 `nanoTime()` 方法来度量时间。我们在两种不同的架构上分别执行这些示例 10 次。

❑ 一台计算机配置了 Intel Core i5-5300 处理器、Windows 7 操作系统和 16GB 的 RAM。该处理器有两个，且每个核可以执行两个线程，这样我们就有四个并行线程。

❑ 另一台计算机配置了 AMD A8-640 处理器、Windows 10 操作系统和 8GB 的 RAM。该处理器有四个核。

1. 最佳匹配算法

在本例中，我们实现了该算法的三个版本。

❑ 串行版本。

❑ 并行版本，一次发送一个任务。

❑ 并行版本，使用 `invokeAll()` 方法。

为了测试该算法，我们用到了单词列表中不存在的三个字符串。

❑ `Stitter`。

❑ `Abicus`。

❑ `Lonx`。

下面是最佳匹配算法为上述每个单词返回的单词列表。

❑ `Stitter`: `sitter`、`skitter`、`slitter`、`spitter`、`stilter`、`stinter`、`stotter`、`stutter` 和 `titter`。

❑ `Abicus`: `abacus` 和 `amicus`。

❑ `Lonx`: `lanx`、`lone`、`long`、`lox` 和 `lynx`。

平均执行时间及其标准偏差以毫秒为单位，如下表所示。

算　　法	Intel 架构			AMD 架构		
	Stitter	Abicus	Lonx	Stitter	Abicus	Lonx
串行版	414.56	376.34	296.81	708.98	633.61	467.03
并行版 submit() 方法	229.56	217.76	173.89	361.97	299.26	233.22
并行版 invokeAll() 方法	257.31	225.82	171.98	333.93	324.08	250.06

我们可以得出下面的结论。

❑ 在两种架构上，该算法的并行版本的性能都要比串行版本好。

❑ 该算法的两个并行版本取得了相似的结果。我们可以使用加速比来比较在查找单词 Lonx 时并发版本和串行版本的执行速度，由此来观察并发处理如何提升算法的性能。

$$S_{AMD} = \frac{T_{serial}}{T_{concurrent}} = \frac{467.03}{232.22} = 2.01$$

$$S_{Intel} = \frac{T_{serial}}{T_{concurrent}} = \frac{296.81}{171.98} = 1.72$$

2. 存在算法

在本例中，我们实现了该算法的两个版本。

❑ 串行版本。

❑ 并行版本，使用 `invokeAny()` 方法。

为了测试该算法，我们用到了一些字符串。

❑ 单词列表中不存在的字符串 `xyzt`。

❑ 在接近单词列表末端处的字符串 `stutter`。

❑ 在接近单词列表起始处的字符串 `abacus`。

❑ 在单词列表刚刚后一半位置处的字符串 `lynx`。

以毫秒为单位的平均执行时间如下表所示。

算法	Intel 架构		AMD 架构	
	单词	执行时间（毫秒）	单词	执行时间（毫秒）
串行版	abacus	69.79	abacus	94.59
	lynx	148.46	lynx	292.86
	stutter	336.61	stutter	592.102
	xyzt	280.93	xyzt	452.53
并行版	abacus	73.28	abacus	76.27
	lynx	100.51	lynx	110.51
	stutter	154.63	stutter	186.28
	xyzt	178.33	xyzt	270.37

我们可以得出下面的结论。

❑ 通常，该算法的并发版本可比串行版本提供更好的性能。

❑ 单词在列表中的位置是一个关键因素。对于单词 abacus 来说，它位于单词列表的起始位置，这两个版本算法的执行时间相似；但是对于单词 stutter 来说，二者的差别就很大了。

使用加速比来比较并发版和串行版查找单词 lynx 的速度，可得到如下结果。

$$S_{\text{AMD}} = \frac{T_{\text{serial}}}{T_{\text{concurrent}}} = \frac{292.86}{110.51} = 2.65$$

$$S_{\text{Intel}} = \frac{T_{\text{serial}}}{T_{\text{concurrent}}} = \frac{148.46}{100.51} = 1.48$$

5.3　第二个例子：为文档集创建倒排索引

在信息检索领域，**倒排索引**是一种常见的数据结构，用于加快在文档集中查找文本的速度。它存储了文档集的所有单词，以及一个包含这些单词的文档列表。

为构建该索引，我们要解析文档集中的所有文档，并且以增量方式构建索引。对于每个文档来说，我们抽取该文档中的重要单词（删除最常见单词，也叫作**停止词**，或者也可能应用词干提取算法），并且之后将那些单词加入到索引中。如果一个文档中的某个单词存在于索引之中，就将该文档加入到与该单词相关联的文档列表中。如果文档中的某个单词并不存在于索引之中，那么将该单词加入到索引的单词列表中，并且将该文档与该单词关联起来。可以为这种关联关系加入一些参数，例如文档中单词的"术语频次"，以便提供更多的信息。

当你搜索文档集合中的一个单词或者单词列表时，使用倒排索引来获取与每个单词相关的文档列表，并创建含有搜索结果的一个唯一列表。

本节，你将学会如何使用 Java 并发程序来为一个文档集构建一个倒排索引文件。至于文档集，我们选用维基百科（Wikipedia）上有关电影信息的页面来构建一个含有 100 673 个文档的集合。我们将每一个维基百科页面转换成一个文本文件，你可以随本书配套源码一起下载该文档集。

为了构建倒排索引，我们不会删除任何单词，也不会使用任何词干提取算法。我们希望算法尽可能简单，以便将精力集中于并发程序上。

这里提到的原理同样也可以用于获取有关文档集合的其他信息，例如每个文档的向量表示可用作**聚类算法**的输入，你将在第 7 章中学习这些内容。

和其他示例一样，你将实现这些操作的串行版和并发版，以验证在该例中并发处理对我们的帮助。

5.3.1　公共类

串行版和并发版在实现将文档集合加载到 Java 对象时要用到一些共同的类。我们用到了下面两个类。

❑ Document 类，用于存放文档中所含单词的列表。

❑ DocumentParse 类，用于将一个以文件存储的文档转换成一个文档对象。

让我们分析一下这两个类的源代码。

1. Document 类

Document 类非常简单，它只有两个属性以及用于获取和设置属性值的方法。这两个属性如下。

❑ 文件名，这是一个字符串。

❑ 词汇表（也就是在文档中用到的单词的列表），这是一个 HashMap。其**键**为**单词**，其值为该单词在文档中出现的次数。

2. DocumentParser 类

正如前面提到的，该类将以文件存储的文档转换为以 Document 对象表示的文档。它将单词划分为三个方法。第一个是 parse() 方法，它接收文件路径作为参数，并且返回一个带有该文档词汇表的 HashMap。该方法使用 Files 类的 readAllLines() 方法逐行读取文件，并使用 parseLine() 方法将每一行转换成一个单词列表，并且将其添加到词汇表中，如下所示。

```java
public class DocumentParser {

  public Map<String, Integer> parse(String route) {
    Map<String, Integer> ret=new HashMap<String,Integer>();
    Path file=Paths.get(route);
    try {
      List<String> lines = Files.readAllLines(file);
      for (String line : lines) {
        parseLine(line,ret);
      }
    } catch (IOException e) {
      e.printStackTrace();
    }
    return ret;
  }

}
```

parseLine() 方法处理当前行并抽取其中的单词。为使本例更加简单，我们将单词看作一个字母字符序列。我们使用 Pattern 类来抽取单词，使用 Normalizer 类将单词转换成小写形式，并且删除元音的重音符号，如下所示：

```java
private static final Pattern PATTERN = Pattern.compile
                            ("\\P{IsAlphabetic}+");

private void parseLine(String line, Map<String, Integer> ret) {
```

```
    for(String word: PATTERN.split(line)) {
      if(!word.isEmpty())
        ret.merge(Normalizer.normalize(word, Normalizer.Form.NFKD)
                      .toLowerCase(), 1, (a, b) -> a+b);
    }
  }
```

5.3.2 串行版本

本例的串行版本在 SerialIndexing 类中实现。该类含有 main() 方法，可以读取所有文档、获取其词汇表，并且以增量方式构建倒排索引。

首先，我们初始化必要的变量。文档集存放在目录 data 中，因此我们用一个 File 对象数组来存储所有的文档。我们还初始化了 invertedIndex 对象。在此用到了一个 HashMap，它的键为单词，而它的值是一个字符串对象列表，这些字符串表示的是含有该单词的文件的名称，如下所示：

```
public class SerialIndexing {

  public static void main(String[] args) {

    Date start, end;
    File source = new File("data");
    File[] files = source.listFiles();
    Map<String, List<String>> invertedIndex=new
                          HashMap<String,List<String>> ();
```

然后，我们使用 DocumentParse 类来解析所有文档，并且使用 updateInvertedIndex() 方法将从各个文档获取的词汇表添加到倒排索引中。我们还测量了所有处理过程的执行时间，代码如下所示：

```
start=new Date();
for (File file : files) {

  DocumentParser parser = new DocumentParser();

  if (file.getName().endsWith(".txt")) {
    Map<String, Integer> voc = parser.parse(file.getAbsolutePath());
    updateInvertedIndex(voc,invertedIndex, file.getName());
  }
}
end=new Date();
```

最后，我们在控制台中显示执行结果。

```
  System.out.println("Execution Time: "+(end.getTime()-
                  start.getTime()));
  System.out.println("invertedIndex: "+invertedIndex.size());
}
```

updateInvertedIndex() 方法将一个文档的词汇表添加到倒排索引结构中。它处理所有构成词汇表的单词。如果单词已经存在于倒排索引之中，我们将文档名称添加到与该单词相关联的文档列表之中。如果单词并不存在于倒排索引之中，就将单词加入倒排索引并且将文档与该单词关联起来，如下所示：

```
private static void updateInvertedIndex(Map<String, Integer> voc,
        Map<String, List<String>> invertedIndex, String fileName) {
   for (String word : voc.keySet()) {
     if (word.length() >= 3) {
       invertedIndex.computeIfAbsent(word, k -> new
         ArrayList<>()).add(fileName);
     }
   }
}
```

5.3.3 第一个并发版本：每个文档一个任务

现在，是实现并发版文本索引算法的时候了。显然，我们可以并行化每个文档的处理。其中包括从文件读取文档和逐行处理以获取文档词汇表。各任务可返回词汇表作为结果，因此我们可以基于 Callable 接口来实现任务。

在前面的示例中，我们用了三个方法来将 Callable 任务发送给执行器。

❏ submit()

❏ invokeAll()

❏ invokeAny()

我们要处理所有的文档，因此必须放弃 invokeAny() 方法。可其他两个方法又很不方便。如果我们使用 submit() 方法，就必须确定在何时处理任务的结果。如果为每个文档都发送一个任务，就可以以如下方式处理结果。

❏ 在发送每个任务后，显然这是不现实的。

❏ 在所有任务完成后，这样我们就需要存储大量 Future 对象。

❏ 在发送一组任务后，我们需要编写代码来同步两个操作。

这些方法都有一个问题：我们以顺序方式来处理这些任务的结果。如果使用 invokeAll() 方法，所处的情形就与第二点相似，我们必须等所有任务都结束。

一个可行的供选方案是创建其他一些任务来处理与每个任务相关的 Future 对象，而 Java 并发 API 提供了一种很好的解决方案，采用 CompletionService 接口及其实现（即 Executor-CompletionService 类）来实现这一解决方案。

CompletionService 对象带有一个执行器，它允许你将任务生成和那些任务结果的使用分离开来。你可以使用 submit() 方法向执行器发送任务，并在这些任务执行完毕后使用 poll() 或者 take() 方法来获取其结果。因此，就我们的解决方案而言，将实现下述要素。

❏ 一个用于执行任务的 CompletionService 对象。

❏ 为每个文档分配一个任务以解析文档并且生成其词汇表，而该任务将由 CompletionService 对象来执行。这些任务都在 IndexingTask 类中实现。

❏ 创建两个线程来处理任务结果并且构造倒排索引。这些线程都在 InvertedIndexTask 类中实现。

❏ 一个用于创建和执行所有要素的 main() 方法。该方法在 ConcurrentIndexingMain 类中实现。

让我们来分析一下这些类的源代码。

1. IndexingTask 类

该类实现的任务是解析一个文档来获取其词汇表。该类实现了用 Document 类参数化的 Callable
接口。它有一个存储 File 对象的内部属性，而该 File 对象代表了它要解析的文档。请看下面的代码：

```
public class IndexingTask implements Callable<Document> {
  private File file;
  public IndexingTask(File file) {
    this.file=file;
  }
```

在 call() 方法中，直接使用了 DocumentParser 类的 parse() 方法来解析文档，获得词汇表，
并且根据获得的数据创建和返回 Document 对象。

```
  @Override
  public Document call() throws Exception {
    DocumentParser parser = new DocumentParser();

    Map<String, Integer> voc = parser.parse(file.getAbsolutePath());

    Document document=new Document();
    document.setFileName(file.getName());
    document.setVoc(voc);
    return document;
  }
}
```

2. InvertedIndexTask 类

该类实现的任务是获取由 IndexingTask 对象生成的 Document 对象，并且创建倒排索引。该
任务将作为 Thread 对象来执行（我们在本例中没有使用执行器），因此它是基于 Runnable 接口的。

InvertedIndexTask 类用到了下述三个内部属性。

❑ 由 Document 类参数化的 CompletionService 对象，用于访问由 IndexingTask 对象返回
的对象。

❑ 用于存储倒排索引的 ConcurrentHashMap，其键为单词，而值为一个存放文件名字符串的
ConcurrentLinkedDeque。在本例中，我们要使用并发数据结构，而在串行版本中使用的
数据结构是没有同步机制的。

❑ 一个用于表明任务能够完成其工作的布尔值。

相关代码如下所示：

```
public class InvertedIndexTask implements Runnable {

  private CompletionService<Document> completionService;
  private ConcurrentHashMap<String,
          ConcurrentLinkedDeque<String>> invertedIndex;
  public InvertedIndexTask(CompletionService<Document>
            completionService, ConcurrentHashMap<String,
            ConcurrentLinkedDeque<String>> invertedIndex) {
```

run()方法使用来自 CompletionService 类的 take()方法获取与某一任务相关联的 Future 对象。我们实现了一个循环，在线程中断之前该循环将一直运行。当该线程中断之后，它会再次使用 poll()方法处理所有待处理的 Future 对象。我们使用 updateInvertedIndex()方法以及 take() 方法返回的对象来更新倒排索引，方法如下所示：

```java
public void run() {
  try {
    while (!Thread.interrupted()) {
      try {
        Document document = completionService.take().get();
        updateInvertedIndex(document.getVoc(), invertedIndex,
                            document.getFileName());
      } catch (InterruptedException e) {
        break;
      }
    }
    while (true) {
      Future<Document> future = completionService.poll();
      if (future == null)
        break;
      Document document = future.get();
      updateInvertedIndex(document.getVoc(), invertedIndex,
                          document.getFileName());
    }
  } catch (InterruptedException | ExecutionException e) {
    e.printStackTrace();
  }
}
```

最后，updateInvertedIndex 方法将从文档获得的词汇表、倒排索引和文件名作为参数处理。该方法处理词汇表的所有单词。如果单词没有在索引中出现，我们使用 computeIfAbsent()方法将其添加到 invertedIndex 中。

```java
private void updateInvertedIndex(Map<String, Integer> voc,
        ConcurrentHashMap<String, ConcurrentLinkedDeque<String>>
        invertedIndex, String fileName) {
  for (String word : voc.keySet()) {
    if (word.length() >= 3) {
      invertedIndex.computeIfAbsent(word, k -> new
                      ConcurrentLinkedDeque<>()).add(fileName);
    }
  }
}
```

3. ConcurrentIndexing 类
这是本例的主类。该类创建并启动了所有组件，等待执行过程结束，并且在控制台输出最终执行时间。

首先，它要创建并初始化执行过程中所需的所有变量。

❑ 运行 InvertedTask 任务的执行器。和前面的例子一样，我们使用机器的核心数作为执行器中的最大工作线程数。不过在本例中，我们预留了一个核来执行独立线程。

❑ 用于运行任务的 CompletionService 对象。我们使用此前创建的执行器来初始化该对象。

❑ 用于存储倒排索引的 ConcurrentHashMap。

❑ 一个含有所有待处理文档的 File 对象数组。

相关方法如下所示：

```java
public class ConcurrentIndexing {

  public static void main(String[] args) {

    int numCores=Runtime.getRuntime().availableProcessors();
    ThreadPoolExecutor executor=(ThreadPoolExecutor)
          Executors.newFixedThreadPool(Math.max(numCores-1, 1));
    ExecutorCompletionService<Document> completionService=new
                ExecutorCompletionService<>(executor);
    ConcurrentHashMap<String, ConcurrentLinkedDeque<String>>
                invertedIndex=new ConcurrentHashMap
                <String,ConcurrentLinkedDeque<String>> ();

    Date start, end;

    File source = new File("data");
    File[] files = source.listFiles();
```

然后，处理数组中的所有文件，为每个文件创建一个 InvertedTask 对象，并且使用 submit() 方法将其发送给 CompletionService 类。我们已经介绍了一种避免执行器过载的方法。我们可以检查待处理任务队列的规模，如果该队列的规模大于 1000，就将该线程休眠，队列规模不再减小之时，我们就不再发送更多任务了。

```java
start=new Date();
for (File file : files) {
  IndexingTask task=new IndexingTask(file);
  completionService.submit(task);
  if (executor.getQueue().size()>1000) {
    do {
      try {
        TimeUnit.MILLISECONDS.sleep(50);
      } catch (InterruptedException e) {
        e.printStackTrace();
      }
    } while (executor.getQueue().size()>1000);
  }
}
```

然后，创建两个 InvertedIndexTask 对象来处理由 InvertedTask 任务返回的结果，并且将其作为常规 Thread 对象来执行。

```
InvertedIndexTask invertedIndexTask=new InvertedIndexTask
                               (completionService,invertedIndex);
Thread thread1=new Thread(invertedIndexTask);
thread1.start();
InvertedIndexTask invertedIndexTask2=new InvertedIndexTask
                               (completionService,invertedIndex);
Thread thread2=new Thread(invertedIndexTask2);
thread2.start();
```

启动所有要素之后，可使用 shutdown() 方法和 awaitTermination() 方法等待执行器结束。awaitTermination() 方法将在所有 InvertedTask 任务执行完毕后返回，这样我们就可以结束执行 InvertedIndexTask 任务的线程了。要做到这一点，我们需要中断这些线程（参看有关 InvertedIndexTask 的注释），如下面的代码片段所示：

```
executor.shutdown();
try {
  executor.awaitTermination(1, TimeUnit.DAYS);
  thread1.interrupt();
  thread2.interrupt();
  thread1.join();
  thread2.join();
} catch (InterruptedException e) {
  e.printStackTrace();
}
```

最后，我们在控制台输出倒排索引的大小以及所有处理过程的执行时间：

```
end=new Date();
System.out.println("Execution Time: "+(end.getTime()-
                    start.getTime()));
System.out.println("invertedIndex: "+invertedIndex.size());
}

}
```

5.3.4 第二个并发版本：每个任务多个文档

我们还实现了本例的第二个并发版本。基本原理与第一个版本的相同，但是在本例中，每个任务将处理多个文档而不是仅处理一个文档。每个任务处理的文档数将作为 main() 方法的一个输入参数。我们测试了每个任务处理 100、1000 和 5000 个文档的结果。

为实现这一新方式，需要实现下述三个新类。

❑ MultipleIndexingTask 类：该类与 IndexingTask 类相当，但是它处理的是一个文档列表，而不仅仅是一个文档。

❑ MultipleInvertedIndexTask 类：该类与 InvertedIndexTask 类相当，只不过现在任务要检索的是一个 Document 对象列表，而不仅仅是一个 Document 对象。

❑ MultipleConcurrentIndexing 类：该类与 ConcurrentIndexing 类相当，只不过它还用到了其他新类。

鉴于这一版本的源代码和前一版本多有相似，我们仅给出其中的不同点。

1. MultipleIndexingTask 类

正如前面提到的，该类和此前介绍的 IndexingTask 类很类似。主要区别在于它使用的是一个 File 对象列表，而不仅仅是一个文件。

```
public class MultipleIndexingTask implements Callable<List<Document>> {

  private List<File> files;

  public MultipleIndexingTask(List<File> files) {
    this.files = files;
  }
```

call()方法返回的是一个 Document 对象列表，而不仅仅是一个 Document 对象。

```
  @Override
  public List<Document> call() throws Exception {
    List<Document> documents = new ArrayList<Document>();
    for (File file : files) {
      DocumentParser parser = new DocumentParser();

      Hashtable<String, Integer> voc = parser.parse
                                (file.getAbsolutePath());

      Document document = new Document();
      document.setFileName(file.getName());
      document.setVoc(voc);

      documents.add(document);
    }

    return documents;
  }
}
```

2. MultipleInvertedIndexTask 类

正如前面提到的，该类和前面介绍的 InvertedIndexClass 类相似。主要区别在于 run()方法。poll()方法返回的 Future 对象返回了一个 Document 对象列表，因此我们要处理的是整个列表。请看如下代码片段：

```
  @Override
  public void run() {
    try {
      while (!Thread.interrupted()) {
      try {
        List<Document> documents = completionService.take().get();
        for (Document document : documents) {
          updateInvertedIndex(document.getVoc(), invertedIndex,
                          document.getFileName());
        }
      } catch (InterruptedException e) {
        break;
```

```
      }
    }
    while (true) {
      Future<List<Document>> future = completionService.poll();
      if (future == null)
        break;
        List<Document> documents = future.get();
        for (Document document : documents) {
          updateInvertedIndex(document.getVoc(), invertedIndex,
                              document.getFileName());
        }
      }
    } catch (InterruptedException | ExecutionException e) {
      e.printStackTrace();
    }
  }
```

3. **MultipleConcurrentIndexing** 类

正如前面提到的，该类和 ConcurrentIndexing 类很相似。唯一不同的是利用新类，并且使用第一个参数来决定每个任务所处理的文档数量。我们有如下方法：

```
start=new Date();
List<File> taskFiles=new ArrayList<>();
for (File file : files) {
  taskFiles.add(file);
  if (taskFiles.size()==NUMBER_OF_TASKS) {
    MultipleIndexingTask task=new MultipleIndexingTask(taskFiles);
    completionService.submit(task);
    taskFiles=new ArrayList<>();
    if (executor.getQueue().size()>10) {
      do {
        try {
          TimeUnit.MILLISECONDS.sleep(50);
        } catch (InterruptedException e) {
          e.printStackTrace();
        }
      } while (executor.getQueue().size()>10);
    }
  }
}
if (taskFiles.size()>0) {
  MultipleIndexingTask task=new MultipleIndexingTask(taskFiles);
  completionService.submit(task);
}

MultipleInvertedIndexTask invertedIndexTask=new
            MultipleInvertedIndexTask(completionService,invertedIndex);
Thread thread1=new Thread(invertedIndexTask);
thread1.start();
MultipleInvertedIndexTask invertedIndexTask2=new
            MultipleInvertedIndexTask (completionService,invertedIndex);
Thread thread2=new Thread(invertedIndexTask2);
thread2.start();
```

5.3.5　对比解决方案

让我们对比一下前面已经实现的该例三个版本的解决方案。正如前面提到的，在文档集合方面，我们选取了有关电影信息的维基百科页面构建了一个含有 100 673 个文档的文档集合。我们将每个维基百科页面转换为一个文本文件。你可以下载该文档集合以及所有有关本书的信息。

我们执行了五个版本的解决方案。

❑ 串行版本。

❑ 一个任务处理一个文档的并发版本。

❑ 一个任务处理多个文档的并发版本，分为每个任务分别处理 100、1000 和 5000 个文档的情况。

我们采用 JMH 框架（请查看名为 "Code Tools: jmh" 的文章）执行这些示例，该框架允许你用 Java 实现微型基准测试。使用一个面向基准测试的框架是比较好的解决方案，它直接用 `currentTime-Millis()` 方法或者 `nanoTime()` 方法度量时间。我们在两种不同的架构上分别执行这些示例 10 次。

❑ 一台计算机配置了 Core i5-5300 处理器、Windows 7 操作系统和 16GB 的 RAM。该处理器有两个核，且每个核可以执行两个线程，这样我们就有四个并行线程。

❑ 另一台计算机配置了 AMD A8-640 处理器、Windows 10 操作系统和 8GB 的 RAM。该处理器有四个核。

下表给出了五个版本的执行时间。

算　　法	Intel 架构	AMD 架构
	执行时间（毫秒）	执行时间（毫秒）
串行版本	29 305.63	137 519.75
并发版本：一个任务处理一个文档	13 704.17	75 593.93
并发版本：一个任务处理 100 个文档	26 579.30	195 928.209
并发版本：一个任务处理 1000 个文档	25 126.47	133 080.655
并发版本：一个任务处理 5000 个文档	23 454.38	118 789.394

我们可以得出下面结论。

❑ 并发版本总是比串行版本性能好。

❑ 对于并发版本而言，如果增加每个任务所处理的文档数量，将获得更好的结果。

在本例中，两种架构上的执行结果有较大差异，但是其他因素，例如硬盘、内存空间和处理速度等，实际上对本例的结果有较大的影响，因为本例读取的文件超过 100 000 份，会频繁使用内存。

如果我们使用加速比来比较串行版本和并发版本的处理速度，就会得到如下结果。

$$S_{AMD} = \frac{T_{serial}}{T_{concurrent}} = \frac{137\ 519.75}{75\ 593.93} = 1.82$$

$$S_{Intel} = \frac{T_{serial}}{T_{concurrent}} = \frac{29\ 305.63}{13\ 704.17} = 2.13$$

5.3.6　其他相关方法

本章，我们用 `AbstractExecutorService` 接口（在 `ThreadPoolExecutor` 类中实现）和 `CompletionService` 接口（在 `ExecutorCompletionService` 中实现）的一些方法来管理 `Callable` 任务的结果。然而，在此我们还想提及我们曾用过的这些方法的其他版本以及其他一些方法。

关于 `AbstractExecutorService` 接口，我们介绍下述方法。

❑ `invokeAll (Collection<? extends Callable<T>> tasks, long timeout, TimeUnit unit)`：当作为参数传递的 `Callable` 任务列表中的所有任务完成执行，或者执行时间超出了第二、第三个参数指定的时间范围时，该方法返回一个与该 `Callable` 任务列表相关联的 `Future` 对象列表。

❑ `invokeAny (Collection<? Extends Callable<T>> tasks, long timeout, TimeUnit unit)`：当作为参数传递的 `Callable` 任务列表中的任务在超时（由第二和第三个参数指定的期限）之前完成其执行并且没有抛出异常时，该方法返回 `Callable` 任务列表中第一个任务的结果。如果超时，那么该方法抛出一个 `TimeoutException` 异常。

关于 `CompletionService` 接口，我们介绍下述方法。

❑ `poll()` 方法：我们用到了该方法带有两个参数的版本，不过该方法还有一个不带参数的版本。从内部数据结构来看，该版本检索并且删除自上一次调用 `poll()` 或 `take()` 方法以来下一个已完成任务的 `Future` 对象。如果没有任何任务完成，执行该方法将返回 **null** 值。

❑ `take()` 方法：该方法和前一个方法类似，只不过如果没有任何任务完成，它将休眠该线程，直到有一个任务执行完毕为止。

5.4　小结

在本章中，你学习了与返回结果的任务打交道时用到的几种机制。这些任务都基于 `Callable` 接口，而 `Callable` 接口中声明了 `call()` 方法。该接口是一个由 `call()` 方法返回的类进行参数化的接口。

当你在执行器中执行一个 `Callable` 任务时，总是要获得 `Future` 接口的一个实现。你可以使用这个对象来撤销该任务的执行，通过该对象来知晓任务是否完成执行，或者获得 `call()` 方法所返回的结果。

你可以通过三种方式将 `Callable` 任务发送给执行器。通过 `submit()` 方法可以发送一个任务，而且将很快获得一个与该任务相关联的 `Future` 对象。通过 `invokeAll()` 方法，你可以发送一个任务列表，并且当所有任务都完成执行之后获得一个 `Future` 对象列表。通过 `invokeAny()` 方法，你可以发送一个任务列表，而且将接收到第一个执行结束且没有抛出异常的任务的结果（并不是一个 `Future` 对象）。剩余其他任务将被撤销。

Java 并发 API 提供了另一种机制来处理这些任务类型。这种机制在 `CompletionService` 接口中定义，并且在 `ExecutorCompletionService` 类中实现。这种机制允许你将任务的执行与任务结果的处理解耦。`CompletionService` 接口在内部使用了一个执行器，并且提供 `submit()` 方法将任务发送给 CompletionService 接口，还提供了 poll() 方法和 take() 方法来获取这些任务的结果。提供这些结果的顺序与任务执行完毕的顺序相同。

你还学会了如何通过两个真实的例子来实现这些理念。首先是一个针对 UKACD 数据集的最佳匹配算法；其次是一个倒排索引构造程序，它用到的数据集包含了从维基百科上抽取的 10 万多份有关电影信息的文档。

下一章，你将学会如何以一种划分为多个阶段的并发方式来执行算法。这些阶段的主要特点是，你必须在开始下一阶段之前将当前阶段的所有任务执行完毕。Java 并发 API 提供了 Phaser 类，可使这些算法的并发实现更加方便。该类让你可以在一个阶段结束时同步所有参与本阶段工作的任务，因此在当前阶段执行完毕之前，任何任务都不能开始下一阶段的工作。

第 6 章

运行分为多阶段的任务：
Phaser 类

在并发 API 中，最重要的因素就是它为编程人员提供的同步机制。**同步**是指为获得预期结果而对两个或多个任务进行的协调。当两个或多个任务按预定顺序执行时，可以对其执行进行同步；或是当一次只有一个线程可以执行某个代码段或者修改某个内存区域时，可以同步两个或多个任务对共享资源的访问。Java 9 并发 API 提供了大量同步机制，从基本的 synchronized 关键字和 Lock 接口以及它们用于保护临界段的具体实现，到更高级的 CyclicBarrier 类和 CountDownLatch 类，支持同步不同任务的执行顺序。在 Java 7 中，并发 API 引入了 Phaser 类。该类提供了一种强大的机制（**分段器**），将任务划分为多个阶段执行。任务可以要求 Phaser 类等待直到所有其他参与方完成该阶段。本章将涵盖下述主题。

- ❏ Phaser 类简介。
- ❏ 第一个例子：关键字抽取算法。
- ❏ 第二个例子：遗传算法。

6.1 Phaser 类简介

Phaser 类是一种同步机制，用于控制以并发方式划分为多个阶段的算法的执行。如果处理过程已有明确定义的步骤，那么必须在开始第二个步骤之前完成第一步的工作，以此类推，并且可以使用 Phaser 类实现该过程的并发版本。Phaser 类的主要特征有以下几点。

- ❏ 分段器（phaser）必须知道要控制的任务数。Java 称之为参与者的注册机制。参与者可以随时在分段器中注册。
- ❏ 任务完成一个阶段之后必须通知分段器。在所有参与者都完成该阶段之前，分段器将使该任务处于休眠状态。
- ❏ 在内部，分段器保存了一个整数值，该值存储分段器已经进行的阶段变更数目。
- ❏ 参与者可以随时脱离分段器的控制。Java 将这一过程称为参与者的注销。
- ❏ 当分段器做出阶段变更时，可以执行定制的代码。
- ❏ 控制分段器的终止。如果一个分段器终止了，就不再接受新的参与者，也不会进行任务之间的同步。

❑ 通过一些方法获得分段器的参与者数目及其状态。

6.1.1 参与者的注册与注销

如前所述，一个分段器必须知道其控制的任务数目，必须知道正在执行划分为多个阶段的算法的不同线程数目，以便正确控制同时发生的阶段变更。

Java 将此过程称作参与者的注册。正常情况下，参与者在执行开始时注册，但是也可以随时注册。可以采用不同方式注册参与者，如下所示。

❑ 创建 Phaser 对象时：Phaser 类提供了四个不同的构造函数。其中常用的有两个。

■ Phaser()：该构造函数创建了一个 0 个参与者的分段器。

■ Phaser(int parties)：该构造函数创建了一个含有给定数目参与者的分段器。

❑ 还可以通过下述方法显式创建。

■ bulkRegisterl(int parties)：同时注册给定数目的新参与者。

■ register()：注册一个新参与者。

分段器控制的任务完成执行时，必须从分段器注销。如果不这样做，分段器就会在下一阶段变更中一直等待该任务。注销一个参与者，可以使用 arriveAndDeregister() 方法。使用该方法告知分段器该任务已经完成了当前阶段，而且不再参与下一阶段。

6.1.2 同步阶段变更

分段器的主要目的是使那些可以分割成多个阶段的算法以并发方式执行。所有任务完成当前阶段之前，任何任务都不能进入下一阶段。Phaser 类提供了 arrive()、arriveAndDeregister() 和 arriveAndAwaitAdvance() 三个方法通报任务已经完成当前阶段。如果其中某个任务没有调用上述三个方法之一，那么分段器对其他参与任务的阻塞是不确定的。继续进入下一阶段需要用到下述方法。

❑ arriveAndAwaitAdvance()：任务使用该方法向分段器通报，表明它已经完成了当前阶段并且要继续下一阶段。分段器将阻塞该任务，直到所有参与的任务已调用其中一个同步方法。

❑ awaitAdvance(int phase)：任务使用该方法向分段器通报，如果该方法参数中的数值和分段器的实际阶段数相等，就要等待当前阶段结束；如果这两个数值不相等，则该方法立即返回。

6.1.3 其他功能

在所有参与任务都完成了某个阶段的执行之后，在继续下一阶段之前，Phaser 类执行 onAdvance() 方法。该方法接收如下两个参数。

❑ phase：这是已执行完毕阶段的编号。第一个阶段的编号为 0。

❑ registeredParties：这个参数代表参与任务的数目。

如果想在两个阶段之间执行一些代码，例如，对某些数据进行排序或者转换，那么可以扩展 Phaser 类并重载该方法以实现自己的分段器。

分段器可以有以下两种状态。

❑ **激活状态**：创建了分段器且新的参与者注册后，分段器将进入激活状态，并持续这种状态，直到其终止。处于这种状态时，它接受新的参与者并像之前所述那样工作。

❑ **终止状态**：onAdvance() 方法返回 true 值时，分段器进入这种状态。默认情况下，当所有参与者都注销后，onAdvance() 方法将返回 true 值。

 分段器处于终止状态时，新参与者的注册无效，而且同步方法会立即返回。

最后，Phaser 类提供了一些方法，获取分段器状态和其中参与者的信息。

❑ getRegisteredParties()：该方法返回分段器中参与者的数目。

❑ getPhase()：该方法返回当前阶段的编号。

❑ getArrivedParties()：该方法返回已经完成当前阶段的参与者的数目。

❑ getUnarrivedParties()：该方法返回尚未完成当前阶段的参与者的数目。

❑ isTerminated()：如果分段器处于终止状态，则该方法返回 true 值，否则返回 false 值。

6.2 第一个例子：关键字抽取算法

在本节，你将使用分段器实现**关键字抽取算法**。这类算法的主要用途是从文本文档或者文档集合（内部对每个文档做了更好的定义）中抽取单词，这些术语可用于文档综述，文档的聚类分析，或者信息检索过程的提升。

从文档集的文档中抽取关键字最基本的算法是基于 TF-IDF 方法（而且该方法目前仍然被广泛使用），其中有如下两项。

❑ **术语频次**（TF）是指一个单词在某个文档中出现的次数。

❑ **文档频次**（DF）是含有某个单词的文档的数量。**逆文档频次**（IDF）用于度量单词所提供的使某个文档区别于其他文档的信息。如果一个单词很常用，那么它的 IDF 值会很低，但是如果该单词仅在少数几个文档中出现，那么它的 IDF 值会很高。

在文档 d 中单词 t 的 TF-IDF 值可以通过下述公式计算。

$$\text{TF-IDF} = \text{TF} \times \text{IDF} = F_{t,d} \times \log\left(\frac{N}{n_t}\right)$$

上述公式用到的属性其解释如下。

❑ $F_{t,d}$ 是单词 t 在文档 d 中出现的次数。

❑ N 是集合中文档的数目。

❑ n_t 是含有单词 t 的文档的数目。

为获取文档的关键字，可以选用具有较高 TF-IDF 值的单词。

要实现的算法将通过执行下述阶段计算文档集合中的最佳关键字。

❑ **阶段 1**：解析所有文档并且抽取所有单词的 DF 值。请注意，只有解析了所有文档才可以获得准确值。

❑ 阶段 2：计算所有文档中单词的 TF-IDF 值。为每个文档选择 10 个关键字（TF-IDF 值评价最高的 10 个单词）。

❑ 阶段 3：获得一个最佳关键字列表。这个列表中的单词应该能够代表大多数文档的关键字。

为了测试算法，将使用有关电影信息的维基百科页面作为文档集合。该集合与第 5 章中用过的集合相同，由 100 673 个文档组成。我们将每个维基百科页面转换成一个文本文件，可以随本书配套的资源下载该文档集合。

你将实现本算法的两个版本：基础串行版本和使用 Phaser 类的并发版本。在此之后，我们将比较两个版本的执行时间，以验证并发处理能够带来更好的性能。

6.2.1　公共类

该算法的两个版本具有一些通用功能，用于解析文档以及存储有关文档、关键字和单词的信息。这样的公共类有如下几项。

❑ Document 类：用于存放含有文档以及构成文档的单词的文件名。

❑ Word 类：用于存放单词字符串和度量该单词的指标（TF、DF 和 TF-IDF）。

❑ Keyword 类：用于存放单词字符串以及将该单词作为关键字的文档数量。

❑ DocumentParser 类：用于抽取某个文档的单词。

下面详细介绍一下这些类。

1. Word 类

Word 类存放了有关某个单词的信息。这些信息包括整个单词以及影响它的措施，也就是它在某个文档中的 TF 值，全局 DF 值，以及其最终的 TF-IDF 值。

该类实现了 Comparable 接口，因为要对单词数组进行排序，以获得具有较高 TF-IDF 值的单词。相关代码如下。

```
public class Word implements Comparable<Word> {
```

然后，声明该类的属性并且实现获取和设置这些属性的方法（在此未给出）。

```
private String word;
private int tf;
private int df;
private double tfIdf;
```

我们还实现了其他一些有用的方法，如下所示。

❑ 该类的构造函数，对 word（接收作为参数的单词）和 df 属性（取值为 1）进行了初始化。

❑ addTf()方法，用于增加 tf 属性的值。

❑ merge()方法，接收一个 Word 对象作为参数，对来自两个不同文档的同一单词进行合并。
　　将两个 Word 对象的 tf 属性值和 df 属性值相加。

然后，实现了 setDf()方法的一个特殊版本。该方法接收 df 属性值作为参数，接收集合中文档的总数，然后计算得出 tfIdf 属性的值。

```
public void setDf(int df, int N) {
  this.df = df;
  tfIdf = tf * Math.log(Double.valueOf(N) / df);
}
```

最后，实现了 compareTo() 方法，并希望按照 tfIdf 属性值从高到底的顺序对单词进行排序。

```
@Override
  public int compareTo(Word o) {
    return Double.compare(o.getTfIdf(), this.getTfIdf());
  }
}
```

2. Keyword 类

Keyword 类存放了关于关键字的信息。该信息包括完整的单词以及将该单词作为关键字的文档数。

与 Word 类一样，之所以该类也实现了 Comparable 接口，是因为将对一个关键字数组进行排序以获取最佳关键字。

```
public class Keyword implements Comparable<Keyword> {
```

然后，声明该类的属性并且实现相应的方法设定和返回属性值（这些在此未给出）。

```
private String word;
private int df;
```

最后，实现 compareTo() 方法，希望能够按照文件数量由多到小的顺序排列关键字。

```
@Override
public int compareTo(Keyword o) {

  return Integer.compare(o.getDf(), this.getDf());
}
}
```

3. Document 类

Document 类存放文档集合（请记住集合中有 100 673 个文档）中某个文档的相关信息，其中包括文件名和构成该文档的单词集合。该单词集合通常也被称作该文档的词汇表，采用 HashMap 实现，它将整个单词视为一个字符串并作为键，将一个 Word 对象作为值。

```
public class Document {
  private String fileName;
  private HashMap <String, Word> voc;
```

我们实现了一个构造函数创建该 HashMap，实现了用于获取和设置文件名的方法，以及返回文档词汇表的方法（这些方法在此未给出）。我们还实现了一个向词汇表添加单词的方法。如果单词不在词汇表中，则将其加入词汇表。

如果单词在词汇表中，则增加该单词的 tf 属性值。我们使用了 voc 对象的 computeIfAbsent() 方法。如果单词不在词汇表中，则该方法会将其插入到 HashMap 当中，然后用 addTf() 方法来增加 tf 值。

```
public void addWord(String string) {
    voc.computeIfAbsent(string, k -> new Word(k)).addTf();
  }
}
```

HashMap 类并不是同步的， 但是仍然可以在并发应用程序中使用，因为不同任务并不会共享该类。一个 Document 对象只能由一个任务生成，因此使用 HashMap 类时并不会导致并发版应用程序中的竞争条件。

4. DocumentParser 类

DocumentParser 类读取一个文本文件的内容并且将其转换成一个 Document 对象。该类将文本分割成若干单词并且将它们存放在 Document 对象中，进而生成词汇表。该类有两个静态方法：第一个是 parse() 方法，接收文件路径字符串，返回一个 Document 对象。该方法打开文件并且逐行读取，使用 parseLine() 方法将每行转换成一个单词序列，并且将它们存放在 Document 类。

```
public class DocumentParser {

  public static Document parse(String path) {
    Document ret = new Document();
    Path file = Paths.get(path);
    ret.setFileName(file.toString());

    try (BufferedReader reader =
        Files.newBufferedReader(file)) {
      for(String line : Files.readAllLines(file)) {
        parseLine(line, ret);
      }
    } catch (IOException x) {
      x.printStackTrace();
    }
    return ret;
  }

}
```

parseLine() 方法接收待解析的行和用于存放单词的 Document 对象作为参数。

首先，该方法使用 Normalizer 类删除每一行的重音符号，并将其转换成小写形式。

```
private static void parseLine(String line, Document ret) {

  line = Normalizer.normalize(line, Normalizer.Form.NFKD);
  line = line.replaceAll("[^\\p{ASCII}]", "");
  line = line.toLowerCase();
```

然后，使用 StringTokenizer 类将该行分割成多个单词，并且将这些单词添加到 Document 对象。

```
private static void parseLine(String line, Document ret) {

  // 清理字符串
  line = Normalizer.normalize(line, Normalizer.Form.NFKD);
  line = line.replaceAll("[^\\p{ASCII}]", "");
  line = line.toLowerCase();
```

```
    // 分词程序
    for(String w: line.split("\\W+")) {
      ret.addWord(w);
    }
  }

}
```

6.2.2　串行版本

我们已在 `SerialKeywordExtraction` 类中实现了关键字算法的串行版本。该类定义了执行测试该算法的 `main()` 方法。

第一步是声明以下这些执行算法必需的内部变量。

❑ 两个用于度量执行时间的 `Date` 对象。

❑ 一个存放含有文档集合的目录名称的字符串。

❑ 一个用于存放有关文档集合文件的 `File` 对象数组。

❑ 一个用于存放文档集合全局词汇表的 `HashMap`。

❑ 一个用于存放关键字的 `HashMap`。

❑ 两个用于度量有关执行情况统计数据的 `int` 值。

下面给出了这些变量的声明。

```
public class SerialKeywordExtraction {

  public static void main(String[] args) {

    Date start, end;

    File source = new File("data");
    File[] files = source.listFiles();
    HashMap<String, Word> globalVoc = new HashMap<>();
    HashMap<String, Integer> globalKeywords = new HashMap<>();
    int totalCalls = 0;
    int numDocuments = 0;

    start = new Date();
```

然后，介绍该算法的第一阶段。我们使用 `DocumentParser` 类的 `parse()` 方法解析所有文档。该方法返回一个含有文档词汇表的 `Document` 对象。我们使用 `HashMap` 类的 `merge()` 方法将文档词汇表添加到全局词汇表。如果单词不存在，则将它插入 `HashMap`。如果该单词已存在，则将两个单词对象合并到一起，并且对 `Tf` 属性和 `Df` 属性求和。

```
    if(files == null) {
      System.err.println("Unable to read the 'data' folder");
      return;
    }
    for (File file : files) {
```

```
    if (file.getName().endsWith(".txt")) {
      Document doc = DocumentParser.parse (file.getAbsolutePath());
      for (Word word : doc.getVoc().values()) {
        globalVoc.merge(word.getWord(), word, Word::merge);
      }
      numDocuments++;
    }
  }
  System.out.println("Corpus: " + numDocuments + " documents.");
```

在此阶段之后，`globalVocHashMap` 类包含了文档集合的所有单词，以及单词的全局 TF（单词在文档集合中出现的总次数）和 DF 值。

然后，引入该算法的第二阶段。如前所述，我们将使用 TF-IDF 指标计算每个文档的关键字。必须再次解析每个文档以生成其词汇表，因为内存不能存放构成文档集合的 100 673 份文档的词汇表。如果处理的文档集合规模较小，可以尝试只解析这些文档一次，并且将全部文档的词汇表存放在内存中。不过在我们的例子中，这是不可能的。因此，再次解析全部文档，并且使用 `globalVoc` 中存放的值更新每个单词的 `df` 属性。我们还构造了一个含有文档中所有单词的数组。

```
for (File file : files) {
  if (file.getName().endsWith(".txt")) {
    Document doc = DocumentParser.parse(file.getAbsolutePath());
    List<Word> keywords = new ArrayList<>( doc.getVoc().values());

    int index = 0;
    for (Word word : keywords) {
      Word globalWord = globalVoc.get(word.getWord());
      word.setDf(globalWord.getDf(), numDocuments);
    }
```

现在，有关键字列表，其中含有文档中所有单词以及计算得出的 TF-IDF 值。使用 `Collections` 类的 `sort()` 方法对该列表排序，具有较高 TF-IDF 值的单词排在前面。然后，我们获取该列表中的前 10 个单词，并且使用 `addKeyword()` 方法将其存放在 `globalKeywordsHashMap` 中。

选择排名前 10 的单词并没有特殊原因。其他供选方案也可以尝试，例如某一比例的一组单词或者 TF-IDF 指标最小值等，看看它们的表现情况。

```
    Collections.sort(keywords);

    int counter = 0;

    for (Word word : keywords) {
      addKeyword(globalKeywords, word.getWord());
      totalCalls++;
    }
  }
}
```

最后，引入该算法的第三阶段。将 `globalKeywordsHashMap` 转换成一个 Keyword 对象列表，使用 `Collections` 类的 `sort()` 方法对该数组进行排序。将 DF 值较高的关键字排在列表的前面，并且在控制台输出前 100 个单词。

相关代码如下所示：

```
List<Keyword> orderedGlobalKeywords = new ArrayList<>();
for (Entry<String, Integer> entry : globalKeywords.entrySet()) {
  Keyword keyword = new Keyword();
  keyword.setWord(entry.getKey());
  keyword.setDf(entry.getValue());
  orderedGlobalKeywords.add(keyword);
}

Collections.sort(orderedGlobalKeywords);

if (orderedGlobalKeywords.size() > 100) {
  orderedGlobalKeywords = orderedGlobalKeywords.subList(0, 100);
}
for (Keyword keyword : orderedGlobalKeywords) {
  System.out.println(keyword.getWord() + ": " + keyword.getDf());
}
```

与第二阶段相同，选择前 100 个单词没有特殊的理由。也可以尝试其他供选方案。

为了结束 main() 方法，在控制台输出执行时间和其他统计数据。

```
end = new Date();
System.out.println("Execution Time: " + (end.getTime() -
                    start.getTime()));
System.out.println("Vocabulary Size: " + globalVoc.size());
 System.out.println("Keyword Size: " + globalKeywords.size());
System.out.println("Number of Documents: " + numDocuments);
System.out.println("Total calls: " + totalCalls);

}
```

SerialKeywordExtraction 类还包括 addKeyword() 方法，它用于更新 globalKeywords-HashMap 类中某个关键字的信息。如果该单词存在，则该类更新其 DF 值；如果不存在，则将其插入。相关代码如下：

```
private static void addKeyword(Map<String, Integer>
                    globalKeywords, String word) {
  globalKeywords.merge(word, 1, Integer::sum);
}

}
```

6.2.3　并发版本

为了实现本例的并发版本，我们用到了如下两个不同的类。

❑ KeywordExtractionTasks 类：该类以并发方式实现准备计算关键字的任务。这些任务将作为 Thread 对象执行，因此该类实现了 Runnable 接口。

❑ ConcurrentKeywordExtraction 类：该类提供 main() 方法执行算法，创建、启动任务，并且等待任务完成。

下面仔细看看这些类。

1. **KeywordExtractionTask** 类

如前所述，该类实现了计算最终单词列表的任务。它实现了 Runnable 接口，因此可以将其作为一个 Thread 线程执行，而且其内部用到了一些属性，大多数属性所有任务共享。

- □ **用于存放全局词汇表和全局关键字的两个 ConcurrentHashMap 对象**：之所以使用 ConcurrentHashMap 是因为这些对象将被所有任务更新，这样就必须采用并发数据结构避免竞争条件。
- □ **用于存放文档集合文件列表的两个文件对象 ConcurrentLinkedDeque**：之所以使用 ConcurrentLinkedDeque 类是因为所有任务都将同时抽取（获取或删除）该列表的元素，因此必须使用并发数据结构以避免竞争条件。如果使用常规 List，那么同一 File 对象会被不同的任务解析两次。之所以采用两个 ConcurrentLinkedDeque 是因为必须要对整个文档集合解析两次。如前所述，通过从数据结构中抽取 File 对象解析文档集合。因此，解析该集合时，该数据结构将为空。
- □ **用于控制任务执行的 Phaser 对象**：如前所述，关键字抽取算法按照三个阶段执行。在所有任务都完成上一阶段之前，任何任务都不能进入下一阶段。使用 Phaser 类对此加以控制。否则，将会得到不一致的结果。
- □ **最后阶段必须由唯一的线程执行**：将使用布尔值区分主任务与其他任务。这些主任务将执行最后阶段。
- □ **集合中的文档总数**：需要该值计算 TF-IDF 指标。

我们引入了一个构造函数以初始化所有属性。

```
public class KeywordExtractionTask implements Runnable {

    private ConcurrentHashMap<String, Word> globalVoc;
    private ConcurrentHashMap<String, Integer> globalKeywords;

    private ConcurrentLinkedDeque<File> concurrentFileListPhase1;
    private ConcurrentLinkedDeque<File> concurrentFileListPhase2;

    private Phaser phaser;

    private String name;
    private boolean main;

    private int parsedDocuments;
    private int numDocuments;

    public KeywordExtractionTask(
            ConcurrentLinkedDeque<File> concurrentFileListPhase1,
            ConcurrentLinkedDeque<File> concurrentFileListPhase2,
            Phaser phaser, ConcurrentHashMap<String, Word>
              globalVoc,
            ConcurrentHashMap<String, Integer> globalKeywords,
            int numDocuments, String name, boolean main) {
```

```
        this.concurrentFileListPhase1 = concurrentFileListPhase1;
        this.concurrentFileListPhase2 = concurrentFileListPhase2;
        this.globalVoc = globalVoc;
        this.globalKeywords = globalKeywords;
        this.phaser = phaser;
        this.main = main;
        this.name = name;
        this.numDocuments = numDocuments;
    }
```

使用 run() 方法实现该算法分为三个阶段。首先，调用分段器的 arriveAndAwaitAdvance() 方法等待其他任务的创建。所有任务都会同时开始执行。然后，正如在该算法的串行版本中提到的，解析所有文档并且构建 globalVocConcurrentHashMap 类，其中含有所有单词及其全局 TF 值和 DF 值。为了完成第一阶段，再次调用 arriveAndAwaitAdvance() 方法，在第二阶段开始之前等待其他任务结束。

```java
@Override
public void run() {
    File file;

    // 第一阶段
    phaser.arriveAndAwaitAdvance();
    System.out.println(name + ": Phase 1");
    while ((file = concurrentFileListPhase1.poll()) != null) {
        Document doc = DocumentParser.parse(file.getAbsolutePath());
        for (Word word : doc.getVoc().values()) {
            globalVoc.merge(word.getWord(), word, Word::merge);
        }
        parsedDocuments++;
    }

    System.out.println(name + ": " + parsedDocuments +
                            " parsed.");
    phaser.arriveAndAwaitAdvance();
```

正如你看到的，为获取待处理的 File 对象，使用了 ConcurrentLinkedDeque 类的 poll() 方法。该方法检索并且删除 Deque 的第一个元素，这样下一个任务将获取不同的文件进行解析，并且没有文件会被解析两次。

正如在该算法的串行版中提到的，第二阶段计算了 globalKeywords 结构。首先，计算每个文档最优的 10 个关键字，然后将其插入 ConcurrentHashMap 类。该代码和串行版中的相同，只是将串行数据结构替换为并发数据结构。

```java
    // 第二阶段
    System.out.println(name + ": Phase 2");
    while ((file = concurrentFileListPhase2.poll()) != null) {

        Document doc = DocumentParser.parse(file.getAbsolutePath());
        List<Word> keywords = new ArrayList<>(doc.getVoc().values());

        for (Word word : keywords) {
```

```
      Word globalWord = globalVoc.get(word.getWord());
      word.setDf(globalWord.getDf(), numDocuments);
    }
    Collections.sort(keywords);

    if(keywords.size() > 10) keywords = keywords.subList(0, 10);
      for (Word word : keywords) {
        addKeyword(globalKeywords, word.getWord());
      }
    }
    System.out.println(name + ": " + parsedDocuments +
                         " parsed.");
```

对于主任务和其他任务而言最后阶段将有所不同。在将整个文档集合中的 100 个最佳关键字输出到控制台之前，主任务使用 Phaser 类的 arriveAndAwaitAdvance() 方法等待所有任务的第二阶段结束。最后，使用 arriveAndDeregister() 方法从分段器中注销。

剩下的任务使用 arriveAndDeregister() 方法标记第二阶段的结束、从分段器注销以及完成其执行。

当所有的任务完成工作后，都将从分段器中注销。最后分段器将有 0 个参与方，并且将进入终止状态。

```
    if (main) {
      phaser.arriveAndAwaitAdvance();

      Iterator<Entry<String, Integer>> iterator =
                         globalKeywords.entrySet().iterator();    Keyword
orderedGlobalKeywords[] = new
                         Keyword[globalKeywords.size()];
      int index = 0;
      while (iterator.hasNext()) {
        Entry<String, AtomicInteger> entry = iterator.next();
        Keyword keyword = new Keyword();
        keyword.setWord(entry.getKey());
        keyword.setDf(entry.getValue().get());
        orderedGlobalKeywords[index] = keyword;
        index++;
      }

      System.out.println("Keyword Size: " +
                         orderedGlobalKeywords.length);

      Arrays.parallelSort(orderedGlobalKeywords);
      int counter = 0;
      for (int i = 0; i < orderedGlobalKeywords.length; i++){
        Keyword keyword = orderedGlobalKeywords[i];
        System.out.println(keyword.getWord() + ": " +
                         keyword.getDf());
        counter++;
        if (counter == 100) {
          break;
        }
```

```
    }
  }
  phaser.arriveAndDeregister();

  System.out.println("Thread " + name + " has finished.");
}
```

2. ConcurrentKeywordExtraction 类

ConcurrentKeywordExtraction 类初始化共享对象、创建任务、执行任务并且等待任务结束。它实现的 main() 方法可以接收可选参数。默认情况下，执行的任务数由 Runtime 类的 availableProcessors() 方法确定，该方法返回可供 Java 虚拟机（Java virtual machine，JVM）使用的硬件线程数。如果接收到一个参数，那么就将其转换成一个整型值，并且将其用作可用处理器数量的乘数，以确定将创建的任务数。

首先，初始化所有必要的数据结构和参数。为了填充这两个 ConcurrentLinkedDeque 结构，我们使用 File 类的 listFiles() 方法获取一个 File 对象数组，其中含有 txt 后缀的文件。

还可以使用不带参数的构造函数创建 Phaser 对象，这样所有的任务必须在分段器中进行显式注册。相关代码如下：

```
public class ConcurrentKeywordExtraction {

  public static void main(String[] args) {

    Date start, end;

    ConcurrentHashMap<String, Word> globalVoc = new
                              ConcurrentHashMap<>();
    ConcurrentHashMap<String, Integer> globalKeywords = new
                              ConcurrentHashMap<>();

    start = new Date();
    File source = new File("data");
    File[] files = source.listFiles(f ->
                          f.getName().endsWith(".txt"));
    if (files == null) {
      System.err.println("The 'data' folder not found!");
      return;
    }
    ConcurrentLinkedDeque<File> concurrentFileListPhase1 = new
            ConcurrentLinkedDeque<>(Arrays.asList(files));
    ConcurrentLinkedDeque<File> concurrentFileListPhase2 = new
            ConcurrentLinkedDeque<>(Arrays.asList(files));

    int numDocuments = files.length();
    int factor = 1;
    if (args.length > 0) {
      factor = Integer.valueOf(args[0]);
    }

    int numTasks = factor *
            Runtime.getRuntime().availableProcessors();
    Phaser phaser = new Phaser();
```

```
Thread[] threads = new Thread[numTasks];
KeywordExtractionTask[] tasks = new
                  KeywordExtractionTask[numTasks];
```

然后，将创建的第一个任务其主参数置为 true，其他任务的主参数置为 false。每个任务创建完毕后，我们使用 Phaser 类的 register()方法在分段器中注册一个新的参与方，如下所示：

```
for (int i = 0; i < numTasks; i++) {
  tasks[i] = new KeywordExtractionTask(concurrentFileListPhase1,
                concurrentFileListPhase2, phaser, globalVoc,
                globalKeywords, concurrentFileListPhase1.size(),
                "Task" + i, i==0);
  phaser.register();
  System.out.println(phaser.getRegisteredParties() + "
                  tasks arrived to the Phaser.");
}
```

然后，创建并启动运行该任务的线程对象，并且等待其结束。

```
for (int i = 0; i < numTasks; i++) {
  threads[i] = new Thread(tasks[i]);
  threads[i].start();
}

for (int i = 0; i < numTasks; i++) {
  try {
    threads[i].join();
  } catch (InterruptedException e) {
    e.printStackTrace();
  }
}
```

最后，在控制台输出有关执行情况的统计结果，包括执行时间。

```
System.out.println("Is Terminated: " + phaser.isTerminated());

end = new Date();
System.out.println("Execution Time: " + (end.getTime() -
                  start.getTime()));
System.out.println("Vocabulary Size: " + globalVoc.size());
System.out.println("Number of Documents: " + numDocuments);

  }

}
```

6.2.4   对比两种解决方案

比较一下关键字抽取算法的串行版和并发版。为测试该算法，采用了含有 100 673 份文档的文档集合。

我们使用 JMH 框架执行算例，它允许在 Java 中实现微型基准测试。使用面向基准测试的框架是很好的解决方案，因为可以直接使用 currentTimeMillis()或 nanoTime()这样的方法度量时间。在两种不同的架构上分别执行这些算例 10 次。

❑ 一台计算机配置了 Intel Core i5-5300 处理器、Windows 7 操作系统和 16GB 的 RAM。该处理器有两个核且每个核可以执行两个线程，这样就有四个并行线程。

❑ 另一台计算机配置了 AMD A8-640 处理器、Windows 10 操作系统和 8GB 的 RAM。该处理器有四个核。

算法	Intel		AMD	
	因子	执行时间（秒）	因子	执行时间（秒）
串行版	N/A	76.252	N/A	168.816
并发版	1	35.092	1	60.740
	2	34.495	2	60.806
	3	34.518	3	58.752

可以得出如下结论。

❑ 在两种架构中，相对于串行版而言，并发版算法的性能有所提升。

❑ 如果使用的任务数多于可用硬件线程数，并不会得到更好的结果。存在些许差别，但是并不明显。

通过计算加速比对比该算法的并发版本和串行版本，如下所示：

$$S_{AMD} = \frac{T_{serial}}{T_{concurrent}} = \frac{168.816}{58.752} = 2.87$$

$$S_{Intel} = \frac{T_{serial}}{T_{concurrent}} = \frac{76.252}{34.518} = 2.21$$

6.3 第二个例子：遗传算法

遗传算法是基于自然选择原理的一种自适应启发式搜索算法，用于为最优化问题和搜索问题生成优质解决方案。遗传算法为一个问题提供可能的解决方案，而该问题被称为个体或者表现型（phenotype）。每个个体都由一组称作染色体的属性描述。通常，个体都由一个位序列表示，不过也可以选择更加适合具体问题的描述方法。

你还需要一个**适应度函数**，用来确定某个方案的优劣。遗传算法的主要目标是查找一个能够使该函数最大化或者最小化的解决方案。

遗传算法从问题的可能方案集合开始。这个可能方案的集合被称作种群。该初始集合可以随机生成或使用某种启发函数获得更好的初始解决方案。

一旦有了初始种群，可以启动一个含有三个阶段的迭代过程。该迭代过程的每一步称作一代。每一代有如下三个阶段。

❑ **选择**：可以在种群中选择更好的个体，这些个体在适应度函数中具有较好的值。

❑ **交叉**：对前一步选定的个体进行交叉，以生成构成新一代的新个体。这种操作需要两个个体参与并且生成两个新的个体。实现这种操作依赖于要解决的问题，以及所选择的个体的描述情况。

❑ **突变**：可以应用突变运算符更改某个体的值。通常，只可以对极少量的个体执行该操作。虽然突变是一项对于查找优质解决方案非常重要的操作，但是并不应使用该操作简化本节的例子。

满足结束标准前，可以重复以上操作。结束标准可为以下几项。

❑ 固定的代的数目

❑ 适应度函数设置的预定值

❑ 找到了满足预定标准的解决方案

❑ 时间限制

❑ 手动停止

通常，将自己在上述过程中找到的最佳个体在种群外部储存起来。该个体将成为算法所建议的解决方案，而且通常它将成为较好的解决方案，因为还要产生新的一代。

本节将实现一个遗传算法解决著名的**旅行商问题**（TSP）。在该问题中，有一个城市集合和它们之间的距离集合，要找出一条最优路线，即在经过全部城市的同时旅行路线的总距离最短。与其他例子相同，我们实现了串行版程序和使用 Phaser 类的并发版程序。应用于 TSP 问题的遗传算法的主要特点如下。

❑ **个体**：一个描述了城市遍历顺序的个体。

❑ **交叉**：在交叉操作之后创建有效的解决方案。访问每个城市的次数必须只为一次。

❑ **适应度函数**：该算法的主要目标是使遍历每个城市的总距离最短。

❑ **结束标准**：将按照预定数目的代执行该算法。

如下表所示，有四个城市的距离矩阵。

	城市 1	城市 2	城市 3	城市 4
城市 1	0	11	6	9
城市 2	7	0	8	2
城市 3	7	3	0	3
城市 4	10	9	4	0

这意味着城市 2 到城市 1 的距离为 7，但是城市 1 到城市 2 的距离为 11。(2,4,3,1)可以为一个个体，而其适应度函数为 2 到 4、4 到 3、3 到 1、1 到 2 之间的距离之和，也就是 2+4+7+11=24。

如果想在个体(1,2,3,4)和(1,3,2,4)之间进行交叉，那么就不能生成个体(1,2,2,4)，因为这样将访问城市 2 两次。可以生成(1,2,4,3)和(1,3,4,2)。

为测试该算法，使用了 City Distance 数据集中的两个例子，分别是 15（lau15_dist）个城市和 57（kn57_dist）个城市。

6.3.1　公共类

这两个版本都用到了以下三个公共类。

❑ DataLoader 类，用于从某个文件加载距离矩阵。此处并不给出该类的代码。它有一个静态方法，接收文件名，返回一个含有城市之间距离的 int[][] 矩阵。距离存放在一个 CSV 文件中（在原始格式中做了些许变换），这样很容易进行转换。

❑ Individual 类，该类存放了种群中某个个体的信息（即针对当前问题的可能解决方案）。
　　为了表示每个个体，我们选择了一个整型数值的数组，它存放了访问不同城市的顺序。

❑ GeneticOperators 类，该类实现了交叉、选择和对种群或者个体的评估。

下面看看 Individual 类和 GeneticOperators 类的详细介绍。

1. Individual 类

该类存放了 TSP 问题的所有可能解。每个可能的解都称作一个个体，将其描述称作染色体。在我们的例子中，将每个可能的解都表示为一个整型数组。该数组包含旅行商经过各个城市的顺序。该类还有一个整数值，用于存放适应度函数的结果。代码如下：

```
public class Individual implements Comparable<Individual> {
  private Integer[] chromosomes;
  private int value;
```

我们有两个构造函数。第一个接收必须访问的城市的数量作为参数，创建一个空数组。另一个构造函数接收 Individual 对象作为参数，并且复制其染色体，如下所示：

```
public Individual(int size) {
  chromosomes=new Integer[size];
}

public Individual(Individual other) {
  chromosomes = other.getChromosomes().clone();

}
```

我们也实现了 compareTo() 方法，使用适应度函数的结果比较两个个体。

```
@Override
public int compareTo(Individual o) {
  return Integer.compare(this.getValue(), o.getValue());
}
```

最后，还引入了获取和设定这些属性的方法。

2. GeneticOperators 类

这是一个复杂类，因为它实现了遗传算法的内部逻辑。正如在本节开始介绍的那样，它提供了进行初始化、选择、交叉和评估操作的方法。我们将仅介绍该类提供的方法而非它们如何实现，以避免陷入不必要的复杂细节中。你可以下载本例的源代码分析该方法的实现。

该类提供的方法有如下几个。

❑ initialize(int numberOfIndividuals, int size)：该方法创建了一个种群。该种群的个体数由 numberOfIndividuals 参数确定。染色体（本例中就是城市）的数目由 size 参数确定。该方法将返回一个 Individual 对象数组。它使用 initialize(Integer[]) 方法初始化每个 Individual 对象。

❑ initialize(Integer[] chromosomes)：该方法以随机方式初始化某一个体的染色体，生成合法的个体（即每个城市只访问一次）。

❑ selection(Individual[] population)：该方法实现了选择操作，获取一个种群的最优个体。它用一个数组返回这些个体。该数组的大小将是种群大小的一半。可以测试其他标准以确定选定个体的数目。使用最适合函数选定这些个体。

❑ crossover(Individual[] selected, int numberOfIndividuals, int size)：该方法接收一代中被选定的个体作为参数，并且使用交叉操作生成下一代的种群。下一代的个体数目将由同名的参数（即 numberOfIndividuals）确定。个体的染色体数目将由 size 参数确定。它使用 crossover (Individual, Individual, Individual, Individual)方法依据两个选定个体生成两个新个体。

❑ crossover(Individual parent1, Individual parent2, Individual individual1, Individual individual2)：该方法实现了交叉操作，使用 parent1 个体和 parent2 个体生成下一代的 individual1 个体和 individual2 个体。

❑ evaluate(Individual[] population, int [][] distanceMatrix)：该方法使用参数中接收的距离矩阵，将适应度函数应用到种群的全部个体。最后，该方法还按照解决方式从优到劣的顺序对种群进行排序，使用 evaluate(Individual, int[][])方法评估每个个体。

❑ evaluate(Individual individual, int[][] distanceMatrix)：该方法将适应度函数应用到某个体。

借助该类及其方法，可以满足实现遗传算法解决 TSP 问题的所有需求。

6.3.2　串行版本

我们使用如下两个类实现该算法的串行版本。

❑ SerialGeneticAlgorithm 类：用于实现该算法。

❑ SerialMain 类：根据输入参数执行算法并且度量执行时间。

下面详细分析一下这两个类。

1. SerialGeneticAlgorithm 类

该类实现了遗传算法的串行版。从内部来看，它用到了如下四个属性。

❑ 含有所有城市之间距离的距离矩阵。

❑ 代的数目。

❑ 种群中的个体数。

❑ 每个个体中的染色体数目。

该类也有一个初始化所有属性的构造函数。

```
private int[][] distanceMatrix;

private int numberOfGenerations;
private int numberOfIndividuals;

private int size;

public SerialGeneticAlgorithm(int[][] distanceMatrix,
```

```
             int numberOfGenerations, int numberOfIndividuals) {
    this.distanceMatrix = distanceMatrix;
    this.numberOfGenerations = numberOfGenerations;
    this.numberOfIndividuals = numberOfIndividuals;
    size = distanceMatrix.length;
}
```

该类的主方法是 calculate()方法。首先，使用 initialize()方法来创建初始种群。然后，
评估初始种群并且获取其最优个体作为算法的第一个解。

```
public Individual calculate() {
    Individual best;

    Individual[] population = GeneticOperators.initialize(
                              numberOfIndividuals, size);
    GeneticOperators.evaluate(population, distanceMatrix);

    best = population[0];
```

然后，执行由 numberOfGenerations 属性判定的循环。在每次循环中，使用 selection()方
法获取选定的个体，使用 crossover()方法计算下一代、评估新一代，而且如果新一代的最优解优
于到目前为止最好的个体，那么替换该个体。循环结束后，返回最优个体作为算法给出的解。

```
    for (int i = 1; i <= numberOfGenerations; i++) {
        Individual[] selected =
                    GeneticOperators.selection(population);
        population = GeneticOperators.crossover(selected,
                                numberOfIndividuals, size);
        GeneticOperators.evaluate(population, distanceMatrix);
        if (population[0].getValue() < best.getValue()) {
          best = population[0];
        }

    }

    return best;
}
```

2. SerialMain 类

该类针对本节用到的两个数据集执行遗传算法，即含有 15 个城市的 lau15 和含有 57 个城市的
kn57。

main()方法必须接收两个参数。第一个参数是将要创建的代的数目，而第二个参数是希望每一代
应有的个体数目。

```
public class SerialMain {

    public static void main(String[] args) {

    Date start, end;

    int generations = Integer.valueOf(args[0]);
    int individuals = Integer.valueOf(args[1]);
```

在每个例子中，均使用 DataLoader 类中的 load()方法加载距离矩阵，创建 SerialGenetic-Algorith 对象，在执行 calculate()方法的同时度量时间，并且在控制台输出执行时间和结果。

```
for (String name : new String[] { "lau15_dist", "kn57_dist" }) {
    int[][] distanceMatrix = DataLoader.load(Paths.get("data",
                                             name + ".txt"));
    SerialGeneticAlgorithm serialGeneticAlgorithm = new
            SerialGeneticAlgorithm(distanceMatrix, generations,
            individuals);
    start = new Date();
    Individual result = serialGeneticAlgorithm.calculate();
    end = new Date();
    System.out.println ("====================================");
    System.out.println("Example:"+name);
    System.out.println("Generations: " + generations);
    System.out.println("Population: " + individuals);
    System.out.println("Execution Time: " + (end.getTime() -
                        start.getTime()));
    System.out.println("Best Individual: " + result);
    System.out.println("Total Distance: " + result.getValue());
    System.out.println ("====================================");
}
```

6.3.3 并发版本

我们实现了遗传算法并发版本的不同类，如下所示。

❑ SharedData 类存放了所有将在任务之间共享的对象。

❑ GeneticPhaser 类扩展了 Phaser 类并且重载了它的 onAdvance()方法，以便当所有任务都完成第一阶段后执行代码。

❑ ConcurrentGeneticTask 类实现了那些将用于执行遗传算法各个阶段的任务。

❑ ConcurrentGeneticAlgorithm 类使用前面的类实现遗传算法的并发版本。

❑ ConcurrentMain 类将在两个数据中集测试遗传算法的并发版本。

从内部来看，ConcurrentGeneticTask 类将执行三个阶段。第一阶段是选择阶段，而且只能由一个任务执行。第二个阶段是交叉阶段，所有的任务都将使用选定的个体来构建新的一代。而最后一个阶段是评估阶段，所有任务都将对新一代个体进行评估。

让我们详细来看这其中的每一个类。

1. SharedData 类

如前所述，该类包括由多任务共享的所有对象。其中包括如下内容。

❑ 种群数组，其中含有某一代的全部个体。

❑ 精选数组，其中含有精选的个体。

❑ 一个名为 index 的原子整型变量。这是唯一线程安全的对象，用于指明一个任务要生成或处理的个体的索引。

❑ 所有各代中的最优个体，将作为算法的解返回。

❑ 距离矩阵，其中含有城市之间的距离。

所有的对象都将被所有线程共享，但我们只需要用到一个并发数据结构。index 是唯一被所有任务高效共享的属性。其余对象，要么仅供读取（例如距离矩阵），要么每个任务将访问对象（例如种群数组和精选数组）的不同部分，并不需要使用并发数据结构或者同步机制避免竞争条件。

```
public class SharedData {

  private Individual[] population;
  private Individual selected[];
  private AtomicInteger index;
  private Individual best;
  private int[][] distanceMatrix;
}
```

该类还含有用来获取和设定这些属性取值的方法。

2. GeneticPhaser 类

我们需要在任务的阶段变化时执行代码，因此必须实现自己的分段器并且重载 onAdvance()方法，在所有的参与方都完成某个阶段且即将开始执行下一阶段时执行该方法。GeneticPhaser 类就实现了这样一个分段器。它存储了需要用到的 SharedData 对象，并且将其作为构造函数的参数之一。

```
public class GeneticPhaser extends Phaser {

  private SharedData data;

  public GeneticPhaser(int parties, SharedData data) {
    super(parties);
    this.data=data;
  }
```

onAdvance()方法将接收分段器的阶段编号和已注册参与方的编码作为参数。从内部来看，该分段器用整数表示阶段编号，每次阶段变化时该值都会按顺序增长。相反，我们的算法只有三个阶段，将被多次执行。必须将分段器的阶段编号转换成遗传算法的阶段编号，这样才能知道任务究竟是在执行选择阶段、交叉阶段还是评估阶段。为实现这一目的，我们计算分段器的阶段编号除以 3 的余数，如下所示：

```
protected boolean onAdvance(int phase, int registeredParties) {
  int realPhase=phase%3;
  if (registeredParties>0) {
    switch (realPhase) {
      case 0:
      case 1:
        data.getIndex().set(0);
        break;
      case 2:
        Arrays.sort(data.getPopulation());
        if (data.getPopulation()[0].getValue() <
            data.getBest().getValue()) {
          data.setBest(data.getPopulation()[0]);
        }
        break;
    }
```

```
      return false;
    }
    return true;
  }
```

如果余数为 0，任务完成了选择阶段并且准备执行交叉阶段。使用 0 值对该索引对象进行初始化。

如果余数为 1，任务完成交叉阶段并且准备执行评估阶段。使用 0 值来初始化该索引对象。

最后，如果余数为 2，任务已经完成了评估阶段且准备再次开始选择阶段。我们基于适应度函数对种群进行排序，并且如果必要，还要更新最优个体。

请注意，这种方法只能由任务中一个独立的线程执行。它在前一阶段结束时，由最后一个任务的线程执行（在 arriveAndAwaitAdvance() 调用的内部）。其他任务将休眠并且等待分段器。

3. ConcurrentGeneticTask 类

该类实现了那些协作执行遗传算法的任务。这些任务执行了算法的三个阶段（选择、交叉和评估）。选择阶段仅由一个任务执行（称为主任务），而所有任务都将执行剩下的阶段。

从内部来看，该类用到了四个属性。

❏ 一个 GeneticPhaser 对象，用于在每个阶段结束时进行任务同步。

❏ 一个 SharedData 对象，用于访问共享数据。

❏ 必须计算的代的数目。

❏ 用于表明是否为主任务的布尔标志。

所有属性将在该类的构造函数中初始化。

```
public class ConcurrentGeneticTask implements Runnable {
  private GeneticPhaser phaser;
  private SharedData data;
  private int numberOfGenerations;
  private boolean main;

  public ConcurrentGeneticTask(GeneticPhaser phaser, int
                       numberOfGenerations, boolean main) {
    this.phaser = phaser;
    this.numberOfGenerations = numberOfGenerations;
    this.main = main;
    this.data = phaser.getData();
  }
```

run() 方法实现了遗传算法的逻辑。它有一个生成指定代的循环。正如前面提到的，只有主任务会执行选择阶段。其他任务将使用 arriveAndAwaitAdvance() 方法等待该阶段结束，参看如下代码。

```
  @Override
  public void run() {

    Random rm = new Random(System.nanoTime());
    for (int i = 0; i < numberOfGenerations; i++) {
      if (main) {
        data.setSelected(GeneticOperators.selection(data
                    .getPopulation()));
      }
      phaser.arriveAndAwaitAdvance();
```

第二阶段是交叉阶段。使用在 SharedData 类中存放的 AtomicInteger 变量索引获得种群数组（每个任务都会计算）中的下一个位置。如前所述，交叉操作生成了两个新的个体，因此每个任务首先在种群数组中保留两个位置。为达到这一目的，使用 getAndAdd(2) 方法返回变量的实际值，并且按照两个单位的步长递增其取值。AtomicInteger 变量是一个原子变量，因此并没有用到任何同步机制，这是原子变量的固有属性。参看下面的代码。

```
// 交叉阶段
int individualIndex;
do {
  individualIndex = data.getIndex().getAndAdd(2);
  if (individualIndex < data.getPopulation().length) {
    int secondIndividual = individualIndex++;

    int p1Index = rm.nextInt (data.getSelected().length);
    int p2Index;
    do {
      p2Index = rm.nextInt (data.getSelected().length);
    } while (p1Index == p2Index);

    Individual parent1 = data.getSelected() [p1Index];
    Individual parent2 = data.getSelected() [p2Index];
    Individual individual1 = data.getPopulation()
                        [individualIndex];
    Individual individual2 = data.getPopulation()
                        [secondIndividual];
    GeneticOperators.crossover(parent1, parent2,
                        individual1, individual2);
  }

} while (individualIndex < data.getPopulation().length);
phaser.arriveAndAwaitAdvance();
```

新种群的所有个体生成之后，各任务将使用 arriveAndAwaitAdvance() 方法同步该阶段的末尾。

最后阶段是评估阶段。我们再次使用 AtomicInteger 索引。每个任务都获取该变量的实际值，该值代表了个体在种群中的位置，并且使用 getAndIncrement() 值增加取值。一旦对所有个体的评估结束，就可使用 arriveAndAwaitAdvance() 方法同步该阶段的末尾。请记住，所有任务都完成该阶段后，GeneticPhaser 类将执行排列种群数组的代码，如果有必要，还要更新最优个体变量，如下所示：

```
// 评估阶段
do {
  individualIndex = data.getIndex().getAndIncrement();
  if (individualIndex < data.getPopulation().length) {
    GeneticOperators.evaluate(data.getPopulation()
                [individualIndex], data.getDistanceMatrix());
  }
} while (individualIndex < data.getPopulation().length);
phaser.arriveAndAwaitAdvance();

}

phaser.arriveAndDeregister();
}
```

最后，当所有的代都计算完毕后，各任务使用 arriveAndDeregister() 方法表示执行完毕，这样分段器就进入终止状态。

4. ConcurrentGeneticAlgorithm 类

该类是遗传算法的外部接口。从内部来看，该类创建、启动那些计算不同代的任务，并且等待这些任务完成。该类用到了四个属性：代的数目、每一代的个体数目、每个个体的染色体数目以及距离矩阵，如下所示：

```
public class ConcurrentGeneticAlgorithm {

    private int numberOfGenerations;
    private int numberOfIndividuals;
    private int[][] distanceMatrix;
    private int size;

    public ConcurrentGeneticAlgorithm(int[][] distanceMatrix, int
                numberOfGenerations, int numberOfIndividuals) {
        this.distanceMatrix=distanceMatrix;
        this.numberOfGenerations=numberOfGenerations;
        this.numberOfIndividuals=numberOfIndividuals;
        size=distanceMatrix.length;
    }
```

calculate() 方法执行遗传算法并且返回最优个体。首先，它使用 initialize() 方法创建最初的种群并对该种群进行评估，同时创建并初始化 SharedData 对象，其中含有所有必要的数据，如下所示：

```
public Individual calculate() {

    Individual[] population=
            GeneticOperators.initialize(numberOfIndividuals,size);
    GeneticOperators.evaluate(population,distanceMatrix);

    SharedData data=new SharedData();
    data.setPopulation(population);
    data.setDistanceMatrix(distanceMatrix);
    data.setBest(population[0]);
```

然后，创建各个任务。使用计算机可用的硬件线程数作为将要创建的任务数，该数目使用 Runtime 类的 availableProcessors() 方法返回。我们还创建了 GeneticPhaser 对象同步这些任务的执行，如下所示：

```
int numTasks=Runtime.getRuntime().availableProcessors();
GeneticPhaser phaser=new GeneticPhaser(numTasks,data);

ConcurrentGeneticTask[] tasks=new ConcurrentGeneticTask[numTasks];
Thread[] threads=new Thread[numTasks];

tasks[0]=new ConcurrentGeneticTask(phaser, numberOfGenerations,
                                true);
```

```
for (int i=1; i< numTasks; i++) {
  tasks[i]=new ConcurrentGeneticTask(phaser, numberOfGenerations,
                                     false);
}
```

然后，创建 `Thread` 对象执行这些任务，启动任务并且等待其执行结束。最后，返回存放于 `ShareData` 对象的最优个体，如下所示：

```
for (int i=0; i<numTasks; i++) {
  threads[i]=new Thread(tasks[i]);
        threads[i].start();
    }

    for (int i=0; i<numTasks; i++) {
        try {
            threads[i].join();
        } catch (InterruptedException e) {
            e.printStackTrace();
        }
    }

    return data.getBest();
  }
}
```

5. `ConcurrentMain` 类

该类针对本节用到的两个数据集执行遗传算法，即含有 15 个城市的 `lau15` 和含有 57 个城市的 `kn57`。该类的代码与 `SerialMain` 类相似，只不过使用 `ConcurrentGeneticAlgorithm` 而非 `SerialGeneticAlgorithm`。

6.3.4　对比两种解决方案

现在对两种方案进行测试，看看哪一种具有更好的性能。如前所述，使用了来自 City Distance Datasets 的两个数据集——含有 15 个城市的 `lau15` 和含有 57 个城市的 `kn57`。我们也测试了不同规模的种群（100、1000 和 10 000 个个体），以及不同数目的代（10、100 和 1000）。

我们使用 JMH 框架（请查看名为 "Code Tools: jmh" 的文章）执行算例，这样可以在 Java 中实现微型基准测试。使用面向基准测试的框架是很好的解决方案，因为可以直接使用 `currentTimeMillis()` 或 `nanoTime()` 方法度量时间。在两种不同的架构上分别执行这些算例 10 次。

- ❏ 一台计算机配置了 Intel Core i5-5300 处理器、Windows 7 操作系统和 16 GB 的 RAM。该处理器有两个核，且每个核可以执行两个线程，这样我们就有四个并行线程。
- ❏ 另一台计算机配置了 AMD A8-640 处理器、Windows 10 操作系统和 8GB 的 RAM。该处理器有四个核。

1. `Lau15` 数据集

第一个数据集的执行时间如下（单位：毫秒）。

AMD 架构	种　群					
	100		1000		10 000	
代	串行版	并发版	串行版	并发版	串行版	并发版
10	11.59	27.15	53.98	54.40	208.67	121.10
100	42.80	58.61	180.24	96.54	1849.15	904.76
1000	148.01	117.93	1412.81	517.14	15040.81	5660.30

Intel 架构	种　群					
	100		1000		10 000	
代	串行版	并发版	串行版	并发版	串行版	并发版
10	9.27	15.79	28.67	29.12	117.01	93.29
100	45.53	25.08	115.41	87.38	1041.76	756.16
1000	94.92	74.70	724.77	440.36	7867.56	4464.52

2. Kn57 数据集

第二个数据集的执行时间如下（单位：毫秒）。

AMD 架构	种　群					
	100		1000		10 000	
代	串行版	并发版	串行版	并发版	串行版	并发版
10	25.29	31.33	104.72	124.88	889.07	347.62
100	95.21	76.80	795.64	280.20	8479.72	3052.44
1000	778.21	267.67	7913.98	2524.28	83 131.09	29 417.48

Intel 架构	种　群					
	100		1000		10 000	
代	串行版	并发版	串行版	并发版	串行版	并发版
10	20.51	32.04	69.27	86.12	449.80	274.99
100	57.46	56.54	418.39	224.93	4423.52	2183.10
1000	417.38	221.47	4069.09	2161.46	41 714.95	21 858.51

3. 结论

在两种架构上，该算法针对两个数据集的表现情况相似。你会发现，当个体数目和代的数目都较少时，算法的串行版本执行时间较优，而当个体数目或代的数目增加时，并发版本将会有更好的吞吐量。以代的数目为 1000 且个体数目为 10 000 的 kn57 数据集为例，可得出加速比如下。

$$S_{\text{AMD}} = \frac{T_{\text{serial}}}{T_{\text{concurrent}}} = \frac{83\ 131.09}{29\ 417.48} = 2.82$$

$$S_{\text{Intel}} = \frac{T_{\text{serial}}}{T_{\text{concurrent}}} = \frac{41\ 714.95}{21\ 858.51} = 1.91$$

6.4 小结

本章介绍了 Java 并发 API 提供的最强大的同步机制之一：分段器。它的主要目的是为执行分为多阶段的算法的任务提供同步。在所有任务都完成上一阶段之前，任何任务都不能开始执行下一阶段。

分段器必须知道任务要进行同步的任务数量。必须使用构造函数、bulkRegister() 方法或 register() 方法在分段器中注册任务。

分段器可以以不同方式同步任务。最常见的方式是使用 arriveAndAwaitAdvance() 方法告诉分段器，任务已经完成了一个阶段的执行，要继续执行下一阶段。该方法将休眠该线程直到剩下的任务都完成当前阶段为止。不过，也可以使用其他方法同步任务。arrive() 方法用于通知分段器当前阶段已经完成，但是不会等待剩下的任务（使用该方法时要非常小心）。arriveAndDeregister() 方法用于告知分段器当前阶段已经完成，而且并不想在分段器中继续等待（通常是因为已经完成了任务）。最后，awaitAdvance() 方法可用于等待当前阶段结束。

通过使用 onAdvance() 方法，可以控制阶段变化，并且在所有任务都完成当前阶段且准备开始新阶段时执行代码。该方法在两个阶段执行的间隙被调用，并且接收阶段的编号和参与者在分段器中的编号作为参数。你可以扩展 Phaser 类，并且重载该方法以在两个阶段之间执行代码。

分段器可以处于活动和终止两种状态。同步任务时进入活动状态；完成自己的工作时进入终止状态。所有参与方调用 arriveAndDeregister() 方法时或者 onAdvance() 方法返回 true 值（默认情况下，总是返回 false）时，分段器将进入终止状态。当 Phaser 类处于终止状态时，它不再接收新的参与方，而且同步方法将立即返回。

使用 Phaser 类实现了两个算法：关键字抽取算法和遗传算法。在这两个例子中，与算法的串行版本相比，并发版本在吞吐量上有了重要的增长。

下一章将介绍如何使用另一个 Java 并发框架解决特殊类型的问题。这就是 Fork/Join 框架，用于以并发方式执行那些可以采用分治算法进行求解的问题。它基于一个采用了特殊工作窃取算法的执行器，这种算法能够使执行器的性能最大化。

第 7 章

优化分治解决方案：Fork/Join 框架

第3~5章介绍了如何使用执行器这种机制来改进执行大量并发任务的并发应用程序的性能。Java 7 并发 API 通过 Fork/Join 框架引入了一种特殊的执行器。该框架的设计目的是针对那些可以使用分治设计范式来解决的问题，实现最优的并发解决方案。本章将介绍以下主题。

- ❑ Fork/Join 框架简介。
- ❑ 第一个例子：k-means 聚类算法。
- ❑ 第二个例子：数据筛选算法。
- ❑ 第三个例子：归并排序算法。

7.1 Fork/Join 框架简介

执行器框架是在 Java 5 中引入的，它提供了一种执行并发任务的机制，而无须创建、启动和结束线程。该框架采用了一个线程池，该线程池可以执行你发送给执行器的任务，并且针对多个任务重用这些线程。这种机制为程序设计人员提供了如下便利。

- ❑ 并发应用程序的编程更加简单，因为不再需要担心线程的创建。
- ❑ 控制执行器和应用程序所使用的资源更加简单。你可以创建一个仅使用预定数目线程的执行器。如果发送较多的任务，则执行器会将它们先存放在一个队列中，直到有线程可用为止。
- ❑ 执行器通过重用线程缩减了创建线程所引入的开销。从内部来看，它管理了一个线程池，重用线程来执行多个任务。

分治算法是一种非常流行的设计方法。为了采用这种方法解决问题，要将问题划分为较小的问题。可以采用递归方式重复该过程，直到需要解决的问题变得很小，可以直接解决。必须很小心地选择可直接解决的基本用例，问题规模选择不当会导致糟糕的性能。这种问题可以使用执行器解决，但是为了更高效地解决问题，Java 7 并发 API 引入了 Fork/Join 框架。

该框架基于 `ForkJoinPool` 类，该类是一种特殊的执行器，具有 `fork()` 方法和 `join()` 方法两个操作（以及它们的不同变体），以及一个被称作**工作窃取**算法的内部算法。本章将通过实现下述三个例子，介绍 Fork/Join 框架的基本特征、局限性和组件。

❑ 用于对文档集进行聚类的 k-means 聚类算法。

❑ 一个获取满足特定标准的数据的数据筛选算法。

❑ 以高效方式对大型数据分组进行排序的归并排序算法。

7.1.1　Fork/Join 框架的基本特征

如前所述，Fork/Join 框架必须用于解决基于分治方法的问题。必须将原始问题划分为较小的问题，直到问题很小，可以直接解决。有了这个框架，待实现任务的主方法便如下所示：

```
if ( problem.size() > DEFAULT_SIZE) {
  divideTasks();
  executeTask();
  taskResults=joinTasksResult();
  return taskResults;
} else {
  taskResults=solveBasicProblem();
  return taskResults;
}
```

该方法最大的好处是可以高效分割和执行子任务，并且获取子任务的结果以计算父任务的结果。该功能由 ForkJoinTask 类提供的如下两个方法支持。

❑ **fork()方法**：该方法可以将一个子任务发送给 Fork/Join 执行器。

❑ **join()方法**：该方法可以等待一个子任务执行结束后返回其结果。

你将在下文的例子中看到，这些方法都有不同的变体。Fork/Join 框架还有另一个关键特性，即工作窃取算法。该算法确定要执行的任务。当一个任务使用 join()方法等待某个子任务结束时，执行该任务的线程将会从任务池中选取另一个等待执行的任务并且开始执行。通过这种方式，Fork/Join 执行器的线程总是通过改进应用程序的性能来执行任务。

Java 8 在 Fork/Join 框架中提供了一种新特性。现在，每个 Java 应用程序都有一个默认的 ForkJoinPool，称作公用池。可以通过调用静态方法 ForkJoinPool.commonPool()获得这样的公用池，而不需要采用显式方法创建（尽管可以这样做）。这种默认的 Fork/Join 执行器会自动使用由计算机的可用处理器确定的线程数。可以通过更改系统属性值（java.util.concurrent.ForkJoinPool.common.parallelism）来修改这一默认行为。

Java API 的有些功能可使用 Fork/Join 框架来实现并发操作。例如，Arrays 类中的 parallelSort()方法（可以以并行方式进行数组排序）以及 Java 8 中引入的并行流（将在第 8 章和第 9 章中介绍）都用到了该框架。

7.1.2　Fork/Join 框架的局限性

尽管 Fork/Join 框架可以用于解决一些特定类型的问题，但是解决问题时必须要考虑到它的局限性，主要有如下几个方面。

❑ 不再进行细分的基本问题的规模既不能过大也不能过小。按照 Java API 文档的说明，该基本问题的规模应该介于 100 到 10 000 个基本计算步骤之间。

❑ 数据可用前，不应使用阻塞型 I/O 操作，例如读取用户输入或者来自网络套接字的数据。这样的操作将导致 CPU 核资源空闲，降低并行处理等级，进而使性能无法达到最佳。

❑ 不能在任务内部抛出校验异常，必须编写代码来处理异常（例如，陷入未经校验的 `RuntimeException`）。在后面的例子中你将看到，对于未校验异常有一种特殊的处理方式。

7.1.3　Fork/Join 框架的组件

Fork/Join 框架包括四个基本类。

❑ **ForkJoinPool** 类：该类实现了 `Executor` 接口和 `ExecutorService` 接口，而执行 Fork/Join 任务时将用到 `Executor` 接口。Java 提供了一个默认的 `ForkJoinPool` 对象（称作**公用池**），但是如果需要，你还可以创建一些构造函数。你可以指定并行处理的等级（运行并行线程的最大数目）。默认情况下，它将可用处理器的数目作为并发处理等级。

❑ **ForkJoinTask** 类：这是所有 Fork/Join 任务的基本抽象类。该类是一个抽象类，提供了 `fork()` 方法和 `join()` 方法，以及这些方法的一些变体。该类还实现了 `Future` 接口，提供了一些方法来判断任务是否以正常方式结束，它是否被撤销，或者是否抛出了一个未校验异常。`RecursiveTask` 类、`RecursiveAction` 类和 `CountedCompleter` 类提供了 `compute()` 抽象方法。为了执行实际的计算任务，该方法应该在子类中实现。

❑ **RecursiveTask** 类：该类扩展了 `ForkJoinTask` 类。`RecursiveTask` 也是一个抽象类，而且应该作为实现返回结果的 Fork/Join 任务的起点。

❑ **RecursiveAction** 类：该类扩展了 `ForkJoinTask` 类。`RecursiveAction` 类也是一个抽象类，而且应该作为实现不返回结果的 Fork/Join 任务的起点。

❑ **CountedCompleter** 类：该类扩展了 `ForkJoinTask` 类。该类应作为实现任务完成时触发另一任务的起点。

7.2　第一个例子：k-means 聚类算法

k-means 聚类算法将预先未分类的项集分组到预定的 K 个簇。它在数据挖掘和机器学习领域非常流行，并且在这些领域中用于以无监督方式组织和分类数据。

每一项通常都由一个特征（或者说属性）向量（这里使用向量是作为一个数学概念而非数据结构）定义。所有项都有相同数目的属性。每个簇也由一个含有同样属性数目的向量定义，这些属性描述了所有可分类到该簇的项。该向量叫作 `centroid`。例如，如果这些项是用数值型向量定义的，那么簇就定义为划分到该簇的各项的平均值。

该算法基本上可以分为四个步骤。

❑ **初始化**：在第一步中，要创建最初代表 K 个簇的向量，通常，你可以随机初始化这些向量。

❑ **指派**：然后，你可以将每一项划分到一个簇中。为了选择该簇，可以计算项和每个簇之间的距离。可以使用**欧氏距离**作为距离度量方式，计算代表项的向量和代表簇的向量之间的距离。之后，你可以将该项分配到与其距离最短的簇中。

❑ **更新**：一旦对所有项进行分类之后，必须重新计算定义每个簇的向量。如前所述，通常要计算划分到该簇所有项的向量的平均值。

❑ **结束**：最后，检查是否有些项改变了为其指派的簇。如果存在变化，需要再次转入指派步骤。否则算法结束，所有项都已分类完毕。

该算法有如下两个主要局限。

❑ 如前所述，如果随机初始化最初的簇向量，那么对同一项集执行两次分类的结果是不同的。

❑ 簇的数目是预先定义好的。从分类的视角来看，如果属性选择得不好将会导致糟糕的结果。

尽管如此，在对不同类型的项做聚类分析时该算法仍然广受欢迎。为了测试我们的算法，需要实现一个应用程序来对某个文档集进行聚类。就文档集而言，第 5 章已经介绍了有关电影信息的维基百科网页集，本章使用的是该网页集的缩减版，仅从中选取了 1000 个文档。为了表示每个文档，必须使用向量空间模型表示。在这种表示方法中，每个文档都可以用数值型向量表示，向量的每个维度都代表一个单词或者一个术语，而向量的取值则是一个指标，它定义了该单词或术语在该文档中的重要程度。

使用向量空间模型表示一个文档集时，向量维度的数量和整个文档集中不同单词的数量相同，这样向量中就会有大量为 0 的值，因为每个文档都不会包含所有单词。你可以使用一种在内存中更优的表示方式来避免表示所有的 0 值，从而节省内存并提升应用程序的性能。

在我们的例子中，选择了**术语频次-逆文档频次**（TF-IDF）作为定义每个单词重要性的指标，而且将具有最高 TF-IDF 值的 50 个词作为代表每个文档的术语。

我们使用两个文件：movies.words 文件和 movie.data 文件。movies.words 文件中存放了向量中用到的所有单词，movie.data 中存放了每个文档的表示。movies.data 文件的格式如下。

```
10000202,rabona:23.039285705435507,1979:8.09314752937111,argentina:7.953798
614698405,la:5.440565539075689,argentine:4.058577338363469,editor:3.0401515
284855267,spanish:2.9692083275217134,image_size:1.3701158713905104,narrator
:1.1799670194306195,budget:0.286193223652206,starring:0.25519156764102785,c
ast:0.2540127604060545,writer:0.23904044207902764,distributor:0.20430284744
786784,cinematography:0.182583823735518,music:0.1675671228903468,caption:0.
14545085918028047,runtime:0.127767002869991,country:0.12493801913495534,pro
ducer:0.12321749670640451,director:0.11592975672109682,links:0.079255823038
12376,image:0.07786973207561361,external:0.07764427108746134,released:0.074
47174080087617,name:0.07214163435745059,infobox:0.06151153983466272,film:0.
035415118094854446
```

其中，`10000202` 是文档的标识符，而文件其余的部分都按照"单词：tfxidf 值"的格式排列。

与其他例子一样，我们将实现串行版和并发版，并且执行两个版本以验证 Fork/Join 框架为该算法带来的性能提升。

7.2.1 公共类

串行版和并发版有一些共同特征，如下所示。

❑ `VocabularyLoader` 类：这个类用于加载文档集中构成词汇表的单词列表。

❑ `Word` 类、`Document` 类和 `DocumentLoader` 类：这三个类用于加载有关文档的信息。在串行版和并行版算法中，这些类几乎没有差别。

❑ DistanceMeasure 类：该类用于计算两个向量之间的**欧氏距离**。

❑ DocumentCluster 类：该类用于存储有关簇的信息。

下面详细说明一下这些类。

1. VocabularyLoader 类

如前所述，数据存放在两个文件中。其中一个是 movies.words 文件。该文件存放的列表含有文档中用到的所有词。VocabularyLoader 类会将该文件转换成 HashMap。该 HashMap 的键是整个单词，而其值为一个代表单词在列表中索引位置的整数值。我们使用该索引来判定单词在表示文档的向量空间模型中的位置。

该类只有一个方法，即 load()，该方法接收文件路径为参数，并且返回该 HashMap。

```java
public class VocabularyLoader {

    public static Map<String, Integer> load (Path path) throws
                                            IOException {
        int index=0;
        HashMap<String, Integer> vocIndex=new HashMap<String,
                                            Integer>();
        try(BufferedReader reader = Files.newBufferedReader(path)){
            String line = null;
            while ((line = reader.readLine()) != null) {
                vocIndex.put(line,index );
                index++;
            }
        }
        return vocIndex;

    }
}
```

2. Word 类、Document 类和 DocumentLoader 类

这些类存储了将在算法中用到的文档的所有信息。首先，Word 类存放了一个文档中某个单词的信息，这包括该单词的索引及其在文档中的 TF-IDF 值。该类仅包括这些属性（分别是 int 型和 double 型），并且实现了 Comparable 接口来根据两个单词的 TF-IDF 值对它们进行排序。这里不再介绍该类的源代码。

Document 类存放了有关文档的所有信息。首先，该类有一个存放文档中单词的 Word 对象数组，它是向量空间模型的表示形式。为了节省内存空间，我们仅存储文档中用到的单词。然后，该类还有一个 String 变量，用于表示存放文档的文件名。最后，该类还有一个 DocumentCluster 对象，用于表示与该文档相关的簇。该类还包括一个构造函数，用于初始化这些属性和方法以获取和设置其取值。我们仅给出 setCluster() 方法的代码。在本例中，该方法将返回一个布尔值，这个值表明属性的新值是与旧值相同，还是一个新值。我们将用该值判定是否应该停止算法。

```java
public boolean setCluster(DocumentCluster cluster) {
    if (this.cluster == cluster) {
        return false;
    } else {
```

```
    this.cluster = cluster;
    return true;
  }
}
```

最后，`DocumentLoader` 类用于加载有关文档的信息。它含有一个静态方法 `load()`，该方法接收文件路径和存放词汇表的 `HashMap` 作为参数，返回一个 `Document` 对象的数组。该方法逐行加载文件，并且将每一行都转换成为一个 `Document` 对象。代码如下：

```
public static Document[] load(Path path, Map<String, Integer>
                                vocIndex) throws IOException{
  List<Document> list = new ArrayList<Document>();
  try(BufferedReader reader = Files.newBufferedReader(path)) {
    String line = null;
    while ((line = reader.readLine()) != null) {
      Document item = processItem(line, vocIndex);
      list.add(item);
    }
  }
  Document[] ret = new Document[list.size()];
  return list.toArray(ret);

}
```

为了将文本文件的某一行转换成一个 `Document` 对象，可以使用 `processItem()` 方法。

```
private static Document processItem(String line,Map<String,
                                Integer> vocIndex) {

  String[] tokens = line.split(",");
  int size = tokens.length - 1;

  Document document = new Document(tokens[0], size);
  Word[] data = document.getData();

  for (int i = 1; i < tokens.length; i++) {
    String[] wordInfo = tokens[i].split(":");
    Word word = new Word();
    word.setIndex(vocIndex.get(wordInfo[0]));
    word.setTfidf(Double.parseDouble(wordInfo[1]));
    data[i - 1] = word;
  }
  Arrays.sort(data);
  return document;
}
```

如前所述，一行中的第一项是文档的标识符。从 `tokens[0]` 中获取该标识符并且将其传送给 `Document` 类的构造函数。然后，对于 `tokens` 字符串数组中剩下的值，将其再次分割，进而获得每个单词的信息，包括整个单词及其 TF-IDF 值。

3. `DistanceMeasurer` 类

该类计算文档与簇（用向量表示）之间的欧氏距离。经过排序之后，单词数组中的单词将以与质心数组同样的顺序存放，但是会缺少其中一些单词。对于缺少的这些单词，假设其 TF-IDF 值为 0，这样其距离就是质心数组中对应值的平方。

```
public class DistanceMeasurer {

  public static double euclideanDistance(Word[] words, double[]
                                         centroid) {
    double distance = 0;

    int wordIndex = 0;
    for (int i = 0; i < centroid.length; i++) {
      if ((wordIndex < words.length) (words[wordIndex].getIndex()
                                      == i)) {
        distance += Math.pow( (words[wordIndex].getTfidf() -
                              centroid[i]), 2);
        wordIndex++;
      } else {
        distance += centroid[i] * centroid[i];
      }
    }

    return Math.sqrt(distance);
  }
}
```

4. DocumentCluster 类

该类存放算法生成的每个簇的相关信息。这些信息包括与该簇相关联的所有文档构成的列表，以及代表簇的向量的质心。在本例中，该向量的维度数目与词汇表中单词的数目相同。该类含有两个属性，一个对这两个属性进行初始化的构造函数，以及获取和设置这两个属性值的方法。该类还有两个非常重要的方法，第一个是 calculateCentroid() 方法，该方法计算簇的质心作为向量的平均值，而这些向量代表所有与该簇相关的文档。代码如下：

```
public void calculateCentroid() {

  Arrays.fill(centroid, 0);

  for (Document document : documents) {
    Word vector[] = document.getData();

    for (Word word : vector) {
      centroid[word.getIndex()] += word.getTfidf();
    }
  }

  for (int i = 0; i < centroid.length; i++) {
    centroid[i] /= documents.size();
  }
}
```

第二个方法是 initialize() 方法，该方法接收一个 Random 对象作为参数，并且采用随机数来初始化簇向量的质心。如下所示：

```
public void initialize(Random random) {
  for (int i = 0; i < centroid.length; i++) {
    centroid[i] = random.nextDouble();
  }
}
```

7.2.2 串行版本

既然已经讲述了应用程序的公共特性，下面看看如何实现 k-means 聚类算法的串行版本。我们将用到两个类：用于实现算法的 SerialKMeans 类，以及实现 main() 方法来执行算法的 SerialMain 类。

1. SerialKMeans 类

SerialKMeans 类实现了 k-means 聚类算法的串行版本。该类的主要方法是 calculate() 方法，它接收如下参数。

❑ Document 对象数组，它存放了有关文档的信息。

❑ 要生成的簇的数目。

❑ 词汇表的大小。

❑ 用于随机数生成器的"种子"。

该方法返回一个 DocumentCluster 对象数组。每个簇都有一个与其相关的文档列表。首先，文档可以创建一个由 clusterCount 参数确定的簇的数组，并且使用 initialize() 方法和 Random 对象对其初始化，如下所示：

```
public class SerialKMeans {

  public static DocumentCluster[] calculate(Document[] documents,
                     int clusterCount, int vocSize, int seed) {
  DocumentCluster[] clusters = new DocumentCluster[clusterCount];

  Random random = new Random(seed);
  for (int i = 0; i < clusterCount; i++) {

  clusters[i] = new DocumentCluster(vocSize);
  clusters[i].initialize(random);
}
```

然后，重复指派和更新阶段，直到所有文档对应的簇都不再变化为止。最后，返回描述了文档最终组织情况的簇数组，如下述代码所示：

```
boolean change = true;

int numSteps = 0;
while (change) {
  change = assignment(clusters, documents);
  update(clusters);
  numSteps++;
}
System.out.println("Number of steps: "+numSteps);
return clusters;
}
```

指派阶段的工作在 assignment() 方法中实现。该方法接收 Document 对象数组和 Document-Cluster 对象数组作为参数。对于每个文档，该方法都计算其与所有簇之间的欧氏距离，并且将该文档指派到距离最短的簇。该方法返回一个布尔值，该值表明从当前位置到下一位置是否有一个或多个文档改变了为其指派的簇。如以下代码所示：

```
private static boolean assignment(DocumentCluster[] clusters, Document[]
documents) {

    boolean change = false;

    for (DocumentCluster cluster : clusters) {
        cluster.clearClusters();
    }

    int numChanges = 0;
    for (Document document : documents) {
        double distance = Double.MAX_VALUE;
        DocumentCluster selectedCluster = null;
        for (DocumentCluster cluster : clusters) {
            double curDistance = DistanceMeasurer.euclideanDistance
                            (document.getData(), cluster.getCentroid());
            if (curDistance < distance) {
                distance = curDistance;
                selectedCluster = cluster;
            }
        }
        selectedCluster.addDocument(document);
        boolean result = document.setCluster(selectedCluster);
        if (result)
            numChanges++;
        }
        System.out.println("Number of Changes: " + numChanges);
        return numChanges > 0;
    }
```

更新阶段在 update() 方法中实现。该方法接收带有簇信息的 DocumentCluster 对象数组作为参数，并且直接重新计算每个簇的质心。

```
private static void update(DocumentCluster[] clusters) {
    for (DocumentCluster cluster : clusters) {
        cluster.calculateCentroid();
    }
}
```

2. SerialMain 类

SerialMain 类中含有 main() 方法，可以启动对 k-means 算法的测试。首先，它从文件加载数据（单词和文档）。

```
public class SerialMain {

    public static void main(String[] args) {
        Path pathVoc = Paths.get("data", "movies.words");
```

```
Map<String, Integer> vocIndex=VocabularyLoader.load(pathVoc);
System.out.println("Voc Size: "+vocIndex.size());

Path pathDocs = Paths.get("data", "movies.data");
Document[] documents = DocumentLoader.load(pathDocs,
                                           vocIndex);
System.out.println("Document Size: "+documents.length);
```

然后，它初始化要生成的簇数以及随机数生成器的"种子"。如果它们并未作为 main() 方法的参数进行传递，可以使用如下的默认值。

```
if (args.length != 2) {
  System.err.println("Please specify K and SEED");
  return;
  }
  int K = Integer.valueOf(args[0]);
  int SEED = Integer.valueOf(args[1]);
}
```

最后，启动算法，度量其执行时间，并且输出为每个簇分配的文档数。

```
Date start, end;
start=new Date();
DocumentCluster[] clusters = SerialKMeans.calculate(documents,
                                   K ,vocIndex.size(), SEED);
end=new Date();
System.out.println("K: "+K+"; SEED: "+SEED);
System.out.println("Execution Time: "+(end.getTime()-
                    start.getTime()));
System.out.println(Arrays.stream(clusters)
                          .map (DocumentCluster::getDocumentCount)
                          .sorted (Comparator.reverseOrder())
    .map(Object::toString)
    .collect( Collectors.joining(", ", "Cluster sizes: ", "")));
  }
}
```

7.2.3 并发版本

为实现该算法的并发版本，我们运用了 Fork/Join 框架。我们已经基于 RecursiveAction 类实现了两种任务。如前所述，当希望使用 Fork/Join 框架处理不返回结果的任务时，可以使用 RecursiveAction 任务。将指派阶段和更新阶段的工作作为在 Fork/Join 框架中执行的任务来实现。

为实现 k-means 算法的并发版本，将修改一些公共类以便使用并发数据结构。然后，要实现两个任务。最后，还将实现 ConcurrentKMeans 类和 ConcurrentMain 类。其中，ConcurrentKMeans 类实现了算法的并发版本，而 ConcurrentMain 类用于测试算法的并发版本。

1. 面向 Fork/Join 框架的两个任务：AssignmentTask 和 UpdateTask

如前所述，将指派阶段和更新阶段作为在 Fork/Join 框架中执行的任务实现。

指派阶段指派一个文档至与该文档欧氏距离最短的簇。这样就必须要处理所有文档并且计算所有文档和所有簇之间的欧氏距离。我们将使用一个任务中的文档数作为指标，以便决定是否必须将该任务分割。从要处理所有文档的任务开始分割，直到任务要处理的文档数低于预定规模为止。

AssignmentTask 类有以下几个属性。

- ❑ 含有有关簇数据的 ConcurrentDocumentCluster 对象数组。
- ❑ 含有有关文档数据的 ConcurrentDocument 对象数组。
- ❑ 两个整型属性 start 和 end，它们决定了任务要处理的文档数。
- ❑ AtomicInteger 属性 numChanges，它存放的是从上一轮执行到当前执行的过程中改变了为其指派的簇的文档数。
- ❑ 整型属性 maxSize，它存放的是一个任务所能处理的最大文档数。

我们实现了一个构造函数来初始化所有属性，以及用于获取和设置这些属性值的方法。

这些任务（对每个任务都是如此）的主方法是 compute()方法。首先，检查任务必须处理的文档数。如果该值小于或等于 maxSize 属性的值，那么处理这些文档。计算每个文档和所有簇之间的欧氏距离，并且为文档选择距离最短的簇。如果必要，可以使用 incrementAndGet()方法增加 numChanges 原子变量的值。该原子变量可以同时由多个线程更新且无须同步机制，而且不会导致任何内存不一致问题。相关代码如下：

```
protected void compute() {
  if (end - start <= maxSize) {
    for (int i = start; i < end; i++) {
      ConcurrentDocument document = documents[i];
      double distance = Double.MAX_VALUE;
      ConcurrentDocumentCluster selectedCluster = null;
      for (ConcurrentDocumentCluster cluster : clusters) {
        double curDistance = DistanceMeasurer.euclideanDistance
                          (document.getData(), cluster.getCentroid());
        if (curDistance < distance) {
          distance = curDistance;
          selectedCluster = cluster;
        }
      }
      selectedCluster.addDocument(document);
      boolean result = document.setCluster(selectedCluster);
      if (result) {
        numChanges.incrementAndGet();
      }
    }

  }
```

如果该任务要处理的文档数量太多，那么将该集合分割成两个部分，并且创建两个新的任务来分别处理这两个部分，如下所示：

```
  } else {
    int mid = (start + end) / 2;
    AssignmentTask task1 = new AssignmentTask(clusters, documents,
                              start, mid, numChanges, maxSize);
    AssignmentTask task2 = new AssignmentTask(clusters, documents,
                              mid, end, numChanges, maxSize);

    invokeAll(task1, task2);
  }
}
```

为了在 Fork/Join 池中执行上述任务，使用了 `invokeAll()` 方法。该方法在任务结束其执行后返回。

更新阶段重新计算每个簇的质心作为该簇中所有文档的平均值。如此便必须处理所有簇。我们将使用一个任务要处理的簇数作为指标来控制是否要对任务进行分割。从一个需要处理所有簇的任务开始，对其进行分割，直到任务要处理的簇比预定规模小为止。

`UpdateTask` 类有如下属性。

❑ 含有有关簇数据的 `ConcurrentDocumentCluster` 对象数组。

❑ 两个整型属性 `start` 和 `end`，它们确定了任务要处理的簇数。

❑ 整型属性 `maxSize`，存储了一个任务可处理的最大簇数。

我们实现了一个初始化上述属性的构造函数，以及用于获取和设置这些属性值的方法。

`compute()` 方法首先检查任务要处理的簇数。如果该数值小于或者等于 `maxSize` 属性的值，则该方法将处理这些簇并且更新其质心。

```
@Override
protected void compute() {
  if (end - start <= maxSize) {
    for (int i = start; i < end; i++) {
      ConcurrentDocumentCluster cluster = clusters[i];
      cluster.calculateCentroid();
    }
```

如果任务要处理的簇数量太大，那么将任务要处理的簇集合划分成两个部分，并且创建两个任务来分别处理每一半集合，如下所示：

```
  } else {
    int mid = (start + end) / 2;
    UpdateTask task1 = new UpdateTask(clusters, start, mid,
                                      maxSize);
    UpdateTask task2 = new UpdateTask(clusters, mid, end,
                                      maxSize);
    invokeAll(task1, task2);
  }
}
```

2. ConcurrentKMeans 类

`ConcurrentKMeans` 类实现了 k-means 聚类算法的并发版本。和串行版本一样，该类的主方法是 `calculate()` 方法。该方法接收如下参数。

❑ 存放有关文档信息的 `ConcurrentDocument` 对象数组。

❑ 想要生成的簇的数目。

❑ 词汇表的大小。

❑ 用于随机数生成器的"种子"。

❑ 在不将 Fork/Join 任务分割成其他任务的前提下，该任务所要处理的最大项数。

`calculate()` 方法返回一个存放簇信息的 `ConcurrentDocumentCluster` 对象数组。每个簇都有与之相关的文档列表。首先，基于文档创建由 `numberClusters` 参数指定数目的簇数组，并且使用 `initialize()` 方法和一个 `Random` 对象来初始化这些簇。

```
public class ConcurrentKMeans {

  public static ConcurrentDocumentCluster[] calculate
              (ConcurrentDocument[] documents int numberCluster
               int vocSize, int seed, int maxSize) {
    ConcurrentDocumentCluster[] clusters = new
                      ConcurrentDocumentCluster[numberClusters];

    Random random = new Random(seed);
    for (int i = 0; i < numberClusters; i++) {
      clusters[i] = new ConcurrentDocumentCluster(vocSize);
      clusters[i].initialize(random);
    }
```

然后，重复指派阶段和更新阶段，直到所有文档所属的簇都不再改变为止。在进入循环之前，创建 ForkJoinPool 对象来执行该任务及其所有子任务。一旦循环完成，与其他 Executor 对象一样，必须对 Fork/Join 池使用 shutdown() 方法以结束其执行。最后，返回含有文档最终组织结果的簇数组。

```
    boolean change = true;
    ForkJoinPool pool = new ForkJoinPool();

    int numSteps = 0;
    while (change) {
      change = assignment(clusters, documents, maxSize, pool);
      update(clusters, maxSize, pool);
      numSteps++;
    }
    pool.shutdown();
    System.out.println("Number of steps: "+numSteps);
    return clusters;
  }
```

指派阶段在 assignment() 方法中实现。该方法接收簇数组、文档数组和 maxSize 属性作为参数。首先，删除所有簇的关联文档列表。

```
  private static boolean assignment(ConcurrentDocumentCluster[]
                      clusters, ConcurrentDocument[] documents,
                      int maxSize, ForkJoinPool pool) {

    boolean change = false;

    for (ConcurrentDocumentCluster cluster : clusters) {
      cluster.clearDocuments();
    }
```

然后，初始化必要的对象：用于存放已指派簇发生变化的文档数的 AtomicInteger 对象，以及用于启动处理过程的 AssignmentTask 对象。AtomicInteger 类支持原子操作。也就是说，其他线程无法通过中间状态查看该操作。对于剩余线程来说，该操作可执行也可不执行。这两个对象还在 set() 操作和随后的 get() 操作之间建立了 happens-before 关系。使用 AtomicInteger 对象确保所有线程都可以以线程安全的方式更新其值。

```
  AtomicInteger numChanges = new AtomicInteger(0);
  AssignmentTask task = new AssignmentTask(clusters, documents, 0,
                    documents.length, numChanges, maxSize);
  ForkJoinPool pool = new ForkJoinPool();
```

然后,使用 ForkJoinPool 的 execute() 方法以异步方式执行池中的任务,并且使用 AssignmentTask 对象的 join() 方法等待其结束,如下所示:

```
pool.execute(task);
task.join();
```

最后,检查已改变指派簇的文档数。如果存在发生改变的文档,将返回 true 值,否则返回 false 值。该代码如下所示:

```
    System.out.println("Number of Changes: " + numChanges);
    return numChanges.get() > 0;
}
```

更新阶段在 update() 方法中实现。该方法接收簇数组和 maxSize 作为参数。首先,创建一个 UpdateTask 对象来更新所有簇。然后,执行 ForkJoinPool 对象(该方法作为参数接收)中的任务,如下所示:

```
private static void update(ConcurrentDocumentCluster[] clusters,
                           int maxSize, ForkJoinPool pool) {
    UpdateTask task = new UpdateTask(clusters, 0, clusters.length,
                                     maxSize, ForkJoinPool pool);
    pool.execute(task);
    task.join();
}
```

3. ConcurrentMain 类

ConcurrentMain 类中含有 main() 方法,可启动对 k-means 算法的测试。它的代码与 SerialMain 类相当,只是将串行类改写为了并发类。

7.2.4 对比解决方案

为了对比两种解决方案,我们更改三个参数的取值并多次执行试验。

❑ 参数 K 确定了要生成的簇数。将其值分别设置为 5、10、15 和 20 来测试算法。

❑ 随机数生成器的"种子"。该"种子"确定了初始质心的位置。将其设置为 1 和 13 来测试算法。

❑ 对于并发算法来说,maxSize 参数确定了一个任务在不分割的前提下所能处理的最大项(文档或者簇)数。将其设置为 1、20 和 400 来测试算法。

采用 JMH 框架执行这些示例,可以在 Java 中实现微型基准测试。使用面向基准测试的框架是比较好的解决方案,它直接用 currentTimeMillis() 方法或者 nanoTime() 方法度量时间。在两种不同的架构上分别执行这些示例 10 次。

❑ 一台计算机配置了 Intel Core i5-5300 处理器、Windows 7 操作系统和 16GB 的 RAM。该处理器有两个核,且每个核可以执行两个线程,这样就有四个并行线程。

❑ 另一台计算机配置了 AMD A8-640 处理器、Windows 10 操作系统和 8GB 的 RAM。该处理器有四个核。

下面是得到的执行时间(单位:毫秒)。首先,给出在 AMD 架构上得到的结果。

AMD 架构					
		串行版	并发版		
K	种子		maxSize=1	maxSize=20	maxSize=400
5	1	8647.129	4919.924	3795.23	3754.424
10	1	9419.145	3665.896	3474.182	3456.362
15	1	16 324.931	6320.174	5477.755	5543.474
20	1	25 707.589	8360.485	9280.459	8362.34
5	13	5122.681	2754.947	2262.426	2254.837
10	13	12 629.098	4919.314	4593.705	4579.875
15	13	16 261.68	6838.753	5606.074	5474.2
20	13	23 626.983	7605.616	8114.582	6694.77

下面是在 Intel 架构上得到的结果。

Intel 架构					
		串行版	并发版		
K	种子		maxSize=1	maxSize=20	maxSize=400
5	1	4049.579	5112.728	4111.275	4141.222
10	1	4290.91	4617.793	3966.848	3957.214
15	1	7155.934	4211.487	6358.552	6493.285
20	1	11 444.903	10 405.531	5949.083	10 009.849
5	13	2437.533	2893.485	2444.874	2489.087
10	13	5702.272	5637.996	5165.333	5206.648
15	13	7110.732	4115.091	6348.288	6445.648
20	13	10 495.405	9509.217	5995.638	5371.75

可以得出下述结论。

- "种子"对于执行时间有着重要且不可预测的影响。有时使用"种子"13 的执行时间会低一些，但有时使用"种子"1 的执行时间会低一些。
- 增加簇的数目时，执行时间也会增加。
- maxSize 参数对于执行时间的影响不大。参数 K 或者"种子"对于执行时间的影响较大。如果增大了 maxSize 参数的值，将会获得更好的性能。1 和 20 之间的差别比 20 和 400 之间的差别更大。
- 在所有情况下，算法的并发版本的性能都比串行版本更好。只有在 Intel 架构上，当簇的数目较少时，串行版的结果才会比并发版更好。

例如，如果用加速比来比较参数为 K=20 且 seed=13 的串行算法和参数为 K=20、seed=13 且 maxSize=400 的并行算法的执行速度，就会得到下面的结果。

$$S_{AMD} = \frac{T_{serial}}{T_{concurrent}} = \frac{23\ 626.983}{6694.77} = 3.529$$

$$S_{Intel} = \frac{T_{serial}}{T_{concurrent}} = \frac{10\ 495.405}{5371.75} = 1.95$$

7.3　第二个例子：数据筛选算法

假设有大量描述某个项列表的数据。例如，假设有关于很多人的很多属性（姓名、姓氏、地址、电话号码等）。通常需要获得满足特定标准的数据。例如，想要获得在某一街道居住的人或者叫某个特定名字的人。

本节，你将实现这样一个筛选程序。我们采用了来自 UCI 的 Census-Income KDD 数据集，该数据集包含了 1994 年到 1995 年从美国人口普查局的人口普查结果中抽取的加权人口普查数据。

在本例的并发版本中，你将学会如何撤销在 Fork/Join 池中运行的任务，以及如何管理在任务中抛出的未校验异常。

7.3.1　公共特性

我们实现了一些类来读取文件数据并且进行筛选。这些类在算法的串行版本和并发版本中都会用到，具体如下。

- ❑ **CensusData** 类：该类存储了 39 个用于定义人员的属性。该类定义了这些属性以及获取和设置这些属性值的方法。我们将通过编号标识每个属性。该类的 evaluateFilter() 方法包含了属性名称与属性编号之间的关系。
- ❑ **CensusDataLoader** 类：该类从一个文件中加载人口普查数据。该类有一个 load() 方法，该方法将文件的路径作为输入参数，返回一个含有文件中所有人员信息的 CensusData 数组。
- ❑ **FilterData** 类：该类定义了一个数据筛选器。筛选器包括一个属性的编号和该属性的值。
- ❑ **Filter** 类：该类实现了一些方法来判定一个 CensusData 对象是否满足一个筛选器列表所设定的条件。

这里不再介绍这些类的源代码，它们都非常简单，你可以查看本例源代码的详情。

7.3.2　串行版

我们在两个类中实现了筛选算法的串行版本。SerialSearch 类进行数据的筛选，该类提供了两个方法。

- ❑ **findAny()** 方法：该方法接收 CensusData 对象数组作为参数，其中有来自文件的数据和一个筛选器列表，而且该方法返回一个 CensusData 对象，其中含有第一个满足筛选器规定标准的人员。
- ❑ **findAll()** 方法：该方法接收 CensusData 对象数组作为参数，其中有来自文件的数据和一个筛选器列表，而且该方法返回一个 CensusData 对象数组，其中含有所有满足筛选器规定标准的人员。

SerialMain 类实现了该版本程序的 main() 方法，并且进行程序测试，测量了该算法一些情况下的执行时间。

1. SerialSearch 类

如前所述，该类实现了数据筛选功能。它提供了两个方法，第一个是 findAny() 方法，用于查找满足筛选器条件的第一个数据对象。该方法找到第一个数据对象时，其执行完成。相关代码如下：

```
public class SerialSearch {

  public static CensusData findAny (CensusData[] data, List<FilterData>
                                    filters) {
    int index=0;
    for (CensusData censusData : data) {
      if (Filter.filter(censusData, filters)) {
        System.out.println("Found: "+index);
        return censusData;
      }
      index++;
    }

    return null;
  }
```

第二个是 findAll() 方法，该方法返回一个 CensusData 对象数组，其中含有满足筛选标准的所有对象，具体如下：

```
  public static List<CensusData> findAll (CensusData[] data,
                                          List<FilterData> filters) {
    List<CensusData> results=new ArrayList<CensusData>();

    for (CensusData censusData : data) {
      if (Filter.filter(censusData, filters)) {
        results.add(censusData);
      }
    }
    return results;
  }
}
```

2. SerialMain 类

你将在不同情况下使用该类测试筛选算法。首先，从文件加载数据，如下所示：

```
public class SerialMain {
  public static void main(String[] args) {
    Path path = Paths.get("data","census-income.data");

    CensusData data[]=CensusDataLoader.load(path);
    System.out.println("Number of items: "+data.length);

    Date start, end;
```

我们要做的第一件事是使用 findAny() 方法查找出现在数组中第一个位置的对象。可以构建一个筛选器列表，然后调用 findAny() 方法，该方法的参数为文件中的数据和筛选器列表。

```
List<FilterData> filters=new ArrayList<>();
FilterData filter=new FilterData();
```

```
filter.setIdField(32);
filter.setValue("Dominican-Republic");
filters.add(filter);
filter=new FilterData();
filter.setIdField(31);
filter.setValue("Dominican-Republic");
filters.add(filter);
filter=new FilterData();
filter.setIdField(1);
filter.setValue("Not in universe");
filters.add(filter);
filter=new FilterData();
filter.setIdField(14);
filter.setValue("Not in universe");
filters.add(filter);
start=new Date();
CensusData result=SerialSearch.findAny(data, filters);
System.out.println("Test 1 - Result: "+result
                   .getReasonForUnemployment());
end=new Date();
System.out.println("Test 1- Execution Time: "+(end.getTime()-
                   start.getTime())));
```

筛选器根据下述属性进行查找。

❑ 32：这是生父的国籍属性。

❑ 31：这是生母的国籍属性。

❑ 1：这是工作类别属性，其中一个可能值是 Not in universe。

❑ 14：这是失业原因属性，其中一个可能值是 Not in universe。

我们将按照如下方式测试其他用例。

❑ 使用 findAny() 方法查找出现在数组中最后一个位置的对象。

❑ 使用 findAny() 方法尝试查找某个并不存在的对象。

❑ 在错误情境中使用 findAny() 方法。

❑ 使用 findAll() 方法获取满足筛选器列表条件的所有对象。

❑ 在错误情境中使用 findAll() 方法。

7.3.3 并发版本

我们将在并发版本中引入更多要素。

❑ **任务管理器**：使用 Fork/Join 框架时，从一个任务开始，并且将该任务分割成两个或者更多子任务，之后再一次次分割，直到问题达到你想要的规模为止。有些情况下，需要结束所有任务。例如，实现 findAny() 方法并且找到了一个满足所有条件的对象时，就不需要继续执行剩下的任务了。

❑ **用于实现 findAny() 方法的 RecursiveTask 类**：该类是扩展了 RecursiveTask 类的 IndividualTask 类。

❑ 用于实现 `findAll()`方法的 `RecursiveTask` 类：该类是扩展了 `RecursiveTask` 类的 `ListTask` 类。

下面详细了解一下这些类。

1. TaskManager 类

我们将使用该类来控制任务的撤销。我们将在下述两种情况中撤销任务的执行。

❑ 正在执行 `findAny()`操作并且找到了满足要求的对象。

❑ 正在执行 `findAny()`或 `findAll()`操作并且在某个任务中出现了一个未校验异常。

该类声明了两个属性：一个是用于存放所有待撤销任务的 `ConcurrentLinkedDeque`，另一个是用于保证只有一个任务执行 `cancelTasks()`方法的 `AtomicBoolean` 变量。使用 `AtomicBoolean` 变量确保所有任务都能以线程安全的方式访问它们的值。

```
public class TaskManager {

  private Set<RecursiveTask> tasks;
  private AtomicBoolean cancelled;

  public TaskManager() {
    tasks = ConcurrentHashMap.newKeySet();
    cancelled = new AtomicBoolean(false);
  }
```

该类定义了向 `ConcurrentLinkedDeque` 添加某个任务的方法，从 `ConcurrentLinkedDeque` 中删除某个任务的方法，以及撤销存放在 `ConcurrentLinkedDeque` 中所有任务的方法。要撤销这些任务，我们使用在 `ForkJoinTask` 类中定义的 `cancel()`方法。该方法的参数为 `true` 时会强制中断运行中的任务，如下所示：

```
public void addTask(RecursiveTask task) {
  tasks.add(task);
}

public void cancelTasks(RecursiveTask sourceTask) {

  if (cancelled.compareAndSet(false, true)) {
    for (RecursiveTask task : tasks) {
      if (task != sourceTask) {
        if(cancelled.get()) {
          task.cancel(true);
        }
        else {
          tasks.add(task);
        }
      }
    }
  }
}

public void deleteTask(RecursiveTask task) {
  tasks.remove(task);
}
```

cancelTasks()方法接收一个 RecursiveTask 对象作为参数。除了调用该方法的任务之外,我们将撤销所有其他任务。我们不想撤销已经找到结果的任务。compareAndSet(false, true)方法将 AtomicBoolean 变量设置为 true,而且当且仅当该变量的当前值为 false 时才会返回 true 值。如果 AtomicBoolean 变量已经有一个 true 值,那么该方法将返回 false 值。整个操作都以原子方式执行,因此即使 cancelTasks()方法被不同线程同时调用多次,也能够保证 if 语句的主体部分最多执行一次。

2. IndividualTask 类

IndividualTask 类扩展了 RecursiveTask 类,以 CensusData 任务为参数,并且实现了 findAny()操作。该类定义了如下属性。

❑ 一个含有所有 CensusData 对象的数组。

❑ Start 属性和 end 属性,它们确定了要处理的元素。

❑ size 属性,它确定了在无须分割任务的前提下所处理的最大元素数。

❑ TaskManager 类,它用于在必要之时撤销任务。

下面的代码给出了一个将要应用的筛选器列表。

```
private CensusData[] data;
private int start, end, size;
private TaskManager manager;
private List<FilterData> filters;

public IndividualTask(CensusData[] data, int start,
                      int end, TaskManager manager,
                      int size, List<FilterData> filters) {
  this.data = data;
  this.start = start;
  this.end = end;
  this.manager = manager;
  this.size = size;
  this.filters = filters;
}
```

该类中的主方法是 compute()方法。该方法返回一个 CensusData 对象。如果任务需要处理的元素数比 size 属性值小,该方法直接进行对象查找。如果该方法找到了想要的对象,那么它将返回该对象并且使用 cancelTasks()方法撤销剩余任务的执行。如果该方法没有找到想要的对象,那么它将返回 null 值,如下所示:

```
if (end - start <= size) {
  for (int i = start; i < end && ! Thread.currentThread()
      .isInterrupted(); i++) {
    CensusData censusData = data[i];
    if (Filter.filter(censusData, filters)) {
      System.out.println("Found: " + i);
      manager.cancelTasks(this);
      return censusData;
    }
  }
  return null;
}
```

如果要处理的项数要比 size 属性规定的多，那么要创建两个子任务来分别处理其中的一半元素。

```
} else {
  int mid = (start + end) / 2;
  IndividualTask task1 = new IndividualTask(data, start, mid, manager,
                                            size, filters);
  IndividualTask task2 = new IndividualTask(data, mid, end, manager,
                                            size, filters);
```

然后，向任务管理器添加新创建的任务，并且删除实际任务。如果要撤销任务，即指仅撤销正在运行的任务。

```
manager.addTask(task1);
manager.addTask(task2);
manager.deleteTask(this);
```

接着，使用 fork() 方法以异步方式将任务发送给 ForkJoinPool，并且使用 quietlyJoin() 方法等待其执行结束。

join() 方法和 quietlyJoin() 方法之间的区别在于，join() 启动之后，如果任务撤销，将抛出异常，或者在方法内部抛出一个未校验异常，而 quietlyJoin() 方法则不抛出任何异常。

```
task1.fork();
task2.fork();
task1.quietlyJoin();
task2.quietlyJoin();
```

然后，从 TaskManager 类中删除子任务，如下所示：

```
manager.deleteTask(task1);
manager.deleteTask(task2);
```

现在，使用 join() 方法获取任务的结果。如果一个任务抛出一个未校验异常，那么该异常将被传播而无须特殊处理，而撤销操作则直接被忽略，如下所示：

```
      try {
        CensusData res = task1.join();
        if (res != null)
          return res;
          manager.deleteTask(task1);
        } catch (CancellationException ex) {
      }
      try {
        CensusData res = task2.join();
        if (res != null)
          return res;
          manager.deleteTask(task2);
        } catch (CancellationException ex) {
      }
      return null;
    }
  }
```

3. ListTask 类

ListTask 类扩展了 RecursiveTask 类，采用一个 CensusData 对象列表作为参数。我们将使用该任务来实现 findAll() 操作。该任务和 IndividualTask 任务非常相似，都使用相同的属性，但是它们在 compute() 方法上有所不同。

首先，初始化一个 List 对象以返回结果并且校验任务要处理的元素数量。如果任务要处理的元素数量小于 size 属性，将满足筛选器指定标准的所有对象添加到结果列表中。

```
@Override
protected List<CensusData> compute() {
  List<CensusData> ret = new ArrayList<CensusData>();
  List<CensusData> tmp;

  if (end - start <= size) {
    for (int i = start; i < end; i++) {
      CensusData censusData = data[i];
      if (Filter.filter(censusData, filters)) {
        ret.add(censusData);
      }
    }
  }
```

如果要处理的项数多于 size 属性，将创建两个子任务来处理其中各一半的元素。

```
int mid = (start + end) / 2;
ListTask task1 = new ListTask(data, start, mid, manager, size,
                              filters);
ListTask task2 = new ListTask(data, mid, end, manager, size, filters);
```

然后，将新创建的任务添加到任务管理器并且删除原来的实际任务。该实际任务并不会被撤销，而其子任务会被撤销，如下所示：

```
manager.addTask(task1);
manager.addTask(task2);
manager.deleteTask(this);
```

然后，使用 fork() 方法以异步方式将任务发送给 ForkJoinPool，并且使用 quietlyJoin() 方法等待其执行结束。

```
task1.fork();
task2.fork();
task2.quietlyJoin();
task1.quietlyJoin();
```

然后，从 TaskManager 中删除子任务。

```
manager.deleteTask(task1);
manager.deleteTask(task2);
```

现在，使用 join() 方法获取任务结果。如果一个任务抛出了未校验异常，那么它将被传播而不经特殊处理，并且会直接忽略撤销操作。

```
try {
  tmp = task1.join();
  if (tmp != null)
    ret.addAll(tmp);
    manager.deleteTask(task1);
  } catch (CancellationException ex) {
}
```

```
    try {
      tmp = task2.join();
      if (tmp != null)
        ret.addAll(tmp);
        manager.deleteTask(task2);
      } catch (CancellationException ex) {
    }
  }
}
```

4. ConcurrentSearch 类

ConcurrentSearch 类实现了 findAny() 和 findAll() 方法。这两个方法与串行版本的相应方法有着相同的接口。从内部来看，它们初始化 TaskManager 对象和第一个任务，并且使用 execute 方法将其发送给默认的 ForkJoinPool，然后等待任务结束并且输出结果。下面是 findAny() 方法的代码。

```
public class ConcurrentSearch {

  public static CensusData findAny (CensusData[] data,
                     List<FilterData> filters, int size) {
  TaskManager manager=new TaskManager();
  IndividualTask task=new IndividualTask(data, 0, data.length,
                                  manager, size, filters);
  ForkJoinPool.commonPool().execute(task);
  try {
    CensusData result=task.join();
    if (result!=null) {
      System.out.println("Find Any Result: "+result.getCitizenship());
      return result;
    } catch (Exception e) {
    System.err.println("findAny has finished with an error: "+
                      task.getException().getMessage());
  }
  return null;
}
```

下面是 findAll() 方法的代码。

```
public static CensusData[] findAll (CensusData[] data,
    List<FilterData> filters, int size) {
  List<CensusData> results;
  TaskManager manager=new TaskManager();
  ListTask task=new ListTask(data,0,data.length,manager,
                              size,filters);
  ForkJoinPool.commonPool().execute(task);
  try {
    results=task.join();
    return results;
  } catch (Exception e) {
  System.err.println("findAny has finished with an
                    error: " + task.getException().getMessage());
  }
  return null;
}
```

5. `ConcurrentMain` 类

`ConcurrentMain` 类用于测试目标筛选器的并发版本。它和 `SerialMain` 类似，只是采用了各种并发版本的操作。

7.3.4 对比两个版本

为了比较筛选算法的串行版本和并发版本，我们分六种情形进行测试。

- ❏ **测试 1**：测试 `findAny()` 方法，查找一个对象，它在 `CensusData` 数组中的第一个位置。
- ❏ **测试 2**：测试 `findAny()` 方法，查找一个对象，它在 `CensusData` 数组的最后一个位置。
- ❏ **测试 3**：测试 `findAny()` 方法，查找一个不存在的对象。
- ❏ **测试 4**：在错误情况下测试 `findAny()` 方法。
- ❏ **测试 5**：在正常情况下测试 `findAll()` 方法。
- ❏ **测试 6**：在错误情况下测试 `findAll()` 方法。

对于算法的并发版本，我们测试了 `size` 参数的 3 组不同取值，该参数确定了一个任务在不分割成两个子任务时所能处理的最大元素数。测试使用的最大阈值为 10、200、2000 和 4000 个元素。

采用 JMH 框架执行这些示例，该框架允许在 Java 中实现微型基准测试。使用面向基准测试的框架是比较好的解决方案，它直接用 `currentTimeMillis()` 方法或者 `nanoTime()` 方法度量时间。在两种不同的架构上分别执行这些示例 10 次。

- ❏ 一台计算机配置了 Intel Core i5-5300 处理器、Windows 7 操作系统和 16GB 的 RAM。该处理器有两个核，且每个核可以执行两个线程，这样就有四个并行线程。
- ❏ 另一台计算机配置了 AMD A8-640 处理器、Windows 10 操作系统和 8GB 的 RAM。该处理器有四个核。

与其他例子相同，以毫秒为单位度量执行时间。首先给出在 AMD 架构上的运行结果。

AMD 架构					
测试用例	串行版本	并发版本 规模=10	并发版本 规模=200	并发版本 规模=2000	并发版本 规模=4000	最优
测试 1	2.374	8.041	5.434	4.802	9.339	串行版本
测试 2	86.049	75.872	57.954	32.56	32.876	并发版本
测试 3	58.322	70.562	22.947	30.831	27.033	并发版本
测试 4	0.65	15 090.17	259.597	8.585	5.987	串行版本
测试 5	60.129	42.979	44.81	22.741	21.287	并发版本
测试 6	0.697	14 279.35	256.271	9.365	4.842	串行版本

在 Intel 架构上运行的结果如下。

		Intel 架构				
测试用例	串行版本	并发版本 规模=10	并发版本 规模=200	并发版本 规模=2000	并发版本 规模=4000	最优
测试 1	0.796	8.896	3.253	2.08	2.422	串行版本
测试 2	31 006	41.312	32.974	14.407	14.55	并发版本
测试 3	15.076	25.068	9.55	10.729	9.77	并发版本
测试 4	0.378	10 664.607	106.349	4.699	2.898	串行版本
测试 5	13.291	18.037	25.061	10.262	8.937	并发版本
测试 6	0.352	10 901.387	91.998	5.246	2.24	串行版本

根据上述表格，可以得出如下结论。

❑ 处理相对少量的元素时，算法的串行版本具有更好的性能。

❑ 处理所有元素或者其中的一部分时，算法的并发版本具有更好的性能。

❑ 在错误情况下，算法的串行版本要比并发版本的性能更好。当 size 参数的值较小时，并发版本在这种情况下性能非常糟糕。

在这种情况下，并发处理并不会总能提升性能。

7.4　第三个例子：归并排序算法

归并排序算法是一种非常流行的排序算法，通常使用分治方法实现，因此它是一个用于测试 Fork/Join 框架的很好的候选算法。

为实现归并排序算法，我们将未排序的列表划分为仅有一个元素的子列表。然后，将这些未排序的子列表合并以产生排序后的子列表，直到将所有这些子列表处理完毕。最后得到最初的唯一列表，只不过其中所有的元素都进行了排序处理。

为了编写该算法的并发版本，我们采用了 Java 8 中引入的 CountedCompleter 任务。这类任务最重要的特征是，它们都含有一个可在所有子任务执行完毕之后执行的方法。

为了测试上述实现方法，我们使用了**亚马逊产品联合采购网络元数据**（可以在 SNAP 搜索"Amazon product co-purchasing network metadata"下载）。我们创建了一个含有 542 184 个产品的销售排名列表。我们将测试该算法的各个版本，对该产品列表进行排序，并且使用 Arrays 类的 sort() 方法和 parallelSort() 方法来比较执行时间。

7.4.1　共享类

正如前面提到的，已经构建了一个含有 542 184 款 Amazon 产品的列表，包括每个产品的 ID、产品名称、分组、销售排名、浏览数量、相似产品编码，以及每个产品所属的类别编码。我们实现了 AmazonMetaData 类来存放产品信息。该类声明了必要的属性以及获取和设置这些属性值的方法。该类实现了 Comparable 接口以对比该类的两个实例。我们想要按照销售排名以升序排列这些元素。为了实现 compare() 方法，使用 Long 类的 compare() 方法比较两个对象的销售排名，如下所示：

```
public int compareTo(AmazonMetaData other) {
  return Long.compare(this.getSalesrank(),
    other.getSalesrank());
}
```

我们还实现了 `AmazonMetaDataLoader` 类，它提供了 `load()`方法。该方法接收含有数据文件的路径作为参数，返回含有所有产品信息的 `AmazonMetaData` 对象数组。

 为了集中介绍 Fork/Join 框架的特性，此处并没有给出这些类的源代码。

7.4.2　串行版本

我们在 `SerialMergeSort` 类中实现了归并排序算法的串行版本。`SerialMergeSort` 类实现了算法本身和 `SerialMetaData` 类，并提供了测试该算法的 `main()`方法。

1. SerialMergeSort 类

`SerialMergeSort` 类实现了归并排序算法的串行版本。它提供的 `mergeSort()`方法可接收如下参数。

❑ 含有所有待排序数据的数组。

❑ 该方法要处理的第一个元素（包含）。

❑ 该方法要处理的最后一个元素（不包含）。

如果该方法仅需要处理一个元素，则其立即返回。否则，它将两次递归调用 `mergeSort()`方法。第一次调用处理前一半元素，第二次调用处理后一半元素。最后，调用 `merge()`方法合并两部分元素，并且获得一个经过排序的元素列表。

```
public void mergeSort (Comparable data[], int start, int end) {
  if (end-start < 2) {
    return;
  }
  int middle = (end+start)>>>1;
  mergeSort(data,start,middle);
  mergeSort(data,middle,end);
  merge(data,start,middle,end);
}
```

使用`(end+start)>>>1` 操作符获取位于数组中间位置的元素，进而分割数组。例如，如果有 15 亿个元素（对于当前的内存芯片来说并非不可能），这一操作仍然适用于 Java 数组。然而，采用 `(end+start)/2` 的方法将溢出，结果得到一个负数值的数组。可以阅读名为 "Extra, Extra-Read All About It: Nearly All Binary Searches and Mergesorts are Broken" 的文章获取有关该问题的详细解释。

`merge()`方法将两个元素列表合并以得到一个排序的列表。该方法可接收如下参数。

❑ 含有所有待排序数据的数组。

❑ 三个元素：`start`、`mid` 和 `end`，它们将待归并和排序的数组划分成两个部分（start-mid 和 mid-end）。

我们创建了一个临时数组来对元素进行排序，然后，处理列表的两部分时，会在数组中对元素进行排序，并且在原始数组相同的位置上存放已排序的列表。如下述代码所示：

```
private void merge(Comparable[] data, int start, int middle,
                     int end) {
    int length=end-start+1;
    Comparable[] tmp=new Comparable[length];
    int i, j, index;
    i=start;
    j=middle;
    index=0;
    while ((i<middle) && (j<end)) {
        if (data[i].compareTo(data[j])<=0) {
            tmp[index]=data[i];
            i++;
        } else {
            tmp[index]=data[j];
            j++;
        }
        index++;
    }

    while (i<middle) {
        tmp[index]=data[i];
        i++;
        index++;
    }

    while (j<end) {
        tmp[index]=data[j];
        j++;
        index++;
    }

    for (index=0; index < (end-start); index++) {
        data[index+start]=tmp[index];
    }
  }
}
```

2. SerialMetaData 类

SerialMetaData 类提供了用于测试算法的 main() 方法。每个排序算法将执行 10 次并且计算平均执行时间。首先，从文件中加载数据并且创建该数组的一个副本。

```
public class SerialMetaData {

  public static void main(String[] args) {
    for (int j=0; j<10; j++) {
      Path path = Paths.get("data","amazon-meta.csv");

      AmazonMetaData[] data = AmazonMetaDataLoader.load(path);
      AmazonMetaData data2[] = data.clone();
```

然后，使用 Arrays 类的 sort() 方法对第一个数组进行排序。

```
Date start, end;

start = new Date();
Arrays.sort(data);
end = new Date();
System.out.println("Execution Time Java Arrays.sort(): " +
                   (end.getTime() - start.getTime()));
```

接着，使用归并排序算法实现对第二个数组的排序。

```
SerialMergeSort mySorter = new SerialMergeSort();
start = new Date();
mySorter.mergeSort(data2, 0, data2.length);
end = new Date();
System.out.println("Execution Time Java SerialMergeSort: " +
                   (end.getTime() - start.getTime()));
```

最后，检查发现排序后的数组相似。

```
            for (int i = 0; i < data.length; i++) {
              if (data[i].compareTo(data2[i]) != 0) {
                System.err.println("There's a difference is position " +
                                    i);
                System.exit(-1);
              }
            }
            System.out.println("Both arrays are equal");
          }
       }
   }
```

7.4.3　并发版本

如前所述，我们将使用 Java 8 中的 CountedCompleter 类作为面向 Fork/Join 任务的基类。该类提供了某种机制，当其所有子任务完成执行后会执行某个方法。这种机制就是 onCompletion() 方法。因此，我们使用 compute() 方法分割数组，使用 onCompletion() 方法将子列表合并成一个经过排序的列表。

要实现的并发版解决方案有下述三个类。

❏ MergeSortTask 类，该类扩展了 CountedCompleter 类并且实现了执行归并排序算法的任务。

❏ ConcurrentMergeSort 类，该类启动了第一个任务。

❏ ConcurrentMetaData 类，该类提供了 main() 方法来测试归并排序算法的并发版本。

1. MergeSortTask 类

如前所述，该类实现了将用于执行归并排序算法的任务。该类用到了以下属性。

❏ 存放待排序数据的数组。

❏ 任务必须进行排序操作的这部分数组的起始位置和终止位置。

该类还有一个用于初始化其参数的构造函数。

```
public class MergeSortTask extends CountedCompleter<Void> {

    private Comparable[] data;
    private int start, end;
    private int middle;

    public MergeSortTask(Comparable[] data, int start, int end,
                            MergeSortTask parent) {
        super(parent);

        this.data = data;
        this.start = start;
        this.end = end;
    }
```

如果起始索引和终止索引之间的差距大于或等于 1024，那么使用 compute() 方法，将任务分割成两个子任务来分别处理原集合的两个子集。两个任务采用 fork() 方法以异步方式将任务发送给 ForkJoinPool。否则，执行 SerialMergeSorg.mergeSort() 对数组（具有小于或等于 1024 个元素）进行排序，然后调用 tryComplete() 方法。子任务执行完毕之后，该方法将从内部调用 onCompletion() 方法。如下述代码所示：

```
@Override
public void compute() {
    if (end - start >= 1024) {
        middle = (end+start)>>>1;
        MergeSortTask task1 = new MergeSortTask(data, start, middle,
                                            this);
        MergeSortTask task2 = new MergeSortTask(data, middle, end,
                                            this);
        addToPendingCount(1);
        task1.fork();
        task2.fork();
    } else {
        new SerialMergeSort().mergeSort(data, start, end);
        tryComplete();
    }
}
```

在我们的例子中采用 onCompletion() 方法进行归并和排序操作，进而获得排序后的列表。一旦任务完成 onCompletion() 方法的执行后，它将在其父任务的层面上调用 tryComplete() 方法以完成该任务的执行。onCompletion() 方法的源代码与该算法串行版本的 merge() 方法非常相似。代码如下所示：

```
@Override
public void onCompletion(CountedCompleter<?> caller) {
    if (middle==0) {
        return;
    }
    int length = end - start + 1;
    Comparable tmp[] = new Comparable[length];
    int i, j, index;
    i = start;
    j = middle;
```

```
    index = 0;
    while ((i < middle) && (j < end)) {
      if (data[i].compareTo(data[j]) <= 0) {
        tmp[index] = data[i];
        i++;
      } else {
        tmp[index] = data[j];
        j++;
      }
      index++;
    }
    while (i < middle) {
      tmp[index] = data[i];
      i++;
      index++;
    }
    while (j < end) {
      tmp[index] = data[j];
      j++;
      index++;
    }
    for (index = 0; index < (end - start); index++) {
      data[index + start] = tmp[index];
    }

  }
```

2. ConcurrentMergeSort 类

在并发版本中，该类非常简单。它实现了 mergeSort() 方法，该方法接收含有待排序数据的数组，以及起始索引（该值总是为 0）和终止索引（该值总是为数组的长度）作为参数。此处选择保持与串行版相同的接口。

该方法创建一个新的 MergeSortTask，使用 invoke() 方法将其发送给默认的 ForkJoinPool，该方法在该任务完成执行且数组已被排序后返回。

```
public class ConcurrentMergeSort {

  public void mergeSort (Comparable data[], int start, int end) {

    MergeSortTask task=new MergeSortTask(data, start, end,null);
    ForkJoinPool.commonPool().invoke(task);

  }
}
```

3. ConcurrentMetaData 类

ConcurrentMetaData 类提供了 main() 方法来测试归并排序算法的并发版本。在我们的例子中，该类的代码和 SerialMetaData 类的代码相当，只是采用了相关类的并发版本，并且使用 Arrays.parallelSort() 方法而非 Arrays.sort() 方法，因此此处不再给出该类的源代码。

7.4.4 对比两个版本

我们执行归并排序算法的串行版和并行版，比较这两个版本的执行时间，并且比较了使用 `Arrays.sort()` 方法和 `Arrays.parallelSort()` 方法时的执行时间。

使用 JMH 框架执行这四个版本，该框架允许在 Java 中实现微型基准测试。使用面向基准测试的框架是比较好的解决方案，因为可以直接使用 `currentTimeMillis()` 或者 `nanoTime()` 度量时间。在两种不同的架构上分别执行这些示例 10 次。

❏ 一台计算机配置了 Intel Core i5-5300 处理器、Windows 7 操作系统和 16GB 的 RAM。该处理器有两个核且每个核可以执行两个线程，这样就有四个并行线程。

❏ 另一台计算机配置了 AMD A8-640 处理器、Windows 10 操作系统和 8GB 的 RAM。该处理器有四个核。

下面给出的是对含有 542 184 个对象的数据集进行排序计算后得到的执行时间（以毫秒为单位）。

	`Arrays.sort()`	串行版归并排序	`Arrays.parallelSort()`	并行版归并排序
AMD 架构	858.1	1268.3	392.6	705.1
Intel 架构	327.608	454.84	209.653	209.732

可以得出下述结论。

❏ 使用 `Arrays.parallelSort()` 方法可以得到最佳结果。对于串行算法来说，`Arrays.sort()` 方法比我们的实现方法在执行时间上更优。

❏ 就我们的实现情况来说，算法的并发版本比串行版本性能更好。

我们可以用加速比来比较归并排序算法串行版本和并发版本的执行时间。

$$S_{\text{AMD}} = \frac{T_{\text{serial}}}{T_{\text{concurrent}}} = \frac{1268.3}{705.33} = 1.80$$

$$S_{\text{Intel}} = \frac{T_{\text{serial}}}{T_{\text{concurrent}}} = \frac{454.84}{298.732} = 1.522$$

7.5 Fork/Join 框架的其他方法

在本章的三个例子中，我们用到了构成 Fork/Join 框架的类的很多方法，除此之外，你还需要了解一下其他一些有用的方法。

使用 `ForkJoinPool` 类的 `execute()` 方法和 `invoke()` 方法将任务发送给池。还可以使用另一个名为 `submit()` 的方法。它们之间的主要区别在于：`execute()` 方法将任务发送给 `ForkJoinPool` 之后立即返回一个 void 值；`invoke()` 方法将任务发送给 `ForkJoinPool` 后，当任务完成执行后方可返回；而 `submit()` 方法将任务发送给 `ForkJoinPool` 之后立即返回一个 `Future` 对象，用以控制任务的状态并且获得其结果。

本章所有示例使用的类均基于 `ForkJoinTask` 类，不过你也可以使用基于 `Runnable` 接口和 `Callable` 接口的 `ForkJoinPool` 任务。为实现这一目标，可以使用 `submit()` 方法。该方法有接收

Runnable 对象作为参数的版本、接收含有结果的 Runnable 对象作为参数的版本和接收 Callable 对象作为参数的版本。

ForkJoinTask 类提供了 get(long timeout, TimeUnit unit)方法来获取某个任务返回的结果。该方法在参数中指定了等待任务结果的时间周期。如果该任务在这一时间周期结束之前完成了执行，则该方法返回相应结果。否则，该方法抛出一个 TimeoutException 异常。

ForkJoinTask 类为 invoke()方法提供了一种替代方案，即 quietlyInvoke()方法。这两种方法的主要区别在于，invoke()方法返回任务执行的结果或者在必要时抛出异常，而 quietlyInvoke()方法不返回任务的结果，也不抛出任何异常。后者与示例中用到的 quietlyJoin()方法相似。

7.6 小结

分治设计方法是一种非常流行的方法，可以用于解决各种不同的问题。你可以将原始问题分割成较小的问题，再将这些较小的问题分割成更小的问题，直到它们足够简单，可以被直接处理为止。在 Java 7 中，Java 并发 API 引入了一种特殊的执行器，它是专门为解决此类问题而优化定制的。这就是 Fork/Join 框架。它基于 Fork 操作创建一个新的子任务，基于 Join 操作在获取结果前等待子任务结束。

采用这些操作，Fork/Join 任务就会呈现如下形式：

```
if ( problem.size() > DEFAULT_SIZE) {
  childTask1=new Task();
  childTask2=new Task();
  childTask1.fork();
  childTask2.fork();
  childTaskResults1=childTask1.join();
  childTaskResults2=childTask2.join();
  taskResults=makeResults(childTaskResults1, childTaskResults2);
  return taskResults;
} else {
  taskResults=solveBasicProblem();
  return taskResults;
}
```

本章使用 Fork/Join 框架解决了三个问题：k-means 聚类算法、数据筛选算法和归并排序算法。

本章使用了 API 提供的默认 ForkJoinPool，并且创建了一个新的 ForkJoinPool 对象，还用到了下面三种类型的 ForkJoinTasks。

❑ RecursiveAction 类，用作那些不返回结果的 ForkJoinTask 的基类。

❑ RecursiveTask 类，用作那些返回结果任务的基类。

❑ CountedCompleter 类，用作那些当所有子任务执行完毕后需要执行某个方法或者启动另一任务的任务的基类。

下一章将介绍在处理超大规模数据集时，如何使用 MapReduce 编程方法运用**并行流**技术获得最佳性能。

第 8 章

使用并行流处理大规模数据集：MapReduce 模型

毫无疑问，Java 8 引入的最重要的创新是 lambda 表达式和流 API。流是可以以顺序方式或者并行方式处理的一个元素序列。可以应用中间操作转换流，然后执行最终计算以获得预期结果（列表、数组、数值等）。本章将讲述下述主题。

❑ 流的简介。
❑ 第一个例子：数值综合分析应用程序。
❑ 第二个例子：信息检索工具。

8.1 流的简介

流就是一个数据序列（并不是一种数据结构），可以以顺序方式或者并发方式应用某一操作序列来筛选、转换、排序、约简（reduce）或组织这些元素，以获得某一最终对象。例如，如果有一个含有员工数据的流，可以使用该流。

❑ 统计员工的总数（这是一项开销较大的末端操作）。
❑ 计算在某个区域居住的所有员工的平均薪酬。
❑ 获取未达到目标的员工列表。
❑ 执行任何涉及全部或部分员工的操作。

流在很大程度上受函数式编程（Scala 编程语言提供了一种非常相似的机制）的影响，可与 lambda 表达式一起使用。流 API 类似于 C#语言中的 LINQ（Language-Integrated Query 的缩写）查询，在某种程度上，还可与 SQL 查询相比较。

接下来将解释流的基本特征，以及流的各个组成部分。

8.1.1 流的基本特征

流的主要特征如下。

❑ 流并不存储其元素。流从它的源获取元素，并且推送这些元素通过构成管道的所有操作。

- 可以以并行方式处理流而无须做任何额外工作。创建流时，可以使用 `stream()` 方法创建一个顺序流，或者使用 `parallelStream()` 方法创建一个并行流。`BaseStream` 接口定义了 `sequential()` 方法以获取顺序流，也定义了 `parallel()` 方法以获取并行流。顺序流与并行流可以互相转换，并且不限次数。需要考虑的是，末端的流操作执行完毕时，所有的流操作都将按照最后一次设置进行处理。无法命令流去顺序执行一些操作，并发执行另一些操作。从内部来看，Oracle JDK 9 和 Open JDK 9 中的并行流采用了 Fork/Join 框架的一种实现来执行并发操作。
- 流受函数式编程和 Scala 编程语言的影响很大。你可以使用新的 lambda 表达式作为定义算法的方式，这样的算法在针对流的操作中执行。
- 流不可重用。例如，从某个值列表中获得一个流时，该流只能使用一次。如果要在同样的数据之上执行另一操作，那么需要创建另一个流。
- 流可对数据做延迟处理。除非必要，否则流并不会获取数据。正如稍后将学到的，每个流都有一个初始源，有一些中间操作，还有一个末端操作。只有末端操作需要时数据才会被处理，因此流的处理直到执行末端操作时才会开始。
- 不能以不同方式访问流的元素。采用某种数据结构时，可以访问其中存储的某个特定元素，例如指明它的位置或者键。流操作通常对元素做统一处理，因此你有的只有元素本身。你无法知道元素在流中的位置及其相邻元素。对于并行流而言，可以以任何顺序处理元素。
- 流操作并不允许修改流的源。例如，如果使用一个列表作为流的源，那么可以将处理结果存放在新列表中，但是不可以添加、删除或者替换初始列表中的元素。尽管听起来很受限制，但是这一特性也非常有用，因为返回从内部 Collection 创建的流时不用担该列表会被调用者修改。

8

8.1.2 流的组成部分

流有三个不同的部分。

- 生成供流使用的数据的**来源**。
- 0 个或者多个**中间操作**，这些操作产生另一个流作为输出。
- 生成对象的**末端操作**，该对象可以是一个简单对象，也可以是一个类似数组、列表或者哈希表的 Collection。也可以存在不产生任何显式结果的末端操作。

1. 流的来源

流的来源可产生将由 `Stream` 对象处理的数据。可从多个数据源创建一个流。例如在 Java 8 中，`Collection` 接口包括了生成顺序流的 `stream()` 方法，以及生成并行流的 `parallelStream()` 方法。这样生成的流所能处理的数据可以来自几乎所有在 Java 中实现的数据结构，例如列表（`ArrayList`、`LinkedList` 等）、集合（`HashSet`、`EnumSet`），甚至并发数据结构（`LinkedBloFmackingDeque`、`PriorityBlockingQueue` 等）。另一种可以生成流的数据结构是数组。`Array` 类含有四种版本可从数组产生流的 `stream()` 方法。如果将一个 `int` 数值型数组传递给该方法，它将生成 `IntStream`。这实现的是一种特殊的流，用于处理整型数值（你依然可以使用 `Stream<Integer>` 替代 `IntStream`，但是性能可能会比较差）。

与此类似，还可以从 `long[]` 数组或 `double[]` 数组创建 `LongStream` 或者 `DoubleStream`。当然，如果向 `stream()` 方法传递一个对象数组，将获得一个同样类型的通用流。在本例中并没有 `parallelStream()` 方法，但是一旦获得了该流，就可以调用由 `BaseStream` 接口定义的 `parallel()` 方法，将顺序流转换成为并发流。

流 API 还提供了另一个有用的功能，即可以生成流并且按照流的方式处理目录或者文件中的内容。`File` 类提供了多种使用流处理文件的方法。例如，`find()` 方法返回一个含有 `Path` 对象的流，其中含有文件树中满足特定条件的文件。`list()` 方法返回一个 `Path` 对象流，其中含有关于某个目录的内容。`walk()` 方法返回一个 `Path` 对象流，使用深度优先算法处理目录树中的所有对象。但是最有用的方法是 `lines()` 方法，它创建了一个 `String` 对象流，其中含有文件的各个行，这样就可以使用一个流处理文件的内容。遗憾的是，以上提到的方法在并行处理时性能都很糟糕，除非有成千上万的元素（文件或者行）。

同样，可以使用 `Stream` 接口提供的两个方法来创建流，即 `generate()` 方法和 `iterate()` 方法。`generate()` 方法接收由某一对象类型参数化的 `Supplier` 作为参数，生成该类型对象的一个无限顺序流。`Supplier` 接口中含有 `get()` 方法。每当流需要一个新的对象时，就会调用该方法来获取流的下一个值。如前所述，流以一种延迟方式处理数据。因此毫无疑问，流本质上就是无限的。你可以使用其他方法转换该无限流。`iterate()` 方法与之类似，但是对于这种情况，该方法会接收一个种子和一个 `UnaryOperator`。第一个值是将 `UnaryOperator` 应用于该种子的结果，第二个值是将 `UnaryOperator` 应用于第一个结果所产生的结果，以此类推。由于性能方面的问题，在并发应用程序中应该尽可能避免使用该方法。

还有更多流的源，如下所示。

- `String.chars()`：它返回一个 `IntStream`，其中含有 `String` 的 `char` 值。
- `Random.ints()`、`Random.doubles()` 或者 `Random.longs()`：这些方法分别返回 `IntStream`、`DoubleStream` 和 `LongStream`，其中分别带有各自类型的伪随机值。你可以指定随机数的数值范围，或者你想要获得的随机值的个数。例如，你可以使用 `new Random.ints(10,20)` 来生成 10 到 20 之间的伪随机数。
- `SplittableRandom`：该类提供了与 `Random` 类相同的方法，可生成 `int`、`double` 和 `long` 型的伪随机值，但是该类更适合用于并行处理。可以查看 Java API 文档了解该类的详细情况。
- `Stream.concat()` 方法：该类接收两个流作为参数，并且创建出一个新的流，将第二个流的元素接在第一个流的元素的后面。

还可以用其他一些源生成流，但是我们认为那些来源并不重要。

2. 中间操作

中间操作最重要的特征在于它将另一个流作为结果返回。输入流和输出流的对象可以是不同类型的，但是中间操作总可以生成新流。一个流可以有 0 个或者多个中间操作。`Stream` 接口提供的最重要的中间操作是如下几项。

- `distinct()`：该方法返回一个含有唯一值的流，所有重复元素都将被去除。

- ❏ filter()：该方法返回一个含有满足特定标准的元素的流。
- ❏ flatMap()：该方法用于将一个关于流的流（例如一个关于列表、集合等的流）转换成单个流。
- ❏ limit()：该方法返回一个流，其中最多包含指定数目的原始元素，从第一个元素起按照相遇顺序选取。
- ❏ map()：该方法用于将流的元素从一种类型转换成另一种类型。
- ❏ peek()：该方法返回相同的流，只是需要执行一些代码，通常用于记录日志信息。
- ❏ skip()：该方法忽略了流的前若干个元素（具体数值以参数方式传递）。
- ❏ sorted()：该方法对流的元素进行排序。

3. 末端操作

末端操作将某个对象作为结果返回，而绝不会返回一个流。一般来说，所有流都会以一个末端操作结束，而该末端操作返回的是整个操作序列的最终结果。最重要的末端操作有如下几项。

- ❏ collect()：该方法提供了一种约简源流中元素数目的方法，以某种数据结构组织该流的元素。例如，你可以按照任何标准对流的元素进行分组。
- ❏ count()：该方法返回流的元素数目。
- ❏ max()：该方法返回流的最大元素。
- ❏ min()：该方法返回流的最小元素。
- ❏ reduce()：该方法将流的元素转换为一个表示该流的唯一对象。
- ❏ forEach()/forEachOrdered()：这两个方法将某项操作应用到流的每个元素上。如果流已经有了定义好的顺序，那么第二个方法就会使用该流元素的顺序。
- ❏ findFirst()/findAny()：如果要找的元素存在，这两个方法分别返回1或者流的第一个元素。
- ❏ anyMatch()/allMatch()/noneMatch()：它们接收一个谓词作为参数，返回一个布尔值来表明流中是否有任意、全部或者没有元素能够匹配该谓词。
- ❏ toArray()：该方法返回一个含有流的元素的数组。

8.1.3 MapReduce 与 MapCollect

MapReduce 是一种编程模型，用于在由大量以集群方式工作的机器构成的分布式环境中处理超大规模数据集。它有两个步骤，通常通过以下两个方法实现。

- ❏ Map：这一步对数据进行筛选和转换。
- ❏ Reduce：这一步对数据应用汇总操作。

为了在分布式环境中执行该操作，必须分割数据，然后将其分发到集群中的各台机器上。该编程模型在函数式编程领域已经使用很长时间了。Google 近期基于该原理设计了一种新的框架，而且在 Apache 基金会中，Hadoop 项目作为该模型的开源实现广受欢迎。

Java 9 提供的流操作允许编程人员实现与此非常类似的结果。Stream 接口定义了可以视为映射函数的中间操作（map()、filter()、sorted()、skip()等），而且提供了 reduce()方法作为末端操作，其目的是像 MapReduce 模型的约简操作那样对流的元素进行约简。

约简操作的主要思想是基于前面的中间结果和流元素创建一个新的中间结果。约简的替代方法（也称为可变约简）是将新的结果项整合到可变容器中（例如将其添加到 `ArrayList`）。这种类型的约简通过 `collect()` 操作执行，因而称之为 MapCollect 模型。

本章将介绍如何使用 MapReduce 模型，第 9 章将介绍如何使用 MapCollect 模型。

8.2　第一个例子：数值综合分析应用程序

拥有一个大规模数据集时，最常见的需求之一就是对其元素进行处理，以计算某些特征的指标。例如，如果你有一个商店的已售产品集合，可以计算已售产品的数量、每种产品的销量，或者每个客户对每种产品的平均购买量。我们将这个过程称作**数值综合分析**。

本章将使用流来计算 UCI 机器学习资源库的 Online Retail 数据集的一些指标。该数据集存储了 2010 年 1 月 12 日到 2011 年 9 月 12 日期间英国一家在线零售商店的交易数据。

与其他各章不同，本例先介绍使用流的并发版本程序，然后介绍如何实现一个与之相当的串行版本程序，以验证并发性也使用流提升了性能。正如在本章开头提到的，要注意并发处理对于编程人员来说是透明的。

8.2.1　并发版本

数值综合分析应用程序非常简单，其组成部分如下所示。

❑ `Record`：该类定义了文件中每条记录的内部结构。它定义了每条记录的 8 个属性以及用于获取和设定这些属性值的 `get()` 和 `set()` 方法。该类的代码非常简单，因此在本书中并未给出。

❑ `ConcurrentDataLoader`：该类用于加载含有数据的 Online_Retail.csv 文件，并且将其转换成一个 `Record` 对象列表。我们将使用流来加载数据并完成转换。

❑ `ConcurrentStatistics`：该类实现了用于数据计算的各项操作。

❑ `ConcurrentMain`：该类实现了 `main()` 方法，来调用 `ConcurrentStatistics` 类的各项操作并且测量其执行时间。

下面详细介绍一下其中后三个类。

1. `ConcurrentDataLoader` 类

`ConcurrentDataLoader` 类实现了 `load()` 方法，该方法将加载带有 Online Retail 数据集的文件并且将其转换成一个 `Record` 对象列表。首先，使用 `Files` 类的 `readAllLines()` 方法加载该文件，并且将其内容转换为一个字符串列表。该文件的每一行都将被转换为该列表的一个元素。

```java
public class ConcurrentDataLoader {

    public static List<Record> load(Path path) throws IOException {
        System.out.println("Loading data");

        List<String> lines = Files.readAllLines(path);
```

然后，通过对该流应用必要的操作以得到 `Record` 对象列表。

```
List<Record> records = lines.parallelStream()
                         .skip(1).map(l -> l.split(";"))
                         .map(t -> new Record(t))
                         .collect(Collectors.toList());
```

在这里用到的操作有如下几项。

❑ `parallelStream()`：创建一个并行流来处理该文件的所有行。

❑ `skip(1)`：忽略该流的第一项；在本例中，即文件的第一行，其中包含了文件的头信息。

❑ `map (l → l.split(";"))`：对 `String[]`数组中的各个字符串进行转换，用;字符分割各行。使用 lambda 表达式，其中 l 代表输入参数，而 `l.split()`将生成关于这些字符串的数组。在一个字符串的流中调用该方法，将生成一个 `String[]`流。

❑ `map(t → new Record(t))`：使用 `Record` 类的构造函数将每个字符串数组转换成一个 `Record` 对象。使用一个 lambda 表达式，其中 t 代表字符串数组。在一个关于 `String[]`的流中调用该方法，生成一个 `Record` 对象流。

❑ `collect(Collectors.toList())`：该方法将流转换成一个列表。第 9 章会更详细地介绍 `collect()`方法。

如你所见，我们以一种紧凑、优雅且并发的方式完成了转换，而且并没有用到任何线程、任务或者框架。最后，返回 `Record` 对象列表，如下所示：

```
    return records;
  }
}
```

2. ConcurrentStatistics 类

`ConcurrentStatistics` 类实现了对数据进行微积分计算的各种方法。有七种操作可用于获得有关数据集的信息，下面分别进行介绍。

8

● **来自英国的客户**

该方法的主要目的是获得每位英国客户订购的产品数量。

该方法的源代码如下：

```
public static void customersFromUnitedKingdom(List<Record> records) {
  System.out.println("****************************************");
  System.out.println("Customers from UnitedKingdom");
  Map<String, List<Record>> map = records.parallelStream().filter(r ->
r.getCountry().equals("the United
Kingdom")).collect(Collectors.groupingBy(Record::getCustomer));

  map.forEach((k, l) -> System.out.println(k + ": " + l.size()));
  System.out.println("****************************************");
}
```

该方法接收 `Record` 对象的列表作为输入参数。首先，使用流获取一个 `ConcurrentMap<String, List<Record>>`对象，其中有客户 ID 以及含有每个客户相关记录的列表。该流首先从 `parallel-Stream()`方法创建一个并行流。然后，使用 `filter()`方法选择那些 country 属性值为'the United Kingdom'的 `Record` 对象。最后，使用 collect()方法，传递 Collectors.groupingByConcurrent()

方法的功能，按照 job 属性的取值对流的实际元素进行分组。需要考虑的是 groupingByConcurrent()
方法是无序的收集器。收集到列表中的记录可以以任意顺序排列，而非原始顺序（和简单的
groupingBy()收集器不同）。

一旦获得了 ConcurrentMap 对象，就可以使用 forEach()方法将信息输出到屏幕。

● 来自英国的订单的产品数量

该方法的主要目的是获得来自英国的订单的产品数量的统计信息（最大值、最小值和平均值）。
该方法的源代码如下：

```
public static void quantityFromUnitedKingdom(List<Record> records) {

    System.out.println("*****************************************");
    System.out.println("Quantity from the United Kingdom");
    DoubleSummaryStatistics statistics = records.parallelStream()
            .filter(r -> r.getCountry().equals("the United Kingdom"))
            .collect(Collectors.summarizingDouble(Record::getQuantity));

    System.out.println("Min: " + statistics.getMin());
    System.out.println("Max: " + statistics.getMax());
    System.out.println("Average: " + statistics.getAverage());
    System.out.println("*****************************************");
}
```

该方法接收 Record 对象列表作为输入参数，并且使用流来获取带有统计信息的 DoubleSummary-
Statistics 对象。首先，使用 parallelStream()方法获取并行流。然后，使用 filter()方法获
取来自英国的记录。最后，使用以 Collectors.summarizingDouble()为参数的 collect()方法
获取 DoubleSummaryStatistics 对象。该类实现了 DoubleConsumer 接口，并且收集在 accept()
方法中接收到的数值的统计数据。该流的 collect()方法在内部调用了 accept()方法。Java 还提供
了 IntSummaryStatistics 类和 LongSummaryStatistics 类，同样也是为了从 int 型和 long
型数值中获取统计数据。

本例使用 max()、min()和 average()方法分别获取最大值、最小值和平均值。

● 订购产品的国家

该方法的主要目的是获取订购了 ID 为 85123A 的产品的国家列表。
该方法的源代码如下：

```
public static void countriesForProduct(List<Record> records) {

    System.out.println("*****************************************");
    System.out.println("Countries for product 85123A");

    records.parallelStream().filter(r -> r.getStockCode()
                        .equals("85123A")).map(r -> r
                        .getCountry()).distinct().sorted()
                        .forEachOrdered(System.out::println);
    System.out.println("*****************************************");
}
```

该方法接收一个 Record 对象列表作为输入参数，并且使用 parallelStream()方法获取并行

流。然后，使用 filter()方法仅获取与该产品相关的记录。然后，使用 map()方法获取一个 String
对象流，其中含有与记录相关的国家名称。借助 distinct()方法，仅选取唯一值，而借助 sorted()
方法，可以按照字母顺序对这些值进行排序。

最后，使用 forEachOrdered()方法输出结果。请注意，此处不要使用 forEach()方法，因为
它输出的结果没有特定顺序，这将使 sorted()这一步的工作成为无用功。元素顺序并不重要时，
forEach()操作就很有用了。对于并行流来说，它比 forEachOrdered()方法的处理速度更快。

● **产品数量**

使用流时，最常见的错误之一是试图重用流。我们会展示这种做法所产生的错误结果。该方法的
主要目的是获取 ID 为 85123A 的产品记录相关的最大和最小产品数目。

该方法的第一个版本是尝试重用一个流，其源代码如下：

```
public static void quantityForProduct(List<Record> records) {

    System.out.println("*******************************************");
    System.out.println("Quantity for Product");

    IntStream stream = records.parallelStream().filter(r -> r
                            .getStockCode().equals("85123A"))
                            .mapToInt(r -> r.getQuantity());

    System.out.println("Max quantity: " + stream.max().getAsInt());
    System.out.println("Min quantity: " + stream.min().getAsInt());
    System.out.println("*******************************************");
}
```

该方法接收一个 Record 对象列表作为输入参数。首先，使用该列表创建一个 IntStream 对象。
借助 parallelStream()方法，创建一个并行流。然后，使用 filter()方法获取与产品相关的记录，
使用 mapToInt()方法将一个 Record 对象的流转换成一个 IntStream 对象，用 getQuantity()
方法的值替换每个对象。

借助 max()方法，可以用该流获取最大值，而借助 min()方法，可以获取最小值。如果再次执行
该方法，将立刻得到 IllegalStateException 异常，并且获得"已经对流进行操作"或者"流已
关闭"的消息。

可以通过创建两个不同的流来解决这一问题，其中一个流用于获取最大值，而另一个流用于获取
最小值。这一供选方案的源代码如下所示：

```
public static void quantityForProductOk(List<Record> records) {

    System.out.println("*******************************************");
    System.out.println("Quantity for Product Ok");
    int value = records.parallelStream().filter(r ->
r.getStockCode().equals("85123A")).mapToInt(r -> r.getQuantity()).max()
.getAsInt();

    System.out.println("Max quantity: " + value);

    value = records.parallelStream().filter(r ->  r.getStockCode()
                .equals("85123A")).mapToInt(r -> r
```

```
                   .getQuantity()).min().getAsInt();

   System.out.println("Min quantity: " + value);
   System.out.println("*****************************************");
}
```

另一个供选方案是使用 summaryStatistics()方法获取 IntSummaryStatistics 对象，这与上文所给出的方法相同。

● 多个数据筛选器

该方法的主要目标是获取至少满足如下条件之一的记录数。

❑ quantity 属性值大于 50 的记录数。

❑ unitPrice 属性值大于 10 的记录数。

实现该方法的一种解决方案是实现一个筛选器来检验元素是否满足这些条件。另一种解决方案可以借助 Stream 接口提供的 concat()方法。源代码如下所示：

```
public static void multipleFilterData(List<Record> records) {

   System.out.println("*****************************************");
   System.out.println("Multiple Filter");

   Stream<Record> stream1 = records.parallelStream()
                                .filter(r -> r.getQuantity() > 50);
   Stream<Record> stream2 = records.parallelStream()
                                .filter(r -> r.getUnitPrice() > 10);
   Stream<Record> complete = Stream.concat(stream1, stream2);

   Long value = complete.parallel().unordered().map(r -> r
                                .getStockCode()).distinct().count();

   System.out.println("Number of products: " + value);
   System.out.println("*****************************************");
```

该方法接收 Record 对象列表作为输入参数。首先，创建两个流，其中分别含有满足上述条件的元素，然后使用 concat()方法将它们合并成单一的流。concat()方法创建的流只是将第二个流的元素直接跟到第一个流的元素后。出于这种原因，对于最后的流，可以使用 parallel()将其转换成一个并行流，使用 unordered()方法获得一个未排序的流以便在对并行流应用 distinct()方法时获得更好的性能，使用 map()方法将每条记录转换为一个含有产品 stockCode 的字符串值，使用 distinct()方法获得唯一值，使用 count()方法获得流中的元素数。

这并不是最优的解决方案。我们只是用它展示了 concat()和 distinct()方法如何工作。可以使用下面的代码以更优的方式实现同样的结果。

```
public static void multipleFilterDataPredicate (List<Record> records) {

   System.out.println("*****************************************");
   System.out.println("Multiple filter with Predicate");

   Predicate<Record> p1 = r -> r.getQuantity() > 50;
   Predicate<Record> p2 = r -> r.getUnitPrice() > 10;
```

```
    Predicate<Record> pred = Stream.of(p1, p2)
                              .reduce(Predicate::or).get();

    long value = records.parallelStream().filter(pred).count();
    System.out.println("Number of products: " + value);
    System.out.println("*******************************************");
}
```

我们创建一个含有两个谓词的流，并且通过 `Predicate::or` 操作约简，进而构建复合谓词，当任何一个输入谓词为 `true` 时，该谓词都为 `true`。也可以使用 `Predicate::and` 约简操作构建一个复合谓词，如此当所有输入谓词都为 `true` 时，复合谓词才为 `true`。

● **最高发货量**

该方法的主要目的是获取发货量最高的 10 张发货单。

首先，构建一个 Map，其键为发货单的 ID，其值为与发货单相关联的所有记录的列表。

```
public static void getBiggestInvoiceAmmounts(List<Record> records) {

    System.out.println("*******************************************");
    System.out.println("Biggest Invoice Ammounts");

    Map<String, List<Record>> map = records.stream().unordered()
                .parallel().collect(Collectors
                      .groupingByConcurrent(r -> r.getId()));
```

使用 `unordered()` 方法删除列表现有的顺序，以便在并行操作时获得更好的性能。然后，使用 `parallel()` 方法将该流转换成并行流，最后使用采用了 `groupingByConcurrent()` 收集器的 `collect()` 方法获得最终的 Map。

第二步，创建关于 Invoice 对象的 `ConcurrentLinkedDeque` 数据结构。这部分源码如下所示：

```
ConcurrentLinkedDeque<Invoice> invoices= new ConcurrentLinkedDeque();
map.values().parallelStream().forEach( list -> {
    Invoice invoice = new Invoice();
    invoice.setId(list.get(0).getId());
    double ammount=list.stream().mapToDouble(r -> r.getUnitPrice()* r
                                      .getQuantity()).sum();
    invoice.setAmmount(ammount);
    invoice.setCustomerId(list.get(0).getCustomer());

    invoices.add(invoice);
});
```

这里我们有两个流。首先，使用并行流处理上一个 Map 中的所有值。对于每个含有发货单记录的列表，使用发货单 ID、客户 ID 和发货总量等属性创建一个 Invoice 对象。为了计算每个发货单的总量，使用另一个流和 `mapToDouble()` 方法将每条记录更改为每种产品的单位数量和 `unitPrice` 属性，并且使用 `sum()` 方法对最终 Stream 中的所有值进行汇总。之所以使用 ConcurrentLinked-Deque 结构，是因为它允许进行并发插入操作并且不会引起数据竞争，而这一特性对于当前情况非常重要。

最后，获取发货量最高的 10 张发货单，这部分代码如下所示：

```
System.out.println("Invoices: "+invoices.size()+": "+map.getClass());
invoices.stream().sorted(Comparator.comparingDouble
        (Invoice::getAmmount).reversed()).limit(10).forEach(i ->
                System.out.println("Customer:"+i.getCustomerId() +
                                    "; Ammount: "+ i.getAmmount()));
System.out.println("*******************************************");
}
```

使用 ConcurrentLinkedDeque 数据结构创建流。使用 sorted() 方法进行排序，以将发货量最大的发货单排在最前面，将发货量较小的发货单放在后面。再使用 limit() 方法选取发货量最高的 10 张发货单，并且使用 forEach() 方法将它们输出到控制台。这里是对排序后的流进行操作，因此采用了顺序流。采用并发流并不会带来更好的性能。

● **单价在 1 到 10 之间的产品**

该方法的主要目标是获取文件中单价在 1 到 10 之间的产品数。

该方法的源代码如下所示：

```
public static void productsBetween1and10(List<Record> records) {

    System.out.println("*******************************************");
    System.out.println("Products between 1 and 10");
    int count=records.stream().unordered().parallel().filter(r -> (r
                    .getUnitPrice() >=1 ) && (r.getUnitPrice() <=10))
                    .map(i -> i.getStockCode()).distinct()
                    .mapToInt(a -> 1).reduce(0, Integer::sum);
    System.out.println("Products between 1 and 10: "+count);
    System.out.println("*******************************************");
}
```

该方法接收 Record 对象列表作为输入参数，并且使用 stream()、unordered() 和 parallel() 方法获取一个并行流，且不受该流现有的排序限制。然后，使用 filter() 方法仅选取 unitPrice 值在 1 到 10 之间的记录。接下来，使用 map() 方法将每个记录替换为其 stockCode 属性的值。之后，使用 distinct() 方法删除重复记录，并且使用 map() 方法将每个取值转换为值 1。最后，使用 reduce() 方法将所有 1 值汇总起来并且返回最终结果。

reduce() 方法的第一个参数是其 ID，第二个参数是用于从流的所有元素中获取单个值的操作。

本例使用 Integer::sum 操作。第一次是对初始值和流的第一个值求和，第二次则是对第一次求和的结果与流的第二个值进行求和，以此类推。

3. ConcurrentMain 类

ConcurrentMain 类实现了 main() 方法，用于测试 ConcurrentStatistic 类。首先，实现 measure() 方法，以测量一个任务的执行时间。

```
public class ConcurrentMain {
    static Map<String, List<Double>> totalTimes = new LinkedHashMap<>();
    static List<Record> records;

    private static void measure(String name, Runnable r) {
```

```
        long start = System.nanoTime();
        r.run();
        long end = System.nanoTime();
        totalTimes.computeIfAbsent(name, k -> new ArrayList<>())
                .add((end - start) / 1_000_000.0);
    }
```

使用一个 Map 存放每个方法的执行时间。每个方法将执行 10 次，以观察在第一次执行之后执行时间如何缩减。然后，给出 main() 方法的代码。它使用 measure() 方法度量每个方法的执行时间并且将该过程重复 10 次。

```
public static void main(String[] args) throws IOException {
    Path path = Paths.get("data\\Online_Retail.csv");

    for (int i = 0; i < 10; i++) {
        measure("Customers from UnitedKingdom", () -> ConcurrentStatistics
                .customersFromUnitedKingdom(records));
        measure("Quantity from UnitedKingdom", () -> ConcurrentStatistics
                .quantityFromUnitedKingdom(records));
        measure("Countries for Product", () -> ConcurrentStatistics
                .countriesForProduct(records));
        measure("Quantity for Product", () -> ConcurrentStatistics
                .quantityForProductOk(records));
        measure("Multiple Filter for Products", () -> ConcurrentStatistics
                .multipleFilterData(records));
        measure("Multiple Filter for Products with Predicate", () ->
                ConcurrentStatistics.multipleFilterDataPredicate(records));
        measure("Biggest Invoice Ammount", () -> ConcurrentStatistics
                .getBiggestInvoiceAmmounts(records));
        measure("Products Between 1 and 10", () -> ConcurrentStatistics
                .productsBetween1and10(records));
    }
```

最后，将所有执行时间和平均执行时间输出到控制台，如下所示：

```
        times.stream().map(t -> String.format("%6.2f", t))
            .collect(Collectors.joining(" ")),
        times.stream().mapToDouble(Double::doubleValue)
            .average().getAsDouble()));
    }
}
```

8.2.2   串行版本

在本例中，串行版和并发版几乎相同，只是将对 parallelStream() 方法的调用替换成了对 stream() 方法的调用，以便获得顺序流而非并行流。我们还要删除在一个样例中用到的对 parallel() 方法的调用，并且将调用 groupingByConcurrent() 方法更改为调用 groupingBy() 方法。

8.2.3　对比两个版本

执行两个版本的操作，以测试并行流是否可以提供更好的性能。

使用 JMH 框架执行该操作，该框架允许你在 Java 中实现微型基准测试。使用面向基准测试的框架是比较好的解决方案，它直接用 currentTimeMillis() 或者 nanoTime() 方法度量时间。在两种不同的架构上分别执行这些示例 10 次。

❑ 一台计算机配置了 Intel Core i5-5300 处理器、Windows 7 操作系统和 16GB 的 RAM。该处理器有两个核，且每个核可以执行两个线程，这样就有四个并行线程。

❑ 另一台计算机配置了 AMD A8-640 处理器、Windows 10 操作系统和 8GB 的 RAM。该处理器有四个核。

以下便是运行结果，以毫秒为单位。

操　　作	Intel 架构		AMD 架构	
	顺序流	并行流	顺序流	并行流
订购产品的国家	19.146	15.517	80.994	45.833
来自英国的客户	242.593	240.003	783.044	750.199
最大发货量	81.612	70.853	358.488	174.395
多筛选器数据	24.371	20.026	101.658	60.098
带有谓词的多筛选器数据	11.338	9.462	56.81	34.715
单价介于 0 到 10 之间的产品	45.065	27.394	187.91	85.299
产品总量	24.614	22.675	126.088	65.897
英国订购的总量	24.488	14.722	132.161	55.278

我们可以看到并行流总是比串行流具有更好的性能。下面给出的是所有示例的加速比。

操　　作	Intel 加速比	AMD 加速比
订购产品的国家	1.23	1.77
来自英国的客户	1.01	1.04
最大发货量	1.15	2.06
多筛选器数据	1.21	1.69
带有谓词的多筛选器数据	1.19	1.64
单价介于 1 到 10 之间的产品	1.64	2.20
产品总量	1.08	1.91
英国订购的总量	1.66	2.39

8.3　第二个例子：信息检索工具

根据维基百科，信息检索的定义如下。

"从信息资源集合中获取与某一信息需求相关的信息资源。"

通常，信息资源是一个文档集合，而信息需求则是一个概述了需求的单词集合。为了快速搜索文档集合，我们采用一种名为**倒排索引**的数据结构。该结构存放了文档集合中的所有单词，而且对于每个单词，都有一个包含该单词文档的列表。在第 5 章中我们已经构建了一个文档集合的倒排索引，该文档集合包含有 100 673 个有关电影信息的维基百科页面。我们已将每个维基百科页面转换成一个文本文件。该倒排索引存放在一个文本文件中，且该文件的每一行都包含单词、单词在文档中出现的频率、所有出现了该单词的文档以及在该文档中的 `tfxidf` 属性。这些文档都按照 `tfxidf` 属性的值进行排序。例如，该文件中的一行如下所示：

```
velankanni:4,18005302.txt:10.13,20681361.txt:10.13,45672176.txt:10
13,6592085.txt:10.13
```

这一行包含了单词 velankanni，它的 DF 值为 4。它在文档 18005302.txt 中出现且 `tfxidf` 值为 10.13，在 20681361.txt 文档中出现且 `tfxidf` 值为 10.13，在 45672176.txt 文档中出现且 `tfxidf` 值为 10.13，在 6592085.txt 文档中出现且 `tfxidf` 值也为 10.13。

本章将使用流 API 来实现不同版本的搜索工具，并且获取有关倒排索引的信息。

8.3.1 约简操作简介

正如本章前面提到的，约简操作将汇总操作应用于流的元素以生成一个单独的汇总结果。该结果可以与流的元素类型相同，也可以不同。计算一个数值流的和就是 `reduce()` 操作的一个简单示例。

流 API 提供了 `reduce()` 方法来实现约简操作。该方法有下述三个版本。

❑ `reduce(accumulator)`：该版本将 `accumulator` 函数应用于流的所有元素。在这种情况下没有初始值。它返回一个含有 `accumulator` 函数最终结果的 `Optional` 对象，或者当该流为空时返回一个空的 `Optional` 对象。`accumulator` 函数必须是一个 `associative` 函数，它实现了 `BinaryOperator` 接口。两个参数既可以是流元素，也可以是之前调用 `accumulator` 函数所返回的部分结果。

❑ `reduce(identity,accumulator)`：当最终结果和流的元素类型相同时，必须采用该版本。标识值必须为 `accumulator` 函数的标识值。也就是说，如果将 `accumulator` 函数应用于标识值和任意值 `V`，必须返回同样的值 `V`：`accumulator(identity,V)=V`。该标识值用作 `accumulator` 函数的第一个结果，如果流没有元素，则该值作为返回值。正如在另一版本中一样，`accumulator` 必须是一个实现 `BinaryOperator` 接口的 `associative` 函数。

❑ `reduce(identity, accumulator, combiner)`：当最终结果与流的元素为不同类型时，必须使用该版本。标识值必须是 `combiner` 函数的标识。也就是说，`combiner(identity,v)=v`。这里的 `combiner` 函数必须与 `accumulator` 函数兼容，即 `combiner(u,accumulator(identity,v))=accumulator(u,v)`。`accumulator` 函数采用局部结果和流的下一个元素生成另一个局部结果。`combiner` 函数采用两个局部结果来生成另一个局部结果。这两个函数必须均是 `associative` 函数，但是在这种情况下，`accumulator` 函数是 `BiFunction` 接口的实现，而 `combiner` 函数是 `BinaryOperator` 接口的实现。

　　reduce()方法有一个局限。如前所述，该函数必须返回单个值。你不应该使用 reduce()方法来生成一个 Collection 对象或者一个复杂对象。首要问题在于性能。正如流 API 的文档中所说明的，accumulator 函数每处理一个元素都会返回一个新值。如果你的 accumulator 函数处理的是集合，那么每当它处理一个元素时都会创建一个新的集合，这样效率就很低。另一个问题是，如果采用并行流，那么所有的线程都要共享标识值。

　　如果该值是一个可变对象，例如一个 Collection，那么所有的线程都将作用于相同的 Collection 之上。这样就有悖于 reduce()操作的初衷了。此外，combiner()方法总是接收两个相同的 Collection（所有的线程仅作用于一个 Collection 之上）作为参数，这也有悖于 reduce()操作的初衷。

　　如果要实现一个可生成 Collection 或复杂对象的约简操作，有如下两个供选方案。

❑ 使用 collect()方法应用可变约简操作。第 9 章将详细介绍如何在不同的场景下使用该方法。

❑ 创建集合并且使用 forEach()方法，以便使用所需值填充 Collection。

　　本例将使用 reduce()方法来获取有关倒排索引的信息，使用 forEach()方法将该索引约简成与某一查询相关的文档列表。

8.3.2　第一种方式：全文档查询

　　在第一种方式中，将用到与某一单词相关的所有文档。该搜索过程的实现步骤如下。

❑ 在倒排索引中选取与查询中单词相对应的行。

❑ 将所有的文档列表组合成单个列表。如果一个文档与两个或者多个单词相关，那么将在该文档中出现的这些单词的 tfxidf 值相加，得到该文档最终的 tfxidf 值。如果一个文档仅与一个单词相关，那么该单词的 tfxidf 值就是该文档的最终 tfxidf 值。

❑ 使用文档的 tfxidf 值自高到低进行排序。

❑ 将 tfxidf 值排名前 100 的文档展现给用户。

这一版本已经在 ConcurrentSearch 类的 basicSearch()方法中实现。该方法的源代码如下所示：

```
public static void basicSearch(String query[]) throws IOException {

    Path path = Paths.get("index", "invertedIndex.txt");
    HashSet<String> set = new HashSet<>(Arrays.asList(query));
    QueryResult results = new QueryResult(new ConcurrentHashMap<>());

    try (Stream<String> invertedIndex = Files.lines(path)) {

        invertedIndex.parallel().filter(line -> set
                .contains(Utils.getWord(line)))
                .flatMap(ConcurrentSearch::basicMapper)
                .forEach(results::append);

        results.getAsList().stream().sorted().limit(100)
                .forEach(System.out::println);

        System.out.println("Basic Search Ok");
    }

}
```

我们接收一个含有查询单词的字符串对象数组。首先，将该数组转换成一个集合。然后，使用一个 try-with-resources 流处理 invertedIndex.txt 文件的各行，正是该文件存放了倒排索引。由于采用了 try-with-resources 流，因此不需要担心文件的打开和关闭。对该流的聚合操作将会生成一个含有相关文档的 QueryResult 对象。可以使用下述方法获取该列表。

- □ parallel()：首先，获取一个并行流以提高搜索过程的性能。
- □ filter()：选取将集合中单词与查询中单词相关联的行。Utils.getWord()方法将获取该行的单词。
- □ flatMap()：将字符串流（其中每个字符串都是倒排索引中的一行）转换成一个 Token 对象流。每个 Token 对象包含了文件中一个单词的 tfxidf 值。对于每一行，生成的 Token 对象数与包含该单词的文件数相同。
- □ forEach()：使用该类的 add()方法添加每个 Token 对象，进而生成 QueryResult 对象。

一旦创建了 QueryResult 对象，则要使用以下方法创建另一个流，以便获得最终结果列表。

- □ getAsList()：QueryResult 对象返回一个含有相关文档的列表。
- □ stream()：用于创建一个处理该列表的流。
- □ sorted()：用于按照文档的 tfxidf 值排列文档列表。
- □ limit()：用于获得前 100 个结果。
- □ forEach()：用于处理 100 个结果并且将信息输出到屏幕。

下面详细介绍一下在本例中用到的辅助类和方法。

1.basicMapper()方法

该方法将一个字符串流转换成一个 Token 对象流。稍后将详细介绍，Token 中存放文档中一个单词的 tfxidf 值。该方法接收一个字符串（倒排索引中的一行）。它将一行分割成若干个 Token，并且生成与单词所在文档数相同的 Token 对象。该方法在 ConcurrentSearch 类中实现，其源代码如下：

```
public static Stream<Token> basicMapper(String input) {
  ConcurrentLinkedDeque<Token> list = new ConcurrentLinkedDeque();
  String word = Utils.getWord(input);
  Arrays.stream(input.split(",")).skip(1).parallel()
      .forEach(token -> list.add(new Token(word, token)));

  return list.stream();
}
```

首先，创建一个 ConcurrentLinkedDeque 对象来存储 Token 对象。然后，使用 split()方法分割字符串，并且使用 Arrays 类的 stream()方法生成流。跳过第一个元素（其中包含单词的信息），并且以并行方式处理剩下的 Token。对于每个元素，均创建一个新的 Token 对象（将该单词和具有 file:tfxidf 格式的 Token 传递给构造函数），并且将其添加到该流。最后，使用 ConcurrenLinked-Deque 对象的 stream()方法返回一个流。

2. Token 类

如前所述，该类存储了文档中某一单词的 tfxidf 值。这样，该类就有三个属性用于存放这些信息，如下所示：

```
public class Token {

    private final String word;
    private final double tfxidf;
    private final String file;
```

构造函数接收两个字符串。第一个参数中含有该单词，而第二个参数含有文件和以 `file:tfxidf` 格式出现的 `tfxidf` 属性，所以要按照如下代码进行处理。

```
public Token(String word, String token) {
    this.word=word;
    String[] parts=token.split(":");
    this.file=parts[0];
    this.tfxidf=Double.parseDouble(parts[1]);
}
```

最后，增加了获取（而不是设置）这三个属性值的方法，以及一个将对象转换成字符串的方法，如下所示：

```
@Override
public String toString() {
    return word+":"+file+":"+tfxidf;
}
```

3. `QueryResult` 类

该类存放了与某个查询相关的文档列表。从内部来看，该类使用一个 Map 来存放相关文档信息。其键为文档的文件名，其值为一个 Document 对象，其中包含了文件名和该文档相对于该查询的 `tfxidf` 值总和，如下所示：

```
public class QueryResult {

    private Map<String, Document> results;
```

使用该类的构造函数具体实现将用到的 Map 接口。在并发版本中使用 ConcurrentHashMap，在串行版本中使用 HashMap。

```
public QueryResult(Map<String, Document> results) {
    this.results=results;
}
```

该类包含了 append 方法，它将一个 Token 插入 Map，如下所示：

```
public void append(Token token) {
    results.computeIfAbsent(token.getFile(), s -> new
Document(s)).addTfxidf(token.getTfxidf());
}
```

如果没有与文件相关的 Document 对象，那么使用 computeIfAbsent()方法创建一个新的 Document 对象；如果 Document 对象早已存在，该方法会获取相应的 Document 对象，并且使用 addTfxidf()方法将 Token 的 tfxidf 值加到文档的总 tfxidf 值。

最后，还引入了一个方法以获取 Map，作为一个列表，如下所示：

```
public List<Document> getAsList() {
  return new ArrayList<>(results.values());
}
```

Document 类将文件名以字符串形式保存，将总 tfxidf 值以 DoubleAdder 形式保存。该类是
Java 8 的一个新特性，可以从不同线程汇总计算变量的值，而无须担心同步问题。它实现了 Comparable
接口来按照文档的 tfxidf 值对其进行排序，这样 tfxidf 值最高的文档就会排到第一位。其源代码
非常简单，此处不再给出。

8.3.3　第二种方式：约简的文档查询

第一种方法是为每个单词和文件创建一个新的 Token 对象。注意，有一些常见词（例如 the）会
关联大量的文档，但是其中的大多数 tfxidf 值都很低。我们修改了自己的映射器方法，对于每个单
词仅考虑与之相关的 100 个文件，这样生成的 Token 对象数量就比较小了。

我们在 ConcurrentSearch 类的 reducedSearch() 方法中实现了该版本。该方法与 basicSearch()
方法非常类似，它仅仅改变了生成 QueryResult 对象的流操作，如下所示：

```
invertedIndex.parallel().filter(line -> set
              .contains(Utils.getWord(line)))
              .flatMap(ConcurrentSearch::limitedMapper)
              .forEach(results::append);
```

现在，使用 limitedMapper() 方法作为 flatMap() 方法中的函数。

limitedMapper()方法

该方法与 basicMapper() 方法类似，但是如前所述，仅考虑与每个单词相关的前 100 个文档。
因为文档均按照其 tifxidf 值进行排序，所以采用该词重要程度较高的前 100 个文档，如下所示：

```
public static Stream<Token> limitedMapper(String input) {
  ConcurrentLinkedDeque<Token> list = new ConcurrentLinkedDeque();
  String word = Utils.getWord(input);

Arrays.stream(input.split(",")).skip(1).limit(100).parallel().forEach(token
-> {
    list.add(new Token(word, token));
  });

  return list.stream();
}
```

它和 basicMapper() 方法唯一的区别在于对 limit(100) 的调用，这将选取流的前 100 个元素。

8.3.4　第三种方式：生成一个含有结果的 HTML 文件

使用 Web 搜索引擎（例如 Google）作为搜索工具进行搜索时，它会返回搜索的结果（最重要的
10 个结果），而且每个结果都显示了文档的标题和出现所搜索单词的文档片段。

搜索工具的第三种方法基于第二种方法，只是增加了第三个流来生成一个含有搜索结果的 HTML

文件。对于每个结果，我们将显示文档的标题以及含有查询中单词的三行片段。要实现这一目标，需要访问在倒排索引中出现的文件。这些文件已经存储在一个名为 docs 的文件夹中。

第三种方法在 ConcurrentSearch 类的 htmlSearch() 方法中实现。该方法的第一部分与 reducedSearch() 方法相同，它构造了含有 100 个结果的 QueryResult 对象。

```java
public static void htmlSearch(String query[], String fileName) throws
                            IOException {
  Path path = Paths.get("index", "invertedIndex.txt");
  HashSet<String> set = new HashSet<>(Arrays.asList(query));
  QueryResult results = new QueryResult(new ConcurrentHashMap<>());

  try (Stream<String> invertedIndex = Files.lines(path)) {

    invertedIndex.parallel().filter(line -> set
                  .contains(Utils.getWord(line)))
                  .flatMap(ConcurrentSearch::limitedMapper)
                  .forEach(results::append);
```

然后，创建文件并写入输出结果和 HTML 头。

```java
path = Paths.get("output", fileName + "_results.html");
try (BufferedWriter fileWriter = Files.newBufferedWriter(path,
    StandardOpenOption.CREATE)) {

  fileWriter.write("<HTML>");
  fileWriter.write("<HEAD>");
  fileWriter.write("<TITLE>");
  fileWriter.write("Search Results with Streams");
  fileWriter.write("</TITLE>");
  fileWriter.write("</HEAD>");
  fileWriter.write("<BODY>");
  fileWriter.newLine();
```

然后，引入在 HTML 文件中生成结果的流。

```java
results.getAsList().stream().sorted().limit(100).map(new
ContentMapper(query)).forEach(l -> {
    try {
      fileWriter.write(l);
      fileWriter.newLine();
    } catch (IOException e) {
      e.printStackTrace();
    }
  });

  fileWriter.write("</BODY>");
  fileWriter.write("</HTML>");

}
```

我们用到了以下方法。

❏ getAsList()：用于获取与查询相关的文档列表。

❏ stream()：用于生成一个顺序流。无法并行化该流。如果试图这样做，最终文件中的结果则不会按照文档的 tfxidf 值排序。

- ❑ sorted()：用于按照 tfxidf 属性对结果排序。
- ❑ map()：使用 ContentMapper 类将每个结果对应的 Result 对象转换成为一个含有 HTML 代码的字符串，本章稍后将详细介绍该类。
- ❑ forEach()：将 map() 方法返回的 String 对象输出到文件。Stream 对象的方法不能抛出校验异常，因此要使用一个 try...catch 代码块抛出异常。

下面详细介绍一下 ContentMapper 类。

ContentMapper 类

ContentMapper 类是 Function 接口的一个实现，它将一个 Result 对象转换成一个 HTML 代码块，其中含有文档标题以及含有查询中一个或多个单词的三行文档片段。

该类使用一个内部属性来存放查询，而且实现了一个构造函数来初始化该属性，如下所示：

```
public class ContentMapper implements Function<Document, String> {
  private String query[];

  public ContentMapper(String query[]) {
    this.query = query;
  }
```

该文档的标题存放在文件的第一行中。使用 try-with-resources 指令和 File 类的 lines() 方法，创建含有该文件各行内容的 String 对象流，并且使用 findFirst() 方法以字符串形式获取第一行。

```
public String apply(Document d) {
  String result = "";
  try (Stream<String> content = Files.lines(Paths.get("docs",d
                                      .getDocumentName())))) {
    result = "<h2>" + d.getDocumentName() + ": " +
            content.findFirst().get() + ": " +
            d.getTfxidf() + "</h2>";
  } catch (IOException e) {
    e.printStackTrace();
    throw new UncheckedIOException(e);
  }
```

然后，采用一种类似结构，不过在本例中，我们使用 filter() 方法获取那些仅包含查询中一个或多个单词的行，使用 limit() 方法选取其中的三行。然后，使用 map() 方法为每个段落添加 HTML 标记（<p>），并使用 reduce() 方法完成含有选定行的 HTML 代码。

```
  try (Stream<String> content = Files.lines(Paths.get ("docs",
                                      d.getDocumentName())))) {
    result += content.filter(l -> Arrays.stream(query)
                    .anyMatch (l.toLowerCase()::contains))
                    .limit(3).map(l -> "<p>"+l+"</p>")
                    .reduce("",String::concat);
    return result;
  } catch (IOException e) {
    e.printStackTrace();
    throw new UncheckedIOException(e);
  }
}
```

8

8.3.5　第四种方式：预先载入倒排索引

并行执行时，前三种解决方案会存在问题。如前所述，并行流是由 Java 并发 API 中的公共 Fork/Join 池执行的。在第 7 章中，我们了解了不应该在任务中使用 I/O 操作来读取或写入数据。这是因为当一个线程阻塞了从（向）文件读取（写入）数据时，该框架就不再使用工作窃取算法。因此将一个文件作为流的来源时，实际上是将自己的并发方案置于不利境地。

这一问题的解决方案之一就是将数据读取到某种数据结构中，然后从该数据结构中创建流。显然，与其他方式相比，这种方式的执行时间要少一些，但是仍要比较串行版本和并发版本，看看并发版本是否如预期那样能够带来更好的性能。这种方式的缺陷在于需要将数据结构存放在内存中，而这需要消耗大量的内存。

第四种方式在 `ConcurrentSearch` 类的 `preloadSearch()` 方法中实现。该方法接收以一个字符串数组形式存放的查询和一个带有倒排索引数据的 `ConcurrentInvertedIndex` 类（稍后将了解该类的详细内容）的对象作为参数。这一版本的源代码如下：

```
public static void preloadSearch(String[] query,
                    ConcurrentInvertedIndex invertedIndex) {

  HashSet<String> set = new HashSet<>(Arrays.asList(query));
  QueryResult results = new QueryResult(new ConcurrentHashMap<>());

  invertedIndex.getIndex().parallelStream()
              .filter(token -> set.contains(token.getWord()))
              .forEach(results::append);

  results.getAsList().stream().sorted().limit(100)
          .forEach(document -> System.out.println(document));

  System.out.println("Preload Search Ok.");
}
```

`ConcurrentInvertedIndex` 类采用 `List<Token>` 来存放从文件中读取的 `Token` 对象。该类有两个方法来操作该元素列表，即 `get()` 和 `set()` 方法。

与在其他方式中一样，我们使用两个流：第一个用于获取 `Result` 对象的 `ConcurrentLinkedDeque`，其中含有整个结果列表；第二个用于在控制台输出结果。与其他版本相比，第二个流并没有改变，但是第一个流发生了变化。在该流中使用了下述方法。

❏ `getIndex()`：首先，获取 `Token` 对象列表。

❏ `parallelStream()`：其次，创建一个并行流来处理该列表的全部元素。

❏ `filter()`：选择与查询中单词相关的 `Token`。

❏ `forEach()`：对 `Token` 列表进行处理，使用 `append()` 方法将它们添加到 `QueryResult` 对象中。

ConcurrentFileLoader 类

`ConcurrentFileLoader` 类将含有倒排索引信息的 invertedIndex.txt 文件内容加载到内存。它提供了一个名为 `load()` 的静态方法，该方法接收存放倒排索引的文件路径作为参数，返回一个 `ConcurrentInvertedIndex` 对象。代码如下：

```
public class ConcurrentFileLoader {

  public ConcurrentInvertedIndex load(Path path) throws IOException {
    ConcurrentInvertedIndex invertedIndex = new ConcurrentInvertedIndex();
    ConcurrentLinkedDeque<Token> results=new ConcurrentLinkedDeque<>();
```

使用 `try-with-resources` 结构打开文件并且创建一个流来处理所有行。

```
    try (Stream<String> fileStream = Files.lines(path)) {
      fileStream.parallel().flatMap(ConcurrentSearch::limitedMapper)
            .forEach(results::add);
    }

    invertedIndex.setIndex(new ArrayList<>(results));
    return invertedIndex;
  }
}
```

在该流中使用了下述方法。

☐ `parallel()`：将该流转换成一个并行流。

☐ `flatMap()`：使用 `ConcurrentSearch` 类的 `limitedMapper()` 方法将行转换成一个 `Token` 对象流。

☐ `forEach()`：处理 `Token` 对象列表，使用 `add()` 方法将它们添加到 `ConcurrentLinkedDeque` 对象中。

最后，将 `ConcurrentLinkedDeque` 对象转换成 `ArrayList`，并且在 `InvertedIndex` 对象中使用 `setIndex()` 方法对其进行设置。

8.3.6 第五种方式：使用我们的执行器

为了更加深入地理解本例，我们还将测试另一个并发版本。正如本章开头提到的，并行流使用 Java 8 引入的公共 Fork/Join 池。然而，我们可以借助一个技巧来使用自己的池。如果将自己的方法作为 Fork/Join 池的一个任务，那么该流的所有操作都会在同一 Fork/Join 池中执行。为测试该功能，我们在 `ConcurrentSearch` 类中增加了 `executorSearch()` 方法。该方法接收以字符串对象数组表示的查询作为参数，接收 `InvertedIndex` 对象和一个 `ForkJoinPool` 对象。该方法的源代码如下：

```
public static void executorSearch(String[] query,
      ConcurrentInvertedIndex invertedIndex, ForkJoinPool pool) {
  HashSet<String> set = new HashSet<>(Arrays.asList(query));
  QueryResult results = new QueryResult(new ConcurrentHashMap<>());

  pool.submit(() -> {
    invertedIndex.getIndex().parallelStream()
            .filter(token -> set.contains(token.getWord()))
            .forEach(results::append);

    results.getAsList().stream().sorted().limit(100)
          .forEach(document -> System.out.println(document));
  }).join();

  System.out.println("Executor Search Ok.");

}
```

执行该方法的内容，其中含有两个流。使用 `submit()` 方法将该方法作为 Fork/Join 池中的一个任务，并且使用 `join()` 方法等待其执行完毕。

8.3.7　从倒排索引获取数据：`ConcurrentData` 类

我们还实现了一些方法来获取有关倒排索引的信息，这用到了 `ConcurrentData` 类中的 `reduce()` 方法。

8.3.8　获取文件中的单词数

第一个方法用于计算文件中的单词数。正如在本章前面提到的，倒排索引存储了出现单词的文件。如果想知道文件中出现的单词，必须处理所有的倒排索引。我们实现了该方法的两个版本。第一个是在 `getWordsInFile1()` 方法中实现的。它接收文件名和 `InvertedIndex` 对象作为参数，如下所示：

```
public static void getWordsInFile1(String fileName, ConcurrentInvertedIndex
index) {
    long value = index.getIndex().parallelStream()
                               .filter(token -> fileName
                               .equals(token.getFile())).count();
    System.out.println("Words in File "+fileName+": "+value);
}
```

本例使用 `getIndex()` 方法获取 Token 对象列表，并且使用 `parallelStream()` 方法创建一个并行流。然后，使用 `filter()` 方法筛选与该文件相关的 Token。最后，使用 `count()` 方法计算与该文件相关的单词数。

我们还实现了该方法的另一个版本，使用 `reduce()` 方法替代 `count()` 方法，即 `getWordsInFile2()` 方法，如下所示：

```
public static void getWordsInFile2(String fileName, ConcurrentInvertedIndex
index) {

    long value = index.getIndex().parallelStream()
                       .filter(token -> fileName.equals(token.getFile()))
                       .mapToLong(token -> 1).reduce(0, Long::sum);
    System.out.println("Words in File "+fileName+": "+value);
}
```

操作的起始顺序与前一个方法相同。获取含有文件中单词的 Token 对象流时，我们使用 `mapToInt()` 方法将该流转换成一个数值为 1 的流，然后使用 `reduce()` 方法将所有的数值 1 相加。

8.3.9　获取文件的平均 `tfxidf` 值

我们实现了 `getAverageTfxidf()` 方法，该方法计算了文档集合中某个文件中单词的平均 `tfxidf` 值。在此使用 `reduce()` 方法来展示它是如何运行的。也可以使用其他方法获得更好的性能。

```
public static void getAverageTfxidf(String fileName,
                ConcurrentInvertedIndex index) {
```

```
long wordCounter = index.getIndex().parallelStream()
                    .filter(token -> fileName.equals(token.getFile()))
                    .mapToLong(token -> 1).reduce(0, Long::sum);

double tfxidf = index.getIndex().parallelStream()
                    .filter(token -> fileName.equals(token.getFile()))
                    .reduce(0d,(n,t)-> n+t.getTfxidf(),(n1,n2) -> n1+n2);

System.out.println("Words in File "+fileName+": "+
                    (tfxidf/wordCounter));
}
```

我们使用两个流。第一个计算文件中的单词数，而且它和 getWordsInFile2() 方法的源代码相同。第二个计算文件中所有单词的 tfxidf 总值。我们使用同样的方法获取含有文件中单词的 Token 对象流，然后使用 reduce 方法将所有单词的 tfxidf 值相加。我们向 reduce() 方法传递下述三个参数。

- 0：该参数作为标识值传入。
- (n,t) -> n+t.getTfxidf()：该参数作为 accumulator 函数传入。它接收一个 double 数值和一个 Token 对象，并且计算该数值和 Token 的 tfxidf 属性值的和。
- (n1,n2) -> n1+n2：该参数作为 combiner 函数传入。它接收两个数值并且计算它们的和。

8.3.10　获取索引中的最大 tfxidf 值和最小 tfxidf 值

我们还在 maxTfxidf() 方法和 minTfxidf() 方法中使用 reduce() 方法来计算最大 tfxidf 值和最小 tfxidf 值。

```
public static void maxTfxidf(ConcurrentInvertedIndex index) {
  Token token = index.getIndex().parallelStream()
                      .reduce(new Token("", "xxx:0"), (t1, t2) -> {
    if (t1.getTfxidf()>t2.getTfxidf()) {
      return t1;
    } else {
      return t2;
    }
  });
  System.out.println(token.toString());
}
```

该方法接收 ConcurrentInvertedIndex 作为参数。我们使用 getIndex() 方法来获取 Token 对象列表。然后，使用 parallelStream() 方法在该列表上创建一个并行流，并且使用 reduce() 方法获取具有最高 tfxidf 值的 Token 对象。在本例中，使用带有两个参数的 reduce() 方法，其中一个参数为标识值，另一个为一个 accumulator 函数。该标识值是一个 Token 对象。我们并不考虑该单词及其文件名称，但是将其 tfxidf 属性的值初始化为 0。然后，accumulator 函数接收两个 Token 对象作为参数。比较两个对象的 tfxidf 值属性，并且返回值较大的那个对象。

minTfxidf() 方法非常类似，如下所示：

```
public static void minTfxidf(ConcurrentInvertedIndex index) {
  Token token = index.getIndex().parallelStream()
                      .reduce(new Token("", "xxx:1000000"),(t1, t2) -> {
    if (t1.getTfxidf()<t2.getTfxidf()) {
      return t1;
    } else {
      return t2;
    }
  });
  System.out.println(token.toString());
}
```

对于本例，其主要区别在于对标识值的初始化要采用非常高的 `tfxidf` 属性值。

8.3.11　`ConcurrentMain` 类

为了测试在以上各节中讲述的方法，我们实现了 `ConcurrentMain` 类，该类实现了 `main()` 方法以启动测试。在这些测试中，使用了下面三个查询。

❑ 查询 1：含有 `james` 和 `bond` 两个单词。

❑ 查询 2：含有 `gone`、`with`、`the` 和 `wind` 等单词。

❑ 查询 3：含有单词 `rocky`。

我们用三个版本的搜索过程测试上述三个查询，度量每次测试的执行时间。所有的测试都含有类似下面的代码：

```
public class ConcurrentMain {

  public static void main(String[] args) {

    String query1[]={"james","bond"};
    String query2[]={"gone","with","the","wind"};
    String query3[]={"rocky"};

    Date start, end;

    bufferResults.append("Version 1, query 1, concurrent\n");
    start = new Date();
    ConcurrentSearch.basicSearch(query1);
    end = new Date();
    bufferResults.append("Execution Time: " + (end.getTime() -
                          start.getTime()) + "\n");
```

为从某个文件将倒排索引加载到一个 `InvertedIndex` 对象，可以使用下述代码。

```
ConcurrentInvertedIndex invertedIndex = new
                        ConcurrentInvertedIndex();
ConcurrentFileLoader loader = new ConcurrentFileLoader();
invertedIndex = loader.load(Paths.get("index",
                           "invertedIndex.txt"));
```

为了创建用于 `executorSearch()` 方法的执行器，可以使用下面的代码。

```
ForkJoinPool pool = new ForkJoinPool();
```

8.3.12　串行版

我们通过 `SerialSearch`、`SerialData`、`SerialInvertendIndex`、`SerialFileLoader` 和 `SerialMain` 类实现了该例的串行版。为了实现该版本，我们做了如下改动。

- ❑ 使用顺序流替代并行流。不使用 `parallel()` 方法来将流转换成并行流，或者将创建并行流的 `parallelStream()` 方法替换为 `stream()` 方法，进而创建一个顺序流。
- ❑ 在 `SerialFileLoader` 类中，使用 `ArrayList` 代替 `ConcurrentLinkedDeque`。

8.3.13　对比两种解决方案

比较一下已实现所有方法的串行版和并行版解决方案。

使用 JMH 框架来执行它们，该框架允许你在 Java 中实现微型基准测试。使用一个面向基准测试的框架是比较好的解决方案，它直接用 `currentTimeMillis()` 方法或者 `nanoTime()` 方法度量时间。在两种不同的架构上分别执行这些示例 10 次。

- ❑ 一台计算机配置了 Intel Core i5-5300 处理器、Windows 7 操作系统和 16GB 的 RAM。该处理器有两个核，且每个核可以执行两个线程，这样就有四个并行线程。
- ❑ 另一台计算机配置了 AMD A8-640 处理器、Windows 10 操作系统和 8GB 的 RAM。该处理器有四个核。

对于含有单词 `james` 和 `bond` 的第一个查询，其执行时间如下（单位：毫秒）。

	Intel 架构		AMD 架构	
	串行版	并发版	串行版	并发版
基本搜索	1310.845	650.83	3286.336	1732.431
约简搜索	1179.955	645.184	3172.025	1521.285
HTML 搜索	1457.035	785.553	3351.34	2089.5
预加载搜索	84.174	43.716	152.663	104.394
执行器搜索	90.714	47.865	144.375	111.829

对于带有单词 `gone`、`with`、`the` 和 `wind` 的第二个查询，其执行时间如下（单位：毫秒）。

	Intel 架构		AMD 架构	
	串行版	并发版	串行版	并发版
基本搜索	1425.664	853.543	3822.322	1787.31
约简搜索	1159.872	644.429	3236.021	1540.008
HTML 搜索	1428.503	807.955	3358.694	2330.248
预加载搜索	75.803	49.417	161.131	120.313
执行器搜索	89.737	44.969	149.358	109.485

对于含有单词 rocky 的第三个查询，执行时间如下（单位：毫秒）。

	Intel 架构		AMD 架构	
	串行版	并发版	串行版	并发版
基本搜索	1274.524	706.979	3163.459	1446.918
约简搜索	1165.619	767.027	3167.887	1586.318
HTML 搜索	1167.504	677.001	3196.033	2224.549
预加载搜索	74.287	45.014	140.17	101.741
执行器搜索	81.929	47.868	142.389	107.507

最后，下表为返回有关倒排索引信息的各方法的平均执行时间（单位：毫秒）。

	Intel 架构		AMD 架构	
	串行版	并发版	串行版	并发版
getWordsInFile1	80.112	37.111	121.379	79.084
getWordsInFile2	68.627	30.371	121.452	75.397
getAverageTfxidf	127.382	62.966	259.749	145.967
maxTfxidf	31.64	28.207	89.013	76.604
minTfxidf	40.256	30.228	91.784	82.566

可以得出如下结论。

❑ 读取倒排索引以获取相关文档列表时，算法的并发版本展现了更好的性能。

❑ 采用预先载入倒排索引的版本时，该算法的并发版本也在各种情况下表现出了较好的性能。

❑ 对于那些能够返回倒排索引相关信息的方法，算法的并发版本总是具有更好的性能。

最后使用加速比比较三个查询的并行流和顺序流处理情况，例如，对于预先载入倒排索引的 James Bond 查询，有如下公式。

$$S_{AMD} = \frac{T_{serial}}{T_{concurrent}} = \frac{152.663}{104.304} = 1.46$$

$$S_{Intel} = \frac{T_{serial}}{T_{concurrent}} = \frac{84.174}{43.716} = 1.92$$

最后，在第三种方法中，我们生成了含有查询结果的 HTML 网页。对于带有单词 james bond 的第一个查询，搜索到的前几个结果如下。

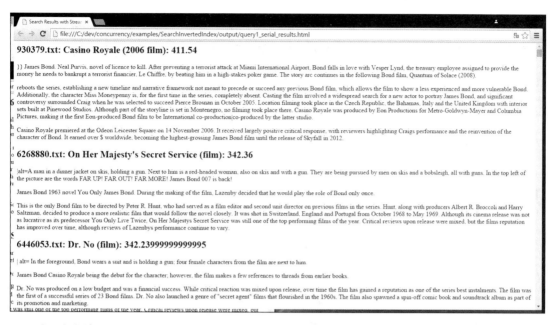

对于含有单词 gone with the wind 的第二个查询，其搜索到的前几个结果如下。

最后，查询 rocky 搜索到的前几个结果如下所示。

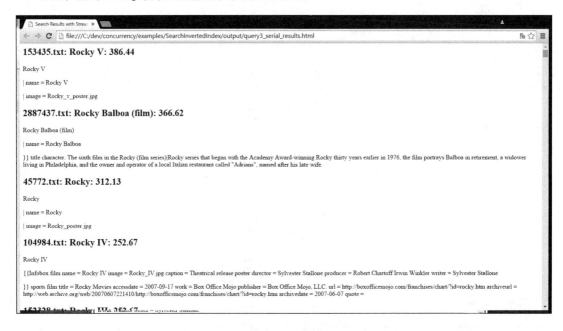

8.4　小结

本章介绍了流，这是 Java 8 中引入的一种新特性，它受到了函数式编程的启示，而且为使用新的 lambda 表达式铺平了道路。流是一个数据序列（并不是一个数据结构），允许以顺序或者并发方式应用一个操作序列，对元素进行筛选、转换、排序、约简或组织，以获得一个最终对象。

你也了解了流的主要特征，在自己的串行应用程序或并发应用程序中使用这些流时，应该对它们加以考虑。

最后，我们在两个样例中使用了流。第一个样例几乎使用了 Stream 接口提供的全部方法，以计算一个大规模数据集的统计数据。其中，使用了 UCI 机器学习资源库的 Online Retail 数据集。第二个样例实现了多种不同的方式来在倒排索引中构建一个搜索应用程序，以便获得与查询最相关的文档。这是信息检索领域最常见的任务之一。为此，我们使用了 reduce() 方法作为流的末端操作。

下一章将继续讲解流，但是会更加关注 collect() 末端操作。

第 9 章

使用并行流处理大规模数据集：MapCollect 模型

第 8 章介绍了流的概念。流就是一个元素序列，可以使用并行或者顺序的方式进行处理。本章将继续学习如何处理流，主要涉及如下主题。

- ❏ collect() 方法。
- ❏ 第一个例子：无索引条件下的数据搜索。
- ❏ 第二个例子：推荐系统。
- ❏ 第三个例子：社交网络中的共同联系人。

9.1 使用流收集数据

第 8 章简要介绍了流。下面回顾一下流最重要的几个特征。

- ❏ 流并不存储元素。它们只处理存放在数据源（数据结构、文件等）中的元素。
- ❏ 流不可重用。
- ❏ 流可对数据进行延迟处理。
- ❏ 流操作不能修改流的源。
- ❏ 流允许你进行链式操作，因此一项操作的输出是下一项操作的输入。

流由下述三个要素构成。

- ❏ 生成流元素的源。
- ❏ 0 个或多个中间操作，这些操作可以产生输出，形成另一个流。
- ❏ 一个可以产生结果的末端操作，该结果既可以是一个简单对象、数组、Colletion、Map，也可以是其他的东西。

Stream API 提供了不同的末端操作，不过其中两个操作更加重要，它们具有更好的灵活性和更强的能力。在第 8 章中，你学会了如何使用 reduce() 方法，而在本章，将学会如何使用 collect() 方法。下面首先简单介绍一下该方法。

collect()方法

collect()方法可对流的元素进行转换和分组，生成一个含有流最终结果的新数据结构。你可以使用多达三种不同的数据类型：一种输入数据类型，即来自流的输入元素的数据类型；一种中间数据类型，用于在 collect()方法运行过程中存放元素；以及一种输出数据类型，它由 collect()方法返回。

collect()方法有两个版本。第一个版本接收下述三种函数型参数。

❑ **Supplier 函数**：这是一个创建中间数据类型对象的函数。如果使用顺序流，该方法会被调用一次。如果使用并行流，该方法会被调用多次，而且每次都必须产生一个新对象。

❑ **Accumulator 函数**：调用该函数可以处理输入元素，并且在中间数据结构中存放该元素。

❑ **Combiner 函数**：调用该函数可以将两个中间数据结构合二为一。该函数只有在处理并行流时才会被调用。

这个版本的 collect()方法用到了两种不同的数据类型：来自流的元素的输入数据类型，以及用于存放中间元素并返回最终结果的中间数据类型。

collect()方法的第二个版本接收一个实现 Collector 接口的对象。你可以自己实现该接口，但是使用 Collector.of()静态方法更容易。该方法的参数如下所示。

❑ **Supplier**：该函数创建了一个中间数据类型的对象，其用法参照前面的介绍。

❑ **Accumulator**：调用该函数可以处理一个输入元素，如果必要还可对该元素进行转换，并且将其存放在中间数据结构中。

❑ **Combiner**：调用该函数可以将两个中间数据结构合并成一个，用法参照前面的介绍。

❑ **Finisher**：如果需要进行最终的转换或者计算，调用该函数可以将中间数据结构转换成最终的数据结构。

❑ **Characteristics**：可以使用这个最后的变量参数表明所创建的收集器的一些特征。

实际上，这两个版本之间存在稍许差别。带有三个参数的 collect()方法接收的 Combiner 是 BiConsumer，它必须将第二个中间结果合并到第一个中间结果中。而这一版本的 collect()方法采用的 Combiner 是 BinaryOperator，而且应该返回该 Combiner。因此这一版本的 Collect 方法既可以选择将第二个中间结果合并到第一个，也可以将第一个中间结果合并到第二个，或者也可以创建一个新的中间结果。of()方法还有另一个版本，除了 Finisher 之外，参数都相同。在本例中，并不执行最终转换。

Java 在 Collector 工厂类中提供了一些预定义的收集器。可以通过这些收集器的静态方法获得这些收集器。如下是其中的一些方法。

❑ **averagingDouble()、averagingInt()和 averagingLong()**：这些方法返回一个收集器，能够计算 double、int 或者 long 型函数的算术平均值。

❑ **groupingBy()**：该方法返回一个收集器，使你能够按照其对象的某一属性对流的元素进行分组，生成一个 Map，其键为所选定属性的值，而其值为具有某一确定值的对象列表。

❑ **groupingByConcurrent()**：这和前一个方法相似，只是有两点不同。第一个不同点在于该方法在并行模式下比 groupingBy()方法更快，但是在顺序模式下却更慢。第二个（也是最重要的）不同点在于 `groupingByConcurrent()` 函数是一个无序的收集器。不能保证列表中项的顺序和其在流中的顺序相同。另一方面，`groupingBy()` 收集器则能够保证排序。

- ❑ `joining()`：该方法返回一个 Collector 工厂类，将输入元素串联为一个字符串。
- ❑ `partitioningBy()`：该方法返回一个 Collector 工厂类，基于某个谓词的结果对输入元素进行划分。
- ❑ `summarizingDouble()`、`summarizingInt()` 和 `summarizingLong()`：这些方法返回一个 Collector 工厂类，计算输入元素的汇总统计值。
- ❑ `toMap()`：该方法返回一个 Collector 工厂类，使你可以基于两个映射函数将输入元素转换为一个 Map。
- ❑ `toConcurrentMap()`：该方法与前一个类似，只是以并发方式工作。在不考虑定制归并器的情况下，`toConcurrentMap()` 只是在并行流的情况下较快。与 `groupingByConcurrent()` 方法一样，这也是一个无序收集器，而 `toMap()` 则采用相遇时的排序执行转换。
- ❑ `toList()`：该方法返回一个 Collector 工厂类，将输入元素存放到一个列表中。
- ❑ `toCollection()`：该方法使你能够按照相遇时的排序将输入元素累加到一个新的 Collection 工厂类（TreeSet、LinkedHashSet 等）。该方法接收一个创建该 Collection 的 Supplier 接口实现作为参数。
- ❑ `maxBy()` 和 `minBy()`：该方法返回一个 Collector 工厂类，根据以参数传递的比较器产生最大元素和最小元素。
- ❑ `toSet()`：该方法返回一个 Collector，它将输入元素存放到一个集合。

9.2   第一个例子：无索引条件下的数据搜索

在第 8 章中，你学会了如何实现一个搜索工具，使用倒排索引查找与输入查询相似的文档。该数据结构使搜索操作更加方便和快捷，但是在有些场景下，你需要针对一个大规模数据集做搜索操作，而且并没有倒排索引帮忙。这时需要处理该数据集的所有元素以获得正确结果。在本例中，你将看到这样一个场景，并且看到 Stream API 的 `reduce()` 方法如何能帮助你。

为了实现该示例，将使用亚马逊联合采购网络元数据的数据子集，其中包含亚马逊销售的约 548 552 个商品的相关信息，包括商品名称、销售排名、相似商品列表、类别和评论等。可以在 SNAP 搜索"Amazon product co-purchasing network metadata"下载该数据集。我们选取其中的前 20 000 个商品，并且将每个商品记录都存放到一个单独的文件中。为了便于数据处理，我信更改了其中某些字段的格式。所有字段都采用 `property:value` 格式。

9.2.1   基本类

有一些类是并发版本和串行版本共享的。在此详细介绍一下其中的每个类。

1. **Product** 类

Product 类存放了有关商品的信息。下面给出了 Product 类。

❑ id：这是商品的唯一标识符。

❑ asin：这是亚马逊的标准身份识别码。

❑ title：这是商品的名称。

❑ group：这是商品的分组。该属性的取值可以为 Baby Product、Book、CD、DVD、Music、Software、Sports、Toy、Video 或者 Video Games。

❑ salesrank：这表示亚马逊公司的销售排名。

❑ similar：这是文件中所包含的相似项的数目。

❑ categories：这是一个 String 对象列表，其中含有指派给该商品的类别。

❑ reviews：这是一个 Review 对象列表，其中含有该商品的评论（用户和评分）。

该类仅包含属性定义以及与之对应的 getXXX()方法和 setXXX()方法，因此这里不再给出其源代码。

2. Review 类

如前所述，Product 类含有一个 Review 对象列表，其中含有用户对商品的评论信息。该类用如下两个属性存放了每个评论的信息。

❑ user：进行评论的用户的内部编码。

❑ value：用户对商品的评分。

该类仅包含属性定义以及对应的 getXXX()和 setXXX()方法，因此不再给出源代码。

3. ProductLoader 类

ProductLoader 类允许你从某个文件将有关某一商品的信息加载到 Product 对象。该类实现了 load()方法，该方法接收一个 Path 对象（其中含有商品信息的文件路径），并且返回一个 Product 对象。其源代码如下：

```
public class ProductLoader {
  public static Product load(Path path) {
    try (BufferedReader reader = Files.newBufferedReader(path)) {
      Product product=new Product();
      String line=reader.readLine();
      product.setId(line.split(":")[1]);
      line=reader.readLine();
      product.setAsin(line.split(":")[1]);
      line=reader.readLine();
      product.setTitle(line.substring (line.indexOf(':')+1));
      line=reader.readLine();
      product.setGroup(line.split(":")[1]);
      line=reader.readLine();
      product.setSalesrank(Long.parseLong (line.split(":")[1]));
      line=reader.readLine();
      product.setSimilar(line.split(":")[1]);
      line=reader.readLine();

      int numItems=Integer.parseInt(line.split(":")[1]);

      for (int i=0; i<numItems; i++) {
        line=reader.readLine();
```

```
      product.addCategory(line.split(":")[1]);
    }

    line=reader.readLine();
    numItems=Integer.parseInt(line.split(":")[1]);
    for (int i=0; i<numItems; i++) {
      line=reader.readLine();
      String tokens[]=line.split(":");
      Review review=new Review();
      review.setUser(tokens[1]);
      review.setValue(Short.parseShort(tokens[2]));
      product.addReview(review);
    }
    return product;
  } catch (IOException x) {
    throw newe UncheckedIOException(x);
  }

  }
}
```

9.2.2　第一种方式：基本搜索

第一种方式是接收一个单词作为输入查询，搜索所有存储商品信息的文件，看看是否在定义商品的某个字段中含有该单词，不论对哪个商品都这样操作。这将仅显示包含该单词的文件名。

为了实现该基本方式，我们实现了`ConcurrentMainBasicSearch`类，它实现了`main()`方法。首先，初始化查询和存放所有文件的基本路径。

```
public class ConcurrentMainBasicSearch {

  public static void main(String args[]) {
    String query = args[0];
    Path file = Paths.get("data");
```

我们只需要一个流来生成含有结果的字符串列表，如下所示：

```
try {
  Date start, end;
  start = new Date();
  ConcurrentLinkedDeque<String> results = Files.walk(file,
          FileVisitOption.FOLLOW_LINKS).parallel().filter(f ->
          f.toString().endsWith(".txt"))
          .collect(ArrayList<String>::new,
          new ConcurrentStringAccumulator (query), List::addAll);
  end = new Date();
```

我们的流包含下述元素。

(1) 使用`Files`类的`walk()`方法启动流，将文件集合的基本`Path`对象作为参数传递。该方法将所有文件作为流返回，并且返回该路径下的所有目录。

(2) 然后，使用`parallel()`方法将该流转换成一个并发流。

(3) 我们仅对扩展名为.txt 的文件感兴趣，因此使用 `filter()`方法对文件进行筛选。

(4) 最后，使用 `collect()`方法将 Path 对象流转换为 String 对象（含有文件名）的 Concurrent-LinkedDeque。

我们使用 `collect()`方法的三参数版本用到了下述函数型参数。

❑ Supplier：使用 ArrayList 类的 new 方法引用为每个线程创建一个新的数据结构，以便存放相应结果。

❑ Accumulator：我们在 ConcurrentStringAccumulator 类中实现了自己的 Accumulator。稍后将详细介绍该类。

❑ Combiner：使用 ConcurrentLinkedDeque 类的 `addAll()`方法连接两个数据结构。在本例中，会将第二个 Collection 中的所有元素添加到第一个 Collection 中。而第一个 Collection 既可用于进一步的合并，也可以作为最终结果。

最后，在控制台输出从流获得的结果。

```
System.out.println("Results for Query: "+query);
System.out.println("**************");
results.forEach(System.out::println);
System.out.println("Execution Time: "+(end.getTime()-
                   start.getTime()));
} catch (IOException e) {
e.printStackTrace();
}
}
}
```

每当要处理流的一个路径以评估是否必须将其名称包含到结果列表中时，都要执行 Accumulator 函数型参数。为实现这种功能，我们实现了 ConcurrentStringAccumulator 类。下面看看该类的详细情况。

ConcurrentStringAccumulator 类

ConcurrentStringAccumulator 类加载了一个带有商品信息的文件，以判断它是否包含查询中的术语。它实现了 BiConsumer 接口，这是因为我们要将其用作 `collect()`方法的一个参数。使用 List<String>类和 Path 类参数化该接口。

```
public class ConcurrentStringAccumulator implements BiConsumer
                    <List<String>, Path> {
```

它将查询定义为一个内部属性，并该属性在构造函数中被初始化，如下所示。

```
private String word;

public ConcurrentStringAccumulator (String word) {
  this.word=word.toLowerCase();
}
```

然后，实现在 BiConsumer 接口中定义的 `accept()`方法。该方法接收两个参数：一个是 ConcurrentLinkedDeque<String>类，另一个是 Path 类。

为了加载文件并且判断它是否包含该查询，使用以下的流。

```
@Override
public void accept(List<String> list, Path path) {

  long counter;

  try {
    counter = Files.lines(path).map(l -> l.split(":")[1].toLowerCase())
              .filter(l -> l.contains(word.toLowerCase())).count();
```

我们的流包含下述元素。

(1) 首先，使用 `Files` 类的 `lines()` 方法加载文件中的行到一个流。文件每一行均参照 `property:` `value` 格式。

(2) 其次，使用 `map()` 方法获取每个属性的取值。

(3) 然后，使用 `filter()` 方法仅选取那些含有待搜索单词的行。

(4) 最后，使用 `count()` 方法计算流中剩下的元素数。

如果 Counter 变量的值大于 0，那么该文件包含查询术语，如此便将该文件的名称添加到存放结果的 ConcurrentLinkedDeque 类。

```
        if (counter>0) {
          list.add(path.toString());
        }
    } catch (Exception e) {
      System.out.println(path);
      e.printStackTrace();
    }
  }
}
```

9.2.3　第二种方式：高级搜索

基本搜索方式存在一些缺陷。

❑ 该方式在所有属性中查找查询中的术语，但是或许我们只想对其中的一部分进行查找，例如在商品名称中查找。

❑ 该方式仅显示文件名，但是其实还可以显示更多的信息，例如也可以显示商品名称这样的附加信息。

为了解决这些问题，我们将构造一个实现 `main()` 方法的 `ConcurrentMainSearch` 类。首先，初始化查询和存放所有文件的基础 `Path` 对象。

```
public class ConcurrentMainSearch {
  public static void main(String args[]) {
    String query = args[0];
    Path file = Paths.get("data");
```

然后，使用下面的流来生成有关 Product 对象的 ConcurrentLinkedDeque 类。

```
try {
  Date start, end;
  start=new Date();
  List<Product> results = Files.walk(file, FileVisitOption
```

```
                          .FOLLOW_LINKS).parallel().filter(f -> f
                          .toString().endsWith(".txt"))
                          .collect(ArrayList<Product>::new, new
                          ConcurrentObjectAccumulator(query),
                          List::addAll);
```

这个流和在基本方式中实现的流具有相同的元素，只是有下述两点变化。

❑ 在 collect() 方法中，在 Accumulator 参数中使用了 ConcurrentObjectAccumulator 类。

❑ 使用 Product 对象参数化 ConcurrentLinkedDeque 类。

最后，在控制台中输出结果。但是在本例中，我们输出每个商品的名称。

```
      System.out.println("Results");
      System.out.println("*************");
      results.forEach(p -> System.out.println(p.getTitle()));
      System.out.println("Execution Time: "+(end.getTime()-
                          start.getTime()));

    } catch (IOException e) {
      e.printStackTrace();
    }
  }
}
```

你可以更改上述代码，输出有关商品的其他任何信息，例如销售排名或者类别。

与之前相比，这一实现最重要的变化在于 ConcurrentObjectAccumulator 类。下面详细介绍一下该类。

ConcurrentObjectAccumulator 类

ConcurrentObjectAccumulator 类实现了 BiConsumer 接口，该接口由 ConcurrentLinked-Deque<Product> 类和 Path 类参数化，这是因为我们希望在 collect() 方法中使用它。该类定义了名为 word 的内部属性来存放查询中的术语。该属性在该类的构造函数中初始化。

```
public class ConcurrentObjectAccumulator implements BiConsumer
                          <List<Product>, Path> {
  private String word;

  public ConcurrentObjectAccumulator(String word) {
    this.word = word;
  }
```

accept() 方法（在 BiConsumer 接口中定义）的实现非常简单。

```
  @Override
  public void accept(List<Product> list, Path path) {

    Product product=ProductLoader.load(path);

    if (product.getTitle().toLowerCase().contains(word.toLowerCase())){
      list.add(product);
    }
  }

}
```

该方法接收指向待处理文件的 `Path` 对象作为参数，并采用 `ConcurrentLinkedDeque` 类存放结果。我们使用 `ProductLoader` 类将待处理文件加载到 `Product` 对象，然后检查该商品的名称中是否包含查询中的术语。如果包含，那么将该 `Product` 对象添加到 `ConcurrentLinkedDeque` 类。

9.2.4 本例的串行实现

与本书的其他例子一样，两个版本的搜索操作都实现了一个串行版本，以便验证并发流是否能带来性能上的改进。

你可以在前面介绍的四个类中删除 `Stream` 对象中 `parallel()` 方法的调用（该方法使流变为并发流），实现与之对等的串行版本。

在本书的源代码中，我们给出了 `SerialMainBasicSearch`、`SerialMainSearch`、`SerialStringAccumulator` 和 `SerialObjectAccumulator` 等类，它们都是按照前面的更改方法得到的与并行版对等的串行版类。

9.2.5 对比实现方案

我们对实现方案（两种方案：串行版和并发版）进行了测试，以比较其执行时间。为进行测试，采用了三种查询。

❑ Patterns

❑ Java

❑ Tree

我们采用 JMH 框架执行了这些示例，该框架允许在 Java 中实现微型基准测试。使用面向基准测试的框架是比较好的解决方案，它直接用 `currentTimeMillis()`、`nanoTime()` 等方法度量时间。在两种不同的架构上分别执行这些示例 10 次。

❑ 一台计算机配置了 Intel Core i5-5300 处理器、Windows 7 操作系统和 16GB 的 RAM。该处理器有两个核，且每个核可以执行两个线程，这样就有四个并行线程。

❑ 另一台计算机配置了 AMD A8-640 处理器、Windows 10 操作系统和 8GB 的 RAM。该处理器有四个核。

下表给出了用毫秒表示的结果。首先，展示字符串搜索操作的结果。

字符串搜索						
	Intel 架构			AMD 架构		
	Java	Patterns	Tree	Java	Patterns	Tree
串行版	735.569	709.484	700.929	2245.603	2243.152	2207.034
并发版	401.276	524.252	395.022	1058.712	1045.201	1057.155

现在，对象搜索操作的结果如下。

字符串搜索					
	Intel 架构			AMD 架构		
	Java	Patterns	Tree	Java	Patterns	Tree
串行版	867.534	840.082	854.299	2723.535	2634.614	2640.329
并发版	460.29	463.201	476.244	1218.425	1232.45	1204.245

可以得到如下结论。

❏ 执行不同的查询时，结果非常相似。它们之间仅相差数毫秒。

❏ 字符串搜索的执行时间总是比对象搜索的执行时间更优。

❏ 在所有情况下，并发流的性能都比串行流更好。

如果对并发版和串行版加以比较，例如，使用加速比比较查询 Patterns 的字符串搜索情况，可以得到下面的结果。

$$S_{AMD} = \frac{T_{serial}}{T_{concurrent}} = \frac{2243.152}{1045.201} = 2.15$$

$$S_{Intel} = \frac{T_{serial}}{T_{concurrent}} = \frac{709.484}{524.252} = 1.35$$

9.3　第二个例子：推荐系统

推荐系统基于用户曾经购买/使用过的商品/服务向其推荐商品或服务，或者基于曾经购买/使用过同样服务的用户所购买/使用过的商品/服务向其推荐商品或服务。

我们使用在上一节介绍过的例子实现了一个推荐系统。商品的每个描述包括很多用户对商品的评论。这些评论中还含有用户对该商品的评分。

在本例中，你将通过这些评论获得某个用户可能感兴趣的商品列表。我们将获得一个用户所购买商品的列表。为了得到该列表，需要对购买过这些商品的用户列表和那些用户所购买过的商品列表进行排序，而这就要用到评论中的平均打分。这样就可以得到针对该用户的建议商品。

9.3.1　公共类

我们在上一节使用的公共类中增加了两个新类。如下所示。

❏ `ProductReview`：该类采用两个新属性扩展了 `Product` 类。

❏ `ProductRecommendation`：该类存储了一个商品的推荐信息。

下面看看这两个类的详细信息。

1. `ProductReview` 类

`ProductReview` 类扩展了 `Product` 类，它增加了两个新属性。

❏ `buyer`：该属性存放了商品客户的名称。

❏ `value`：该属性存放了该客户在其评论中对商品的评价。

该类中包含了对这两个属性的定义、对应的 `getXXX()` 和 `setXXX()` 方法、一个构造函数（基于 `Product` 对象创建 `ProductReview` 对象），以及新属性的值。该类非常简单，因此这里不提供其源代码。

2. `ProductRecommendation` 类

`ProductRecommendation` 类存放了商品推荐所需的必要信息，包括如下内容。

❑ `title`：我们要推荐的商品名称。

❑ `value`：推荐的分值，这是通过计算商品所有评论的平均分值得到的。

该类包含了属性定义、相应的 `getXXX()` 和 `setXXX()` 方法，以及 `compareTo()` 方法的实现（该类实现了 `Comparable` 接口），通过 `compareTo()` 方法可以按照降序对推荐评分进行排序。该类非常简单，此处不提供其源码。

9.3.2 推荐系统：主类

我们在 `ConcurrentMainRecommendation` 类中实现了我们的算法，以获得针对某个客户的推荐商品列表。该类实现了 `main()` 方法，该方法接收要获取推荐商品的客户 ID 作为参数。我们有如下代码。

```
public static void main(String[] args) {
  String user = args[0];
  Path file = Paths.get("data");
  try {
    Date start, end;
    start=new Date();
```

我们在最终解决方案中使用了不同的流来转换数据。第一个流从其文件中加载整个 `Product` 对象列表。

```
List<Product> productList = Files.walk(file, FileVisitOption
                    .FOLLOW_LINKS).parallel().filter(f-> f
                    .toString().endsWith(".txt"))
                    .collect(ArrayList<Product>::new, new
                    ConcurrentLoaderAccumulator(),
                    List::addAll);
```

该流有如下元素。

(1) 使用 `Files` 类的 `walk()` 方法启动该流。该方法将创建一个流来处理 Data 目录下的所有文件和目录。

(2) 然后，使用 `parallel()` 方法将该流转换成一个并发流。

(3) 之后，仅获取扩展名为.txt 的文件。

(4) 最后，使用 `collect()` 方法获取 `Product` 对象的 `ConcurrentLinkedDeque` 类。该类和之前用到的类非常相似，不同之处是采用了另一个 `Accumulator`。本例用到了 `ConcurrentLoader-Accumulator` 类，这将在稍后进行介绍。

一旦获取到商品列表，便准备用一个 Map 组织这些商品，将客户的标识作为该 Map 的键。使用

ProductReview 类来存放有关这些商品的客户信息。我们需要为每个商品评论创建一个 Product-Review 对象。使用下面的流完成该转换。

```
Map<String, List<ProductReview>> productsByBuyer=
            productList.parallelStream()
        .<ProductReview>flatMap(p -> p.getReviews()
        .stream().map(r -> new ProductReview(p, r.getUser(),
        r.getValue())))).collect(Collectors
        .groupingByConcurrent( p -> p.getBuyer()));
```

该流具有下述元素。

(1) 采用 productList 对象的 parallelStream()方法启动该流，这样就创建了一个并发流。

(2) 然后，使用 flatMap()方法将现有的 Product 对象流转换成一个唯一的 ProductReview 对象流。

(3) 最后，使用 collect()方法生成最后的 Map。本例用到了由 Collectors 类的 groupingByConcurrent()方法生成的预定义收集器。返回的收集器将生成一个 Map，其键为购买者属性的取值，而其值为一个 ProductReview 对象列表，其中含有该用户所购买商品的信息。正如该方法的名称所示，该转换将以并发方式执行。

接下来是本例中最重要的一个流。选定某个客户购买的商品并且生成对该客户的推荐。这是由一个流完成的有两个阶段的过程。第一个阶段，获取购买了原客户所购买商品的用户。第二个阶段，生成一个 Map，其中含有这些客户所购买的商品，以及这些客户针对商品所做的评论。该流的代码如下。

```
Map<String,List<ProductReview>> recommendedProducts= productsByBuyer
            .get(user).parallelStream().map(p -> p
        .getReviews()).flatMap(Collection::stream)
        .map(r -> r.getUser()).distinct()
        .map(productsByBuyer::get)
        .flatMap(Collection::stream)
        .collect(Collectors.groupingByConcurrent
                (p -> p.getTitle()));
```

在该流中有如下元素。

(1) 首先，获取用户所购买商品的列表，并且使用 parallelStream()方法来生成一个并发流。

(2) 然后，使用 map()方法获取所有有关这些商品的评论。

(3) 此时，有了一个 List<Review>流。将该流转换成一个 Review 对象流。现在，就有了一个含有用户所购买商品的全部评论的流。

(4) 然后，将该流转换成一个 String 对象流，其中含有提交这些评论的用户的名称。

(5) 然后，使用 distinct()方获取唯一的用户名称。现在就有了一个 String 对象流，其中包含了那些与原用户购买了相同商品的用户名称。

(6) 然后，使用 map()方法将每个客户与其已购商品列表对应起来。

(7) 此时，就有了一个 List<ProductReview>对象流。使用 flatMap()方法将该流转换成一个 ProductReview 对象流。

(8) 最后，使用 collect()方法和 groupingByConcurrent()收集器生成一个商品 Map。该 Map

的键是商品名称，而其值为 ProductReview 对象列表，该列表含有前面已获取到的客户评论。

为了完成该推荐算法，还需要最后一步。对于每个商品，都希望计算其在评论中的平均分值，并且按照降序对该列表进行排序，以便将排在前面的商品放在首要位置显示。为了进行这样的转换，要采用一个额外的流。

```
ConcurrentLinkedDeque<ProductRecommendation> recommendations
          = recommendedProducts.entrySet().parallelStream()
            .map(entry -> new ProductRecommendation(entry
            .getKey(), entry.getValue().stream().mapToInt(p->
            p.getValue()).average().getAsDouble()))
            .sorted().collect(Collectors.toCollection
                            (ConcurrentLinkedDeque::new));
end=new Date();
recommendations. forEach(pr -> System.out.println (pr.getTitle()
                                    +": "+pr.getValue()));

System.out.println("Execution Time: "+(end.getTime()-
                    start.getTime()));

} catch (IOException e) {
  e.printStackTrace();
}
}
}
```

处理上一步得到的 Map。对于每个商品，对其评论列表进行处理，生成一个 ProductRecommendation 对象。需要通过一个流来计算每个评论的平均值作为该对象的值，这就要使用 mapToInt() 方法将 ProductReview 对象转换成一个整数流，并且使用 average() 方法求取字符串中所有数值的平均值。

最后，在关于推荐的 ConcurrentLinkedDeque 类中，有一个 ProductRecommendation 对象列表。使用其他带有 sorted() 方法的流对该列表进行排序。使用该流将最终列表输出到控制台。

9.3.3 ConcurrentLoaderAccumulator 类

为了实现本例，使用了 ConcurrentLoaderAccumulator 类，它在 collect() 方法中用作 Accumulator 函数，将含有全部待处理文件路径的 Path 对象流转换为关于 Product 对象的 ConcurrentLinkedDeque 类。该类的源代码如下：

```
public class ConcurrentLoaderAccumulator implements
  BiConsumer<List<Product>, Path> {

    @Override
    public void accept(List<Product> list, Path path) {

    Product product=ProductLoader.load(path);
    list.add(product);

  }
}
```

上述源代码实现了 `BiConsumer` 接口。其中 `accept()`方法使用 `ProducLoader` 类（在本章前面做过解释）从文件中加载商品信息，并且将作为结果的 `Product` 对象添加到以参数传递的 `List` 类。

9.3.4　串行版

正如本书的其他例子一样，本例也实现了一个串行版本，以检验并行流对应用程序性能的提升情况。为了实现该串行版本，要遵循下述步骤。

(1) 将 `ConcurrentLinkedDeque` 数据结构替换为 `List` 或 `ArrayList` 数据结构。

(2) 将 `parallelStrem()`方法更改为 `stream()`方法。

(3) 将 `gropingByConcurrent()`方法更改为 `groupingBy()`方法。

可以在本书配套的源代码中查看本例的串行版。

9.3.5　对比两个版本

为了对比推荐系统的串行版和并发版，我们获取了三个用户的推荐商品。

❑ A2JOYUS36FLG4Z

❑ A2JW67OY8U6HHK

❑ A2VE83MZF98ITY

我们采用 JMH 框架执行了这些示例，该框架允许在 Java 中实现微型基准测试。使用面向基准测试的框架是比较好的解决方案，它直接用 `currentTimeMillis()`方法或者 `nanoTime()`方法度量时间。在两种不同的架构上分别执行这些示例 10 次。

❑ 一台计算机配置了 Intel Core i5-5300 处理器、Windows 7 操作系统和 16GB 的 RAM。该处理器有两个核，且每个核可以执行两个线程，这样就有四个并行线程。

❑ 另一台计算机配置了 AMD A8-640 处理器、Windows 10 操作系统和 8GB 的 RAM。该处理器有四个核。

用毫秒表示的结果如下。

	A2JOYUS36FLG4Z	A2JW67OY8U6HHK	A2VE83MZF98ITY
Intel 架构			
串行版	1639.685	1542.804	1595.341
并发版	1030.635	1061.247	1054.213
AMD 架构			
串行版	3361.956	3412.680	3351.890
并发版	1866.653	1871.919	1999.916

可以得出如下结论。

❑ 针对这三个用户得到的结果非常相似。

❑ 并发流的执行时间总是比顺序流的执行时间更优。

如果对比并发版本和串行版本，例如，对第二个用户的结果使用加速比，可得到如下结果。

$$S_{AMD} = \frac{T_{serial}}{T_{concurrent}} = \frac{3412.680}{1871.919} = 1.82$$

$$S_{Intel} = \frac{T_{serial}}{T_{concurrent}} = \frac{1542.804}{1061.247} = 1.45$$

9.4 第三个例子：社交网络中的共同联系人

社交网络正在改变着社会，也改变着人们相互之间的联系方式。Facebook、Linkedin、Twitter 以及 Instagram 都拥有数百万用户，他们使用这些网络与朋友分享生活中的每个瞬间，建立新的职业联系，提升专业品牌，与新人会见，或者只是了解一下世界的最新发展趋势。

可以将社交网络视为一个图，其中用户是节点，而用户之间的关系是边。和图一样，在像 Facebook 这样的社交网络中，用户之间的关系既可以是无向的，也可以是双向的。如果用户 A 与用户 B 相关联，那么用户 B 也就与用户 A 相关联。与之相反，在像 Twitter 这样的社交网络中，用户之间的关系是有向的。在这种情况下，我们称用户 A 关注用户 B，但是反过来就不一定为真了。

本节将实现一个算法来计算社交网络中每一对用户之间的共同联系人，且该社交网络中用户之间为双向关系。我们将实现 Steve Krenzel 在 "MapReduce: Finding Friends" 中讲述的算法。该算法的主要步骤如下。

❑ 数据源是一个存放有每个用户及其联系人的文件。

```
A-B,C,D,
B-A,C,D,E,
C-A,B,D,E,
D-A,B,C,E,
E-B,C,D,
```

❑ 这就意味着用户 A 的联系人是用户 B、C 和 D。考虑到他们之间的关系是双向的，因此如果 B 是 A 的联系人，那么 A 也是 B 的联系人，而且在文件中这两个关系都要描述。这样，我们的元素就有下述两个部分。
  ■ 一个用户标识符。
  ■ 该用户的联系人列表。

❑ 下一步，生成一个元素集合，其中每个元素都有三个部分。这三个部分如下所示。
  ■ 一个用户标识符。
  ■ 一个朋友的用户标识。
  ■ 该用户的联系人列表。

❑ 因此，对于用户 A，将生成下述元素。

```
A-B-B,C,D
A-C-B,C,D
A-D,B,C,D
```

❑ 对所有元素都执行相同的处理过程。我们将存储两个用户标识符并按照字母表顺序排序。这样，对用户 B，就可以生成下述元素。

```
A-B-A,C,D,E
B-C-A,C,D,E
B-D-A,C,D,E
B-E-A,C,D,E
```

❑ 一旦生成所有的新元素后，就按照两个用户标识符对它们进行分组。例如，对于元组 A-B，将生成下面的分组。

```
A-B-(B,C,D),(A,C,D,E)
```

❑ 最后，计算两个列表的交集。得到的结果列表就是两个用户之间的共同联系人。例如，用户 A 和 B 的共同联系人是 C 和 D。

为了测试该算法，使用了两个数据集。

❑ 前面给出的测试样例。

❑ 社交圈：可通过网址 https://snap.stanford.edu/data/egonets-Facebook.html 下载 Facebook 数据集，其中含有 4039 个 Facebook 用户的联系人信息。我们已经将原始数据转换成为本例中要用到的数据格式。

9.4.1 基本类

与本书中的其他例子一样，我们也实现了本例的串行版本和并发版本，以此来验证并发流对应用程序性能的改进情况。这两个版本的程序有一些共同的类。

1. Person 类

Person 类存储了关于社交网络中每个人的信息，它包括如下要素。

❑ 它的用户 ID，存放在 ID 属性中。

❑ 该用户的联系人列表，以一个 String 对象列表的形式存放在联系人属性中。

该类声明了上述两个属性，以及与之对应的 getXXX() 方法和 setXXX() 方法。此外，还需要一个构造函数以创建该联系人列表，还有一个名为 addContact() 的方法，该方法用于将单个联系人添加到联系人列表。该类的源码非常简单，在此不再给出。

2. PersonPair 类

PersonPair 类扩展了 Person 类，增加了存放第二个用户标识符的属性。将该属性称作 otherId。该类声明了该属性以及相应的 getXXX() 方法和 setXXX() 方法。还需要一个名为 getFullId() 的方法，该方法返回一个含有两个用户标识符的字符串，它们之间采用字符,分隔。该类的源代码非常简单，因此这里不再给出。

3. DataLoader 类

DataLoader 类加载带有用户信息及其联系人的文件，并且将其转换成一个 Person 对象列表。该类仅实现了一个名为 load() 的静态方法，该方法接收以 String 对象出现的文件路径作为参数，并且返回 Person 对象列表。

如前所示，该文件具有如下格式。

```
User-C1,C2,C3...CN
```

其中，`User` 是用户的标识符，而 `C1`、`C2`、`C3...CN` 都是该用户联系人的标识符。
该类的源代码非常简单，在此不再给出。

9.4.2　并发版本

首先，分析一下该算法的并发版本。

1. `CommonPersonMapper` 类

`CommonPersonMapper` 类是稍后将要用到的一个辅助类。它将生成所有的 `PersonPair` 对象，
这些对象可以从 `Person` 对象生成。该类实现了 `Function` 接口，而该接口采用 `Person` 类和
`List<PersonPair>` 类参数化。

该类实现了 `Fuction` 接口中定义的 `apply()` 方法。首先，初始化将要返回的 `List<PersonPair>`
对象，并且对联系人列表进行排序。

```
public class CommonPersonMapper implements Function<Person,
                                    List<PersonPair>> {

    @Override
    public List<PersonPair> apply(Person person) {

        List<PersonPair> ret=new ArrayList<>();

        List<String> contacts=person.getContacts();
        Collections.sort(contacts);
```

然后，处理整个联系人列表，为每个联系人创建 `PersonPair` 对象。如前所述，按照字母表顺序
存放两个联系人。按字母表排序靠前的存放在 `ID` 字段中，而另一个则存放在 `otherId` 字段中。

```
for (String contact : contacts) {
  PersonPair personExt=new PersonPair();
  if (person.getId().compareTo(contact) < 0) {
    personExt.setId(person.getId());
    personExt.setOtherId(contact);
  } else {
    personExt.setId(contact);
    personExt.setOtherId(person.getId());
  }
```

最后，将联系人列表添加到新对象，并且将该对象添加到结果列表。处理完所有的联系人后，返
回结果列表。

```
        personExt.setContacts(contacts);
        ret.add(personExt);
      }
      return ret;
    }
}
```

2. `ConcurrentSocialNetwork` 类

`ConcurrentSocialNetwork` 类是本例的主类。它仅仅实现了一个名为 `bidirectionalCommon-`
`Contacts()` 的静态方法。该方法接收社交网络上的人员列表（含有联系人），并且返回一个 `PersonPair`

对象列表，这些 PersonPair 对象中含有每一对互为联系人的用户之间的共同联系人。

从内部来看，我们使用不同的流来实现自己的算法。我们使用第一个流将 Person 对象的输入列表转换成一个 Map。该 Map 的键为每一对用户的两个标识符，而其值为一个含有两个用户联系人的 PersonPair 对象列表。这样，这些列表总是有两个元素。代码如下：

```
public class ConcurrentSocialNetwork {

    public static List<PersonPair> bidirectionalCommonContacts
                                    (List<Person> people) {    Map<String,
List<PersonPair>> group = people.parallelStream()
                        .map(new CommonPersonMapper())
                        .flatMap(Collection::stream)
                        .collect(Collectors.groupingByConcurrent
                            (PersonPair::getFullId));
```

该流有如下组件。

(1) 使用输入列表的 parallelStream() 方法创建流。

(2) 然后，使用 map() 方法和前面提到的 CommonPersonMapper 类将每个 Person 对象都转换到一个 PersonPair 对象列表中，这其中考虑到了该对象的所有可能结果。

(3) 此时，有了一个 List<PersonPair>对象流。我们使用 flatMap()方法将该流转换成一个 PersonPair 对象流。

(4) 最后，使用 collect()方法生成该 Map，这要用到 groupingByConcurrent()方法返回的收集器，而采用 getFullId()方法返回的值作为该 Map 的键。

然后，使用 Collectors 类的 of()方法创建一个新的收集器。该收集器将接收一个字符串 Collection 作为输入，使用 AtomicReference<Collection<String>>接口作为中间数据结构，并且返回一个字符串 Collection 作为返回类型。

```
Collector<Collection<String>, AtomicReference<Collection<String>>,
          Collection<String>> intersecting = Collector.of(() ->
          new AtomicReference<>(null), (acc, list) -> {
  (acc, list) -> {
  if (acc.get() == null) {
    acc.updateAndGet(value -> new ConcurrentLinkedQueue<>(list));
  } else {
    acc.get().retainAll(list);
  }
}, (acc1, acc2) -> {
  if (acc1.get() == null) return acc2;
    if (acc2.get() == null)
      return acc1;
    acc1.get().retainAll(acc2.get());
  return acc1;
}, (acc) -> acc.get() == null ? Collections.emptySet() :
          acc.get(), Collector.Characteristics.CONCURRENT,
          Collector.Characteristics.UNORDERED);
```

of()方法的第一个参数是 Supplier 函数。需要创建一个中间数据结构时，总是要调用该 Supplier。在串行流中，该方法仅被调用一次，但是在并发流中，每个线程都会调用该方法。

```
() -> new AtomicReference<>(null),
```

在我们的例子中，会直接创建一个新的 `AtomicReference` 来存放 `Collection<String>` 对象。`of()` 方法的第二个参数是 Accumulator 函数。该函数接收中间数据结构和一个输入值作为参数。

```
(acc, list) -> {
  if (acc.get() == null) {
    acc.updateAndGet(value -> new ConcurrentLinkedQueue<>(list));
  } else {
    acc.get().retainAll(list);
  }
}
```

在我们的例子中，`acc` 参数是 `AtomicReference`，而 `list` 参数是 `ConcurrentLinkedDeque`。如果 `acc` 参数存储的是空值，那么使用 `AtomicReference` 的 `updateAndGet()` 方法。该方法更新当前值并且返回新值。如果 `AtomicReference` 为 `null`，本例创建一个含有该列表元素的新 `ConcurrentLinkedDeque`。如果 `AtomicReference` 不为空，那么使用 `retainAll()` 方法添加该列表的所有元素。

`of()` 方法的第三个参数是 Combiner 函数。该函数只在并行流中调用，它接收两个中间数据结构作为参数，并且仅生成一个数据结构。

```
(acc1, acc2) -> {
  if (acc1.get() == null)
    return acc2;
  if (acc2.get() == null)
    return acc1;
    acc1.get().retainAll(acc2.get());
  return acc1;
},
```

在我们的例子中，如果其中一个参数为 `null`，则返回另一个数据结构。否则，使用 `acc1` 参数的 `retainAll()` 方法并且返回结果。

`of()` 方法的第四个参数是 Finisher 函数。该函数将最后的中间数据结构转换成我们希望返回的数据结构。在我们的例子中，中间数据结构和最终数据结构相同，因此不需要转换。

```
(acc) -> acc.get() == null ? Collections.emptySet() : acc.get(),
```

最后，使用最后一个参数指明该收集器是并发的。这就意味着，同一个结果容器可以从多个不同线程并发调用该 Accumulator 函数；该收集器是无序的，这就意味着，该操作不会保留元素的原始顺序。

定义了收集器后，还要将第一个流生成的 Map 转换成一个 `PersonPair` 对象列表，其中含有每一对用户的共同联系人。我们采用下述代码：

```
List<PersonPair> peopleCommonContacts = group
        .entrySet().parallelStream().map((entry) -> {
Collection<String> commonContacts = entry
            .getValue().parallelStream().map(p -> p
            .getContacts()).collect(intersecting);
PersonPair person = new PersonPair();
person.setId(entry.getKey().split(",")[0]);
person.setOtherId(entry.getKey().split (",")[1]);
```

```
        person.setContacts(new ArrayList<String> (commonContacts));
        return person;
    }).collect(Collectors.toList());

    return peopleCommonContacts;
  }
}
```

使用 entySet()方法处理该 Map 的所有元素。创建 parallelStream()方法来处理所有的 Entry 对象，然后使用 map()方法将每个 PersonPair 对象列表转换为一个含有共同联系人的唯一 PersonPair 对象。

对每条记录来说，其键是一对用户的标识符（以逗号作为分隔符），而其值是由两个 PersonPair 对象组成的列表。第一个 PersonPair 对象中含有一个用户的联系人，而另一个 PersonPair 对象中含有另一个用户的联系人。

我们为该列表创建一个流来生成两个用户的共同联系人，其中含有如下元素。

(1) 使用该列表的 parallelStream()方法创建该流。

(2) 使用 map()方法来将每个 PersonPair()对象替换为存放在该对象中的联系人列表。

(3) 最后，使用收集器生成含有共同联系人的 ConcurrentLinkedDeque。

最后，创建一个新的 PersonPair 对象，其中含有两个用户的标识符及其共同联系人列表。将该对象添加到结果列表。该 Map 中的所有元素处理完毕后，可以返回该结果列表。

3. ConcurrentMain 类

ConcurrentMain 类实现了 main()方法，用于测试算法。如前所述，使用下面两个数据集测试该算法。

❑ 一个非常简单的用于测试该算法正确性的数据集。

❑ 基于 Facebook 真实数据的数据集。

该类的源代码如下：

```
public class ConcurrentMain {

  public static void main(String[] args) {

    Date start, end;
    System.out.println("Concurrent Main Bidirectional - Test");
    List<Person> people=DataLoader.load("data","test.txt");
    start=new Date();
    List<PersonPair> peopleCommonContacts= ConcurrentSocialNetwork
                          .bidirectionalCommonContacts (people);
    end=new Date();
    peopleCommonContacts.forEach(p -> System.out.println
              (p.getFullId()+": "+getContacts(p.getContacts())));
    System.out.println("Execution Time: "+(end.getTime()-
                        start.getTime()));
    System.out.println("Concurrent Main Bidirectional -
                         Facebook");
    people=DataLoader.load("data","facebook_contacts.txt");
    start=new Date();
    peopleCommonContacts= ConcurrentSocialNetwork
```

```
                        .bidirectionalCommonContacts (people);
    end=new Date();
    peopleCommonContacts.forEach(p -> System.out.println
            (p.getFullId()+": "+getContacts(p.getContacts())));
    System.out.println("Execution Time: "+(end.getTime()-
                    start.getTime())));

}

private static String formatContacts(List<String> contacts) {
    StringBuffer buffer=new StringBuffer();
    for (String contact: contacts) {
        buffer.append(contact+",");
    }
    return buffer.toString();
}
}
```

9.4.3 串行版本

和本书的其他例子一样，我们也为本例实现了串行版。该版本相当于对并发版做如下更改。

❑ 用 stream() 方法替换 parallelStream() 方法。

❑ 用 ArrayList 数据结构替换 ConcurrentLinkedDeque 数据结构。

❑ 用 groupingBy() 方法替换 groupingByConcurrent() 方法。

❑ 不使用 of() 方法中最后的参数。

9.4.4 对比两个版本

我们采用 JMH 框架执行这些示例，该框架允许在 Java 中实现微型基准测试。使用面向基准测试的框架是比较好的解决方案，它直接用 currentTimeMillis() 方法或者 nanoTime() 方法度量时间。在两种不同的架构上分别执行这些示例 10 次。

❑ 一台计算机配置了 Intel Core i5-5300 处理器、Windows 7 操作系统和 16GB 的 RAM。该处理器有两个核，且每个核可以执行两个线程，这样就有四个并行线程。

❑ 另一台计算机配置了 AMD A8-640 处理器、Windows 10 操作系统和 8GB 的 RAM。该处理器有四个核。

结果如下（单位：毫秒）。

	示例数据集	Facebook
Intel 架构		
串行版	0.562	3193.83
并发版	2.037	1778.239
AMD 架构		
串行版	3.325	8953.173
并发版	2.976	3447.576

可以得出如下结论。

❑ 对于示例数据集，在 Intel 架构上串行版的执行时间结果更好，而在 AMD 架构上也有类似表现。原因在于示例数据集中的元素比较少。

❑ 对于 Facebook 数据集，并发版在两种架构上的执行时间结果均更好。

针对 Facebook 数据集比较并发版和串行版，就会得到如下结果。

$$S_{AMD} = \frac{T_{serial}}{T_{concurrent}} = \frac{8953.173}{3447.576} = 2.60$$

$$S_{Intel} = \frac{T_{serial}}{T_{concurrent}} = \frac{3193.83}{1778.239} = 1.80$$

9.5   小结

本章使用 Stream 框架提供的多个版本的 collect() 方法对流的元素进行转换和分组。本章和第 8 章介绍了如何使用完整的流 API。

基本上，collect() 方法需要一个收集器来处理流的数据并且生成一个数据结构，该数据结构则由形成该流的一个聚合操作集返回。一个收集器可以处理三种不同的数据结构，包括输入元素的数据结构、处理输入元素时使用的中间数据结构，以及返回的最终数据结构。

本章使用了 collect() 方法的不同版本实现了一个搜索工具（它必须在不采用倒排索引的前提下在文件集合中查找查询中的单词）、一个推荐系统，以及一个用于在社交网络中计算两个用户之间共同联系人的工具。

下一章将深入研究**反应流**编程，这是 Java 9 中引入的一种新特性。

第 10 章

异步流处理：反应流

反应流为带有非阻塞回压（back pressure）的异步流处理定义了标准。这类系统最大的问题是资源消耗。快速的生产者会使较慢的消费者超负荷。这些组件之间的数据队列规模可能过度增加，从而影响整个系统的行为。回压机制确保了在生产者和消费者之间进行协调的队列含有限定数目的元素。

反应流定义了描述必要操作和实体所需的接口、方法和协议的最小集合。它们基于以下三个要素。

❑ 信息的发布者。

❑ 一个或多个信息订阅者。

❑ 发布者和消费者之间的订阅关系。

反应流规范根据以下规则明确了这些类应该如何交互。

❑ 发布者将添加那些希望得到通知的订阅者。

❑ 订阅者被发布者添加时会收到通知。

❑ 订阅者以异步方式请求来自发布者的一个或多个元素，也就是说，订阅者请求元素并继续其执行。

❑ 发布者有一个要发布的元素时，会将其发送给请求元素的所有订阅者。

如前所述，所有这些通信都是异步的，因此可以充分利用多核处理器的全部性能。

Java 9 包含了三个接口，即 `Flow.Publisher`、`Flow.Subscriber` 和 `Flow.Subscription`，以及一个实用工具类，`SubmissionPublisher` 类。它们可支持实现反应流应用程序。本章将介绍如何使用这些元素实现基本的反应流应用程序。

在本章中，你将通过以下主题学习如何使用反应流。

❑ Java 反应流简介。

❑ 第一个例子：面向事件通知的集中式系统。

❑ 第二个例子：新闻系统。

10.1 Java 反应流简介

本章开头介绍了反应流的定义、标准构成元素以及这些元素在 Java 中的实现方式。

❑ `Flow.Publisher` 接口：该接口描述了条目的生产者。

❑ `Flow.Subscriber` 接口：该接口描述了条目的使用者（即消费者）。

❑ `Flow.Subscription` 接口：该接口描述了生产者与消费者之间的连接。实现该接口的类可以管理生产者和消费者之间的条目交换。

除了这三个接口之外，还有实现 `Flow.Publisher` 接口的 `SubmissionPublisher` 类。该类还用到了 `Flow.Subscription` 接口的一个实现。该类实现了 `Flow.Publisher` 接口的方法，进而可以支持消费者订阅，也可以将条目发送给这些消费者，因此我们只需要实现一个或多个实现 `Flow.Subscriber` 接口的类。

下面详细了解一下这些类和接口所提供的方法。

10.1.1 `Flow.Publisher` 接口

如前所述，该接口描述了条目的生产者。它只提供一个方法。

❑ `subscribe()`：该方法接收 `Flow.Subscriber` 接口的一个实现作为参数，并且将该订阅者添加到其内部订阅者列表。该方法并不返回任何结果。从内部来看，它使用 `Flow.Subscriber` 接口提供的方法向订阅者发送条目、错误信息和订阅对象。

10.1.2 `Flow.Subscriber` 接口

如前所述，该接口描述了条目的消费者。它提供了下述四个方法。

❑ `onSubscribe()`：该方法由发布者调用，用于完成订阅者的订阅过程。它向订阅者发送了 `Flow.Subscription` 对象，该对象管理发布者和订阅者之间的通信。

❑ `onNext()`：当发布者想把新条目发送给订阅者时，会调用该方法。在该方法中，订阅者必须处理该条目。该方法并不返回任何结果。

❑ `onError()`：如果出现了一个不可恢复的错误，而且没有调用其他的订阅者方法，那么发布者将调用该方法。该方法接收 `Throwable` 对象作为参数，其中含有已发生的错误。

❑ `onComplete()`：不再发送任何条目时，发布者将调用该方法。该方法没有参数，也不返回结果。

10.1.3 `Flow.Subscription` 接口

如前所述，该对象描述了发布者与订阅者之间的通信。它提供了两个方法，订阅者可以通过这些方法告诉发布者它们的通信将如何进行。

❑ `cancel()`：订阅者调用该方法告诉发布者它不再需要任何条目了。

❑ `request()`：订阅者调用该方法来告诉发布者它需要更多的条目。它将订阅者想要的条目数作为参数。

10.1.4 `SubmissionPublisher` 类

如前所述，这个类由 Java 9 API 提供，实现了 `Flow.Publisher` 接口。它还使用 `Flow.Subscription` 接口，并且提供向消费者发送条目的方法，这些方法用于了解消费者数量、发布者和消费者之间的订阅关系，以及关闭它们之间的通信。下面给出了该类比较重要的方法。

- ❑ subscribe()：该方法由 Flow.Publisher 接口提供，用于向发布者订阅一个 Flow.Subscriber 对象。
- ❑ offer()：该方法以异步方式调用其 onNext()方法，向每个订阅者发布一个条目。
- ❑ submit()：该方法以异步方式调用其 onNext()方法，向每个订阅者发布一个条目。资源对任何订阅者都不可用时，进行不间断阻塞。
- ❑ estimateMaximumLag()：该方法对发布者已生成但尚未被已订阅的订阅者使用的条目进行估计。
- ❑ estimateMinimumDemand()：该方法对消费者已请求但是发布者尚未生成的条目数进行估计。
- ❑ getMaxBufferCapacity()：该方法返回每个订阅者的最大缓冲区。
- ❑ getNumberOfSubscribers()：该方法返回订阅者的数量。
- ❑ hasSubscribers()：该方法返回一个布尔值，该值用于指示发布者是否有订阅者。
- ❑ close()：该方法调用当前发布者的所有订阅者的 onComplete()方法。
- ❑ isClosed()：该方法返回一个布尔值，用于指示当前发布者是否已关闭。

10.2 第一个例子：面向事件通知的集中式系统

该示例将实现一个系统，把来自事件生成器的条目发送给事件的消费者。我们将使用 Submission-Publisher 类实现事件的生产者和消费者之间的通信。

10.2.1 Event 类

该类存储了每个条目的信息。每个条目包含了三个属性。
- ❑ msg 属性，用于在 Event 对象中存储消息。
- ❑ source 属性，用于存储生成 Event 对象的类的名称。
- ❑ date 属性，用于存储 Event 生成的日期。

必须将这三个属性声明为 private，并且在该类中包含相应的 get()方法和 set()方法。

10.2.2 Producer 类

我们将使用该类实现生成事件的任务,这些任务将通过 SubmissionPublisher 对象发送给消费者。该类实现了 Runnable 接口，并且存储了两个属性。
- ❑ publisher 属性：该属性存储 SubmissionPublisher 对象，将事件发送给消费者。
- ❑ name 属性：该属性存储了生产者的名称。

使用该类的构造函数初始化这两个属性。

```
public class Producer implements Runnable {

    private SubmissionPublisher<Event> publisher;
```

10

```
    private String name;

    public Producer(SubmissionPublisher<Event> publisher, String name) {
        this.publisher = publisher;
        this.name = name;
    }
```

然后，实现 run() 方法。在该方法中，生成 10 个事件。在一个事件和下一事件之间，随机等待
一个随机秒数（0 到 10 之间）。该方法的源代码如下：

```
@Override
public void run() {

    Random random = new Random();

    for (int i=0 ; i < 10; i++) {
        Event event = new Event();
        event.setMsg("Event number "+i);
        event.setSource(this.name);
        event.setDate(new Date());

        publisher.submit(event);

        int number = random.nextInt(10);

        try {
            TimeUnit.SECONDS.sleep(number);
        } catch (InterruptedException e) {
            e.printStackTrace();
        }

    }
}
```

10.2.3 Consumer 类

现在，在 Consumer 类中实现事件的消费者。这个类实现了采用 Event 类参数化的 Flow.
Subscriber 接口，因此必须实现该接口提供的四种方法。

首先，声明两个属性。

❑ name 属性，用于存储消费者的名称。

❑ subscription 属性，用于存储 Flow.Subscription 实例，该实例负责管理消费者与生产
者之间的通信。

使用该类的构造函数初始化 name 属性，如以下代码片段所示：

```
public class Consumer implements Subscriber<Event> {

    private String name;
    private Subscription subscription;

    public Consumer (String name) {
```

```
    this.name = name;
  }
```

现在，实现 `Flow.Subscriber` 接口的四种方法。`onComplete()`方法和`onError()`方法只将信息显示到控制台。

```java
@Override
public void onComplete() {
  this.showMessage("No more events");
}

@Override
public void onError(Throwable error) {
  this.showMessage("An error has ocurred");
  error.printStackTrace();
}
```

当消费者希望订阅其通知时，`SubmissionPublisher`类将调用`onSubscribe()`方法，作为参数传递的`Subscription`对象将存放在`subscription`属性中，然后我们使用`request()`方法向发布者请求第一条消息。最后，在控制台输出消息。

```java
@Override
public void onSubscribe(Subscription subscription) {
  this.subscription=subscription;
  this.subscription.request(1);
  this.showMessage("Subscription OK");
}
```

最后，对于每个事件，`SubmissionPublisher`类都将调用`onNext()`方法。我们在控制台中显示该事件的信息，使用`request()`方法请求下一个事件，并且调用辅助方法`proccesEvent()`。

```java
@Override
public void onNext(Event event) {
  this.showMessage("An event has arrived: "+event.getSource()+": 
                  "+event.getDate()+": "+event.getMsg());
  this.subscription.request(1);

  processEvent(event);
}
```

使用`processEvent()`方法模拟消费者处理事件的时间。随机等待 0 到 3 秒以实现这一行为。

```java
private void processEvent(Event event) {
  Random random = new Random();

  int number = random.nextInt(3);

  try {
    TimeUnit.SECONDS.sleep(number);
  } catch (InterruptedException e) {
    e.printStackTrace();
  }

}
```

10

最后，必须实现上一个方法中使用的辅助方法 showMessage()。它显示了参数中字符串的内容，其中含有执行消费者的线程的名称，以及消费者的名称。

```
private void showMessage (String txt) {
  System.out.println(Thread.currentThread().getName()+":"+this
                     .name+":"+txt);
}
}
```

10.2.4　Main 类

最后，实现 Main 类，其中含有创建并运行该示例所有组件的 main() 方法。

创建以下元素。

- 一个名为 publisher 的 SubmissionPublisher 对象。我们将使用该对象将事件发送给消费者。
- 五个 Consumer 对象，它们将接收发布者创建的所有事件。我们使用 subscribe() 方法向发布者订阅消费者。
- 两个 Producer 对象，它们将生成事件，并使用 publisher 对象将事件发送给消费者。我们使用 JVM 提供的默认 ForkJoinPool 对象执行生产者对象，并使用 commonPool() 方法获取 ForkJoinPool 对象，并且使用 submit() 方法执行它们。

```
public class Main {

  public static void main(String[] args) {

    SubmissionPublisher<Event> publisher = new SubmissionPublisher();

    for (int i = 0; i < 5; i++) {
      Consumer consumer = new Consumer("Consumer "+i);
      publisher.subscribe(consumer);
    }

    Producer system1 = new Producer(publisher, "System 1");
    Producer system2 = new Producer(publisher, "System 2");

    ForkJoinTask<?>task1 = ForkJoinPool.commonPool().submit(system1);
    ForkJoinTask<?>task2 = ForkJoinPool.commonPool().submit(system2);
```

然后，给出一个 while 循环，该循环每 10 秒输出有关任务和发布者对象的信息，代码块如下：

```
do {
  System.out.println("Main: Task 1: "+task1.isDone());
  System.out.println("Main: Task 2: "+task2.isDone());

  System.out.println("Publisher: MaximunLag:"+
                     publisher.estimateMaximumLag());
  System.out.println("Publisher: Max Buffer Capacity: "+
                     publisher.getMaxBufferCapacity());

  try {
```

```
      TimeUnit.SECONDS.sleep(10);
    } catch (InterruptedException e) {
      e.printStackTrace();
    }

} while ((!task1.isDone()) || (!task2.isDone()) ||
        (publisher.estimateMaximumLag() > 0));
```

为了完成循环的执行，要等待三个条件。

❏ 执行第一个生产者对象的任务完成执行。

❏ 执行第二个生产者对象的任务完成执行。

❏ SubmissionPublisher 对象中再没有未处理事件。使用 estimateMaximumLag() 方法获取该数值。

最后，使用 SubmissionPublisher 对象的 close() 方法通知订阅者执行结束。

在本例的执行过程中，生产者使用 submit() 方法将事件发送给 SubmissionPublisher，而 SubmissionPublisher 又将事件发送给不同的消费者。每个消费者都使用 request() 方法逐个请求事件。

下面的屏幕截图显示了该程序执行一次得到的部分输出。

```
<terminated> Main [Java Application] C:\Program Files\Java\jdk-9\bin\javaw.exe (2 abr. 2017 23:27:31)
ForkJoinPool.commonPool-worker-1:Consumer 4: An event has arrived: System 1: Sun Apr 02 23:27:49 CEST 2017: Event number 4
ForkJoinPool.commonPool-worker-2:Consumer 3: An event has arrived: System 2: Sun Apr 02 23:27:53 CEST 2017: Event number 6
Main: Task 1: true
Main: Task 2: true
Publisher: MaximunLag: 9
Publisher: Max Buffer Capacity: 256
ForkJoinPool.commonPool-worker-2:Consumer 3: An event has arrived: System 2: Sun Apr 02 23:27:53 CEST 2017: Event number 7
ForkJoinPool.commonPool-worker-1:Consumer 4: An event has arrived: System 1: Sun Apr 02 23:27:53 CEST 2017: Event number 5
ForkJoinPool.commonPool-worker-2:Consumer 3: An event has arrived: System 1: Sun Apr 02 23:27:54 CEST 2017: Event number 6
ForkJoinPool.commonPool-worker-2:Consumer 3: An event has arrived: System 1: Sun Apr 02 23:27:55 CEST 2017: Event number 8
ForkJoinPool.commonPool-worker-1:Consumer 4: An event has arrived: System 1: Sun Apr 02 23:27:54 CEST 2017: Event number 6
ForkJoinPool.commonPool-worker-1:Consumer 4: An event has arrived: System 2: Sun Apr 02 23:27:55 CEST 2017: Event number 8
ForkJoinPool.commonPool-worker-1:Consumer 4: An event has arrived: System 2: Sun Apr 02 23:27:57 CEST 2017: Event number 9
ForkJoinPool.commonPool-worker-2:Consumer 3: An event has arrived: System 2: Sun Apr 02 23:27:57 CEST 2017: Event number 7
ForkJoinPool.commonPool-worker-2:Consumer 3: An event has arrived: System 1: Sun Apr 02 23:27:58 CEST 2017: Event number 7
ForkJoinPool.commonPool-worker-1:Consumer 4: An event has arrived: System 1: Sun Apr 02 23:27:59 CEST 2017: Event number 8
ForkJoinPool.commonPool-worker-1:Consumer 4: An event has arrived: System 2: Sun Apr 02 23:27:59 CEST 2017: Event number 8
ForkJoinPool.commonPool-worker-2:Consumer 3: An event has arrived: System 1: Sun Apr 02 23:27:59 CEST 2017: Event number 9
ForkJoinPool.commonPool-worker-1:Consumer 0: No more events
ForkJoinPool.commonPool-worker-1:Consumer 3: No more events
ForkJoinPool.commonPool-worker-1:Consumer 4: No more events
ForkJoinPool.commonPool-worker-3:Consumer 1: No more events
```

可以看到 main() 方法如何输出有关任务和 publisher 对象的信息，用户如何接收不同的事件，以及最后 main() 方法调用 SubmissionPublisher 对象的 close() 方法时，如何输出由其调用的 onComplete() 方法所输出的消息。

10.3 第二个例子：新闻系统

前面的例子使用了 SubmissionPublisher 类，因此没有实现 Flow.Publisher 接口和 Flow. Subscription 接口。如果 SubmissionPublisher 提供的功能不符合需求，那么必须实现自己的发布者和订阅关系。

本节，你将学习如何实现这两个接口，进而理解反应流的规范。本节将实现一个新闻系统，其中每则新闻将与一个类别相关联。订阅者将订阅一个或多个类别，而发布者只会向每个订阅相应类别的订阅者发送新闻。

10.3.1 News 类

要实现的第一个类是 News 类。该类描述了要从发布者发送给消费者的每则新闻。我们将存储三个属性。

- ❑ category 属性：一个存储新闻类别的 int 值。它可以采用数值 0、1、2 和 3 分别表示体育、世界、经济和科学类别的新闻。
- ❑ txt 属性：存储新闻文本的 String 值。
- ❑ date 属性：存储新闻日期的 Date 值。

和往常一样，仍然要将这些属性声明为 private，并且实现相应的 get() 方法和 set() 方法获取和设置这些属性值。

10.3.2 发布者相关的类

我们需要四个类来实现 Flow.Publisher 接口和 Flow.Subscription 接口。第一个是实现了 Flow.Subscription 接口的 MySubscription 类。我们将在该类中保存三个属性。

- ❑ canceled 属性：用于指示订阅是否被取消的布尔值。
- ❑ requested 属性：用于存储消费者所请求的新闻条数的 AtomicLong 值。
- ❑ categories 属性：用于存储与当前订阅相关联的新闻类别的一组整型值。

下面的代码展示了对上述属性的声明。

```
public class MySubscription implements Subscription {
  private boolean cancelled = false;
  private AtomicLong requested = new AtomicLong(0);
  private Set<Integer> categories;
```

然后，还要实现 Flow.Subscription 接口所提供的两个方法：cancel() 方法和 request() 方法。

```
@Override
public void cancel() {
  cancelled=true;
}

@Override
public void request(long value) {
  requested.addAndGet(value);
}
```

cancel() 方法只是将 cancelled 属性设置为 true，而 request() 方法则会增加 requested 属性的值。在实际例子中，可能还要对那些作为参数传递给这些方法的值进行验证。

然后，我们还实现了其他方法来获取和设置该类的各属性值。

❏ isCancelled()：该方法返回 cancelled 属性的值。

❏ getRequested()：该方法使用 get()方法返回 requested 属性的值。

❏ decreaseRequested()：该方法使用 decrementAndGet()方法减少 requested 属性的值。

❏ setCategories()：该方法设定 categories 属性的值。

❏ hasCategory()：该方法返回布尔值，指明参数中的类别（一个 int 值）是否与当前订阅相关联。

然后实现 ConsumerData 类。我们将使用该类存储订阅者的信息，以及发布者和订阅者之间的订阅关系。因此，该类有如下两个属性。

❏ consumer 属性：使用 News 类参数化的 Subscriber 值。它将存储新闻消费者的关联关系。

❏ subscription 属性：与发布者和订阅者之间的订阅关系相关的 MySubscription 值。

我们还给出了获取和设置这两个属性值的 get()方法和 set()方法。

然后，还要实现 PublisherTask 类，该类实现了 Runnable 接口。我们将使用这样的任务向消费者发送条目。我们声明了两个属性来存储与消费者相关的数据、消费者和发布者之间的订阅关系，以及想要发送的条目（在我们的例子中是一则新闻）。

❏ consumerData 属性：如前所述，consumerData 对象分别存储了 Subscriber 对象和 MySubscription 对象。前者含有各条目的消费者，后者包含发布者与发布者之间的订阅关系。

❏ news 属性：含有想要发送给订阅者的新闻的 News 对象。

使用该类的构造函数初始化这两个属性。

```java
public class PublisherTask implements Runnable {

  private ConsumerDataconsumerData;
  private News news;

  public PublisherTask(ConsumerDataconsumerData, News news) {
    this.consumerData = consumerData;
    this.news = news;
  }
```

然后，实现 run()方法。该方法将检查是否必须将 News 对象发送给订阅者。它将检查以下三个条件。

❏ 订阅没有取消：使用 subscription 对象的 isCancelled()方法。

❏ 订阅者请求了更多的条目：使用 subscription 对象的 getRequested()方法。

❏ News 对象的类别存在于与该订阅者关联的类别集中：使用 subscription 对象的 hasCategory()方法。

如果该 news 对象通过了这三个条件，那么使用 onNext()方法将其发送给订阅者。我们还使用了 subscription 对象的 decreaseRequested()方法来减少该订阅者请求的条目数。该方法的源代码如下：

```
@Override
public void run() {
  MySubscription subscription = consumerData.getSubscription();
  if (!(subscription.isCanceled()) && (subscription.getRequested() > 0)
      && (subscription.hasCategory(news.getCategory()))) {
    consumerData.getConsumer().onNext(news);
    subscription.decreaseRequested();
  }
}
```

最后实现 MyPublisher 类。该类实现了采用 News 类参数化的 Flow.Publisher 接口。我们将使用两个属性来实现该类的行为。

❑ consumers 属性：一个使用 ConsumerData 类参数化的 ConcurrentLinkedDeque 对象，用于存储该发布者的所有订阅者的信息。

❑ executor 属性：一个用于执行 PublisherTask 对象的 ThreadPoolExecutor 对象。

使用该类的构造函数初始化这两个属性。

```
public class MyPublisher implements Publisher<News> {

  private ConcurrentLinkedDeque<ConsumerData> consumers;
  private ThreadPoolExecutor executor;

  public MyPublisher() {
    consumers=new ConcurrentLinkedDeque<>();
    executor = (ThreadPoolExecutor)Executors.newFixedThreadPool
            (Runtime.getRuntime().availableProcessors());
  }
```

然后，实现 Flow.Publisher 接口提供的 subscribe() 方法。该方法接收想要订阅该发布者的 Subscriber 对象作为参数。创建一个新的 MySubscription 对象、一个新的 ConsumerData 对象（添加到消费者的数据结构），并且调用 Subscriber 对象的 onSubscribe() 方法（其参数为 MySubscription 对象）。

```
@Override
public void subscribe(Subscriber<? super News> subscriber) {

  ConsumerDataconsumerData=new ConsumerData();
  consumerData.setConsumer((Subscriber<News>)subscriber);

  MySubscription subscription=new MySubscription();
  consumerData.setSubscription(subscription);

  subscriber.onSubscribe(subscription);

  consumers.add(consumerData);
}
```

然后，实现 publish() 方法。该方法接收一个 News 对象作为参数，并尝试将其发送给该发布者的所有订阅者。处理存储在 Consumers 数据结构中的所有元素，创建一个新的 PublisherTask 对象，并使用 execute() 方法在执行器中执行它们。

如果发生错误，将对 subscriber 对象使用 onError() 方法，以便将错误通知给订阅者。

```
public void publish(News news) {
  consumers.forEach( consumerData -> {
    try {
      executor.execute(new PublisherTask(consumerData, news));
    } catch (Exception e) {
      consumerData.getConsumer().onError(e);
    }
  });
}
```

最后，实现 shutdown() 方法。该方法将通知所有订阅者通信结束，并且完成内部 ThreadPool-Executor 的执行。

```
public void shutdown() {
  consumers.forEach( consumerData -> {
    consumerData.getConsumer().onComplete();
  });
  executor.shutdown();
}
```

在这四个类中，我们实现了该示例的发布者部分。接下来介绍消费者部分的实现。

10.3.3　Consumer 类

该类实现了 Flow.Subscriber 接口，并且实现了新闻的消费者。在内部，它使用了三个属性。

❑ subscription 属性：一个 MySubscription 对象，它存储了订阅者和发布者之间的订阅关系。

❑ name 属性：一个存储订阅者名称的 String 属性。

❑ categories 属性：一个整型数值集合，存储了该订阅者想要接收的消息的类别。

和此前一样，使用该类的构造函数初始化这些属性。

```
public class Consumer implements Subscriber<News> {

  private MySubscription subscription;
  private String name;
  private Set<Integer> categories;

  public Consumer(String name, Set<Integer> categories) {
    this.name=name;
    this.categories = categories;
  }
```

现在，要实现 Flow.Subscriber 接口提供的方法了。onComplete() 方法和 onError() 方法仅在控制台输出信息。

```
  @Override
  public void onComplete() {
    System.out.printf("%s - %s: Consumer - Completed\n", name,
                      Thread.currentThread().getName());
  }
```

```
    @Override
    public void onError(Throwable exception) {
        System.out.printf("%s - %s: Consumer - Error: %s\n", name,
                        Thread.currentThread().getName(),
                        exception.getMessage());
    }
```

onSubscribe()方法接收 Subscription 对象作为参数，在 subscription 属性中存储该对象，并使用与此订阅者相关联的类别更新该属性。最后，使用 request()方法请求第一个 News 对象。

```
    @Override
    public void onSubscribe(Subscription subscription) {
        this.subscription = (MySubscription)subscription;
        this.subscription.setCategories(this.categories);
        this.subscription.request(1);
        System.out.printf("%s: Consumer - Subscription\n",
                        Thread.currentThread().getName());
    }
```

最后实现 onNext()方法，该方法接收一个 News 对象作为参数，在控制台输出该对象的信息，并且使用 request()方法请求下一个对象。

```
    @Override
    public void onNext(News item) {
        System.out.printf("%s - %s: Consumer - News\n", name,
                        Thread.currentThread().getName());
        System.out.printf("%s - %s: Text: %s\n", name,
                        Thread.currentThread().getName(),item.getTxt());
        System.out.printf("%s - %s: Category: %s\n", name,
                        Thread.currentThread().getName(),
                        item.getCategory());
        System.out.printf("%s - %s: Date: %s\n", name,
                        Thread.currentThread().getName(),item.getDate());
        subscription.request(1);
    }
```

10.3.4 Main 类

最后，使用 main()方法实现 Main 类，测试在该示例中实现的所有类。

创建一个 MyPublisher 对象和三个 Consumer 对象，如下所示。

❑ consumer1 对象只接收运动方面的新闻。

❑ consumer2 对象只接收关于科学的新闻。

❑ consumer3 对象只接收四种类别的新闻。

创建这些对象并且将它们订阅到发布者。

```
public class Main {

    public static void main(String[] args) {
```

```
MyPublisher publisher=new MyPublisher();

Subscriber<News>consumer1, consumer2, consumer3;

Set<Integer> sports = new HashSet();
sports.add(News.SPORTS);
consumer1=new Consumer("Sport Consumer",sports);

Set<Integer> science = new HashSet();
science.add(News.SCIENCE);
consumer2=new Consumer("Science Consumer", science);

Set<Integer> all = new HashSet();
all.add(News.ECONOMIC);
all.add(News.SCIENCE);
all.add(News.SPORTS);
all.add(News.WORLD);
consumer3=new Consumer("All Consumer", all);

publisher.subscribe(consumer1);
publisher.subscribe(consumer2);
publisher.subscribe(consumer3);

System.out.printf("Main: Start\n");
```

然后，使用 publisher 对象将四则新闻（每个类别各一条）发送给消费者。每则新闻之间间隔
1 秒钟。

```
News news=new News();
news.setTxt("Basketball news");
news.setCategory(News.SPORTS);
news.setDate(new Date());

publisher.publish(news);

try {
  TimeUnit.SECONDS.sleep(1);
} catch (InterruptedException e) {
  e.printStackTrace();
}

news=new News();
news.setTxt("Money news");
news.setCategory(News.ECONOMIC);
news.setDate(new Date());
publisher.publish(news);

try {
  TimeUnit.SECONDS.sleep(1);
} catch (InterruptedException e) {
  e.printStackTrace();
}

news=new News();
```

```
news.setTxt("Europe news");
news.setCategory(News.WORLD);
news.setDate(new Date());
publisher.publish(news);

try {
  TimeUnit.SECONDS.sleep(1);
} catch (InterruptedException e) {
  e.printStackTrace();
}

news=new News();
news.setTxt("Space news");
news.setCategory(News.SCIENCE);
news.setDate(new Date());
publisher.publish(news);
```

最后，使用 publisher 对象的 shutdown() 方法完成系统所有要素的执行。

```
publisher.shutdown();
    System.out.printf("Main: End\n");
  }
}
```

下面的屏幕截图显示了本例执行时的一部分输出结果。可以看到 consumer3 对象接收了所有新闻，但是 consumer1 和 consumer2 对象只接收相关类别的新闻。

```
<terminated> Main [Java Application] C:\Program Files\Java\jdk-9\bin\javaw.exe (4 abr. 2017 0:44:
All Consumer - pool-1-thread-3: Category: 0
Sport Consumer - pool-1-thread-1: Category: 0
Sport Consumer - pool-1-thread-1: Date: Tue Apr 04 00:44:25 CEST 2017
All Consumer - pool-1-thread-3: Date: Tue Apr 04 00:44:25 CEST 2017
All Consumer - pool-1-thread-4: Consumer - News
All Consumer - pool-1-thread-4: Text: Money news
All Consumer - pool-1-thread-4: Category: 2
All Consumer - pool-1-thread-4: Date: Tue Apr 04 00:44:26 CEST 2017
All Consumer - pool-1-thread-2: Consumer - News
All Consumer - pool-1-thread-2: Text: Europe news
All Consumer - pool-1-thread-2: Category: 1
All Consumer - pool-1-thread-2: Date: Tue Apr 04 00:44:27 CEST 2017
Science Consumer - pool-1-thread-3: Consumer - News
All Consumer - pool-1-thread-1: Consumer - News
Science Consumer - pool-1-thread-3: Text: Space news
Science Consumer - pool-1-thread-3: Category: 3
All Consumer - pool-1-thread-1: Text: Space news
Science Consumer - pool-1-thread-3: Date: Tue Apr 04 00:44:28 CEST 2017
All Consumer - pool-1-thread-1: Category: 3
All Consumer - pool-1-thread-1: Date: Tue Apr 04 00:44:28 CEST 2017
Sport Consumer - main: Consumer - Completed
Science Consumer - main: Consumer - Completed
All Consumer - main: Consumer - Completed
Main: End
```

10.4　小结

在本章中，你了解到 Java 9 是如何实现反应流规范的。它为带有非阻塞回压的异步流处理定义了标准。该标准基于以下三个要素。

❑ 信息的发布者。

❑ 该信息的一个或多个订阅者。

❑ 发布者和消费者之间的订阅关系。

Java 提供了三个接口来实现这些元素。

❑ `Flow.Publisher` 接口，用于实现信息的发布者。

❑ `Flow.Subscriber` 接口，用于实现该信息的订阅者（消费者）。

❑ `Flow.Subscription` 接口，用于实现发布者和订阅者之间的订阅关系。

Java 还提供了一个实用工具类，即实现 `Publisher` 接口的 `SubmissionPublisher` 类，如果应用程序有默认行为，也可以使用它。

本章实现了两个示例，这两种实现可用于 Java 中的反应流。首先实现了一个事件通知系统，该系统实现了 `Subscriber` 类，使用 `SubmissionPublisher` 类将事件发送给订阅者。然后实现了一个新闻系统，它实现了所有必备元素。

尽管反应流规范定义了这些流的预期行为，但是基于 Java 提供的接口，还可以实现不同的行为。不过，这并不是什么好主意。

下一章将详细介绍可以在并发应用程序中使用的数据结构和同步机制。

10

第 11 章

探究并发数据结构和同步工具

每个计算机程序中最重要的元素之一就是**数据结构**。数据结构使我们可以存放数据，从而使应用程序可以按照需求以不同的方式读取、转换和写入这些数据。选择一种适当的数据结构是获得良好性能的关键。做出了糟糕的选择就会大幅度降低算法的性能。Java 并发 API 包含一些用于并发应用程序的数据结构，而它们并不会导致数据不一致或者信息丢失。

并发应用程序中的另一个关键点是**同步机制**。通过使用同步机制，可以创建一个临界段（也就是一段一次只能被一个线程执行的代码），进而实现互斥。不过，也可以使用同步机制实现两个线程之间的依赖关系，例如一个并发任务必须等待另一个任务完成。Java 并发 API 包含了像 synchronized 关键字这样的基本同步机制，也包含了一些非常高层的工具，例如 CyclicBarrier 类以及在第 6 章中用到的 Phaser 类等。

本章将介绍以下两个主题。

❑ 并发数据结构。

❑ 同步机制。

11.1 并发数据结构

每个计算机程序都要用到数据。它们从数据库、文件或者其他来源获取数据，对数据进行转换，然后将转换后的数据再写回到某个数据库、文件或者其他目标。程序对存放在内存中的数据进行操作，并且采用数据结构将数据存放在内存中。

实现一个并发应用程序时，必须注意数据结构的使用。如果不同的线程可以修改存放在某个唯一数据结构中的数据，就必须使用同步机制保护在该数据结构之上的修改操作。如果不这样做，就会出现数据竞争条件。应用程序可能有时可以正确工作，但是下一次可能就会遇到某个随机性的异常，进而陷入死循环，或者毫无声息地给出一个不正确的结果。究竟会出现何种结局，取决于执行的顺序。

为了避免数据竞争条件，可以进行如下操作。

❑ 使用一种非同步的数据结构，并且自己为其加入同步机制。

❑ 使用由 Java 并发 API 提供的某种数据结构，这种数据结构在内部实现了同步机制，并且针对并发应用程序做了优化。

第二种供选方案是最推荐的。本节将回顾最重要的并发数据结构。

11.1.1 阻塞型数据结构和非阻塞型数据结构

Java 并发 API 中提供了两种并发数据结构。

❑ **阻塞型数据结构**：这种类型的数据结构提供了插入数据和删除数据的方法，当操作无法立即执行时（例如，如果你要选取某个元素但数据结构为空），执行调用的线程就会被阻塞，直到可以执行该操作为止。

❑ **非阻塞型数据结构**：这种类型的数据结构提供了插入数据和删除数据的方法，当无法立即执行操作时，返回一个特定值或者抛出一个异常。

有时，非阻塞型数据结构会有一个与之等效的阻塞型数据结构。例如，ConcurrentLinkedDeque 类是一个非阻塞型数据结构，而 LinkedBlockingDeque 类则是一个与之等效的阻塞型数据结构。阻塞型数据结构的一些方法具有非阻塞型数据结构的行为。例如，Deque 接口定义了 pollFirst() 方法，如果双端队列为空，该方法并不会阻塞，而是返回 null 值。另一方面，getFirst() 方法在这种情况下会抛出异常。每个阻塞型队列的实现都实现了该方法。

11.1.2 并发数据结构

Java 集合框架（Java collections framework，JCF）提供了一个包含多种可用于串行编程的数据结构集合。Java 并发 API 对这些数据结构进行了扩展，提供了另外一些可用于并发应用程序的数据结构，包括如下两项。

❑ **接口**：扩展了 JCF 提供的接口，添加了一些可用于并发应用程序的方法。

❑ **类**：实现了前面的接口，提供了可以用于应用程序的具体实现。

下面将介绍你会在并发应用程序中用到的接口和类。

1. 接口

首先，介绍一下由并发数据结构实现的最重要的接口。

● **BlockingQueue**

队列是一种线性数据结构，允许在队列的末尾插入元素且从队列的起始位置获取元素。它是一个**先入先出**（FIFO）型数据结构，第一个进入队列的元素将是第一个被处理的元素。

JCF 定义了 Queue 接口，该接口定义了在队列中执行的基本操作。该接口提供了实现如下操作的方法。

❑ 在队列的末尾插入一个元素。

❑ 从队列的首部开始检索并删除一个元素。

❑ 从队列的首部开始检索一个元素但不删除。

对于这些方法，该接口定义了两个版本。它们在方法执行时具有不同的表现（例如，如果你要检索某个空队列中的元素)。

- ❑ 可以抛出异常的方法。
- ❑ 可以返回某一特定值的方法，例如 false 或 null。

下表包含了每个操作所对应的方法名称。

操　　作	抛出异常	返回特殊值
插入	add()	offer()
检索并删除	remove()	poll()
检索但不删除	element()	peek()

BlockingQueue 接口扩展了 Queue 接口，添加了当操作不可执行时阻塞调用线程的方法。这些方法有如下几种。

操　　作	阻　　塞
插入	put()
检索并删除	take()
检索但不删除	N/A

- ● **BlockingDeque**

与队列一样，双端队列也是一种线性数据结构，但是允许从该数据结构的两端插入和删除元素。JCF 定义了 Deque 接口，该接口扩展了 Queue 接口。除了 Queue 接口提供的方法之外，它还提供了从两端执行插入、检索且删除、检索但不删除等操作的方法。

操　　作	抛出异常	返回特定值
插入	addFirst()、addLast()	offerFirst()、offerLast()
检索并删除	removeFirst()、removeLast()	pollFirst()、pollLast()
检索但不删除	getFirst()、getLast()	peekFirst()、peekLast()

BlockingDeque 接口扩展了 Deque 接口，添加了当操作无法执行时阻塞调用线程的方法。

操　　作	阻　　塞
插入	putFirst()、putLast()
检索并删除	takeFirst()、takeLast()
检索但不删除	N/A

- ● **ConcurrentMap**

map（有时也叫关联数组）是一种允许存储(键，值)对的数据结构。JCF 提供了 Map 接口，它定义了使用 map 的基本操作。这些方法包括如下几个。

- ❑ put()：向 map 插入一个(键，值)对。
- ❑ get()：返回与某个键相关联的值。

❑ remove()：删除与特定键相关联的(键，值)对。

❑ containsKey()和 containsValue()：如果 map 中包含值的特定键，则返回 true。

该接口在 Java 8 中做了修改，包含了下述新方法。本章接下来的内容将讲到如何使用这些方法。

❑ forEach()：该方法针对 map 的所有元素执行给定函数。

❑ compute()、computeIfAbsent()和 computeIfPresent()：这些方法允许指定一个函数，该函数用于计算与某个键相关的新值。

❑ merge()：该方法允许你指定将某个(键，值)对合并到某个已有的 map 中。如果 map 中没有该键，则直接插入，否则，执行指定的函数。

ConcurrentMap 扩展了 Map 接口，为并发应用程序提供了相同的方法。请注意，在 Java 8 和 Java 9 中（与 Java 7 不同），ConcurrentMap 接口并未在 Map 接口的基础上增加新方法。

● **TransferQueue**

该接口扩展了 BlockingQueue 接口，并且增加了将元素从生产者传输到消费者的方法。在这些方法中，生产者可以一直等到消费者取走其元素为止。该接口添加的新方法有如下几项。

❑ transfer()：将一个元素传输给一个消费者，并且等待（阻塞调用线程）该元素被使用。

❑ tryTransfer()：如果有消费者等待，则传输一个元素。否则，该方法返回 false 值，并且不将该元素插入队列。

2. 类

Java 并发 API 为之前描述的接口提供了多种实现，其中一些实现并没有增加任何新特征，而另一些实现则增加了新颖有用的功能。

● **LinkedBlockingQueue**

该类实现了 BlockingQueue 接口，提供了一个带有阻塞型方法的队列，该方法可以有任意有限数量的元素。该类还实现了 Queue、Collection 和 Iterable 接口。

● **ConcurrentLinkedQueue**

该类实现了 Queue 接口，提供了一个线程安全的无限队列。从内部来看，该类使用一种非阻塞型算法保证应用程序中不会出现数据竞争。

● **LinkedBlockingDeque**

该类实现了 BlockingDeque 接口，提供了一个带有阻塞型方法的双端队列，它可以有任意有限数量的元素。LinkedBlockingDeque 具有比 LinkedBlockingQueue 更多的功能，但是其开销更大。因此，应在双端队列特性不必要的场合使用 LinkedBlockingQueue 类。

● **ConcurrentLinkedDeque**

该类实现了 Deque 接口，提供了一个线程安全的无限双端队列，它允许在双端队列的两端添加和删除元素。它具有比 ConcurrentLinkedQueue 更多的功能，但与 LinkedBlockingDeque 相同，该类开销更大。

● **ArrayBlockingQueue**

该类实现了 BlockingQueue 接口，基于一个数组提供了阻塞型队列的一个实现，可以有有限个元素。它还实现了 Queue、Collection 和 Iterable 接口。与基于数组的非并发数据结构（ArrayList

和 ArrayDeque）不同，ArrayBlockingQueue 按照构造函数中所指定的固定大小为数组分配空间，而且不可再调整其大小。

- ● **DelayQueue**

该类实现了 BlockingDeque 接口，提供了一个带有阻塞型方法和无限数目元素的队列实现。该队列的元素必须实现 Delayed 接口，因此它们必须实现 getDelay() 方法。如果该方法返回一个负值或 0，那么延时已过期，可以取出队列的元素。位于队列首部的是延时负数值最小的元素。

- ● **LinkedTransferQueue**

该类提供了一个 TransferQueue 接口的实现。它提供了一个元素数量无限的阻塞型队列。这些元素有可能被用作生产者和消费者之间的通信信道。在那里，生产者可以等待消费者处理它们的元素。

- ● **PriorityBlockingQueue**

该类提供了 BlockingQueue 接口的一个实现，在该类中可以按照元素的自然顺序选择元素，也可以通过该类构造函数中指定的比较器选择元素。该队列的首部由元素的排列顺序决定。

- ● **ConcurrentHashMap**

该类提供了 ConcurrentMap 接口的一个实现。它提供了一个线程安全的哈希表。除了 Java 8 中 Map 接口新增加的方法之外，该类还增加了其他一些方法。

- ❑ search()、searchEntries()、searchKeys() 和 searchValues()：这些方法允许对 (键，值) 对、键或者值应用搜索函数。这些搜索功能可以是一个 lambda 表达式。搜索函数返回一个非空值时，该方法结束。这也是该方法的执行结果。

- ❑ reduce()、reduceEntries()、reduceKeys() 和 reduceValues()：这些方法允许应用一个 reduce() 操作转换 (键，值) 对、键，或者将其整个哈希表作为流处理（参考第 9 章，获取有关 reduce() 方法的详细内容）。

ConcurrentHashMap 针对那些依赖其线程安全性而非同步细节的程序。调整 map 的大小是一项比较慢的操作。该类还增加了其他一些方法，例如 forEachValue、forEachKey 等，但是此处不再赘述。

11.1.3　使用新特性

本节，你将学会如何使用在 Java 8 和 Java 9 中为并发数据结构引入的新特性。

1. ConcurrentHashMap 的第一个例子

第 9 章实现了一个应用程序，可以对一个由 20 000 个亚马逊商品构成的数据集进行搜索。我们从亚马逊商品联合采购网络元数据中获取了这些信息，该元数据中包含有关 548 552 件商品的信息，包括商品的名称、销售排名和相似商品。可以通过搜索 SNAP 网站的 "Amazon product co-purchasing network metadata" 下载该数据集。在该例子中，我们采用了一个名为 productsByBuyer 的 Concurrent-HashMap<String, List<ExtendedProduct>> 存放用户所购买商品的信息。该 map 的键是用户的标识符，而其值为用户购买商品的列表。本节将采用该 map 学习如何使用 ConcurrentHashMap 类的新方法。

- **forEach()方法**

该方法允许你指定对 ConcurrentHashMap 的每个(键，值)对都要执行的函数。该方法有很多版本，但是最基本的版本只有一个可以以 lambda 表达式表示的 BiConsumer 函数。例如，你可以使用该方法打印每个用户购买了多少商品，其代码如下：

```
productsByBuyer.forEach( (id, list) -> System.out.println(id+":
                                      "+list.size()));
```

这个基本版的 forEach()方法是常规 Map 接口的一部分，通常以顺序方式执行。在这段代码中我们使用了一个 lambda 表达式，其中 id 是元素的键，而 list 是元素的值。

在另一个例子中，使用了 forEach()方法来计算用户的平均评级。

```
productsByBuyer.forEach( (id, list) -> {
  double average=list.stream().mapToDouble(item -> item.getValue())
                  .average().getAsDouble();
  System.out.println(id+": "+average);
});
```

在这段代码中，也使用了一个 lambda 表达式，其中 id 是元素的键，list 是元素的值。我们将一个流应用到该商品列表，计算了平均评级。

该方法还有如下其他版本。

- ❏ forEach(parallelismThreshold, action)：这是要在并发应用程序中使用的版本。如果 map 的元素多于第一个参数指定的数目，该方法将以并行方式执行。
- ❏ forEachEntry(parallelismThreshold, action)：该版本与上一版本相似，只不过在该版本中 Action 是 Consumer 接口的一个实现，它接收一个 Map.Entry 对象作为参数，其中含有元素的键和值。这种情况下也可以使用一个 lambda 表达式。
- ❏ forEachKey(parallelismThreshold, action)：该版本与前一版本相似，只不过在这种情况下 Action 仅应用于 ConcurrentHashMap 的键。
- ❏ forEachValue(parallelismThreshold, action)：该版本与前一版本相似，只不过在这种情况下 Action 仅应用于 ConcurrentHashMap 的值。

当前的实现采用公共的 ForkJoinPool 实例执行并行任务。

- **search()方法**

该方法对 ConcurrentHashMap 的所有元素均应用一个搜索函数。该搜索函数可以返回一个空值或者一个不同于 null 的值。search()方法将返回搜索函数所返回的第一个非空值。该方法接收两个参数。

- ❏ parallelismThreshold：如果 map 的元素比该参数指定的数目多，该方法将以并行方式执行。
- ❏ searchFunction：这是 BiFunction 接口的一个实现，可以表示为一个 lambda 表达式。该函数接收每个元素的键和值作为参数，而且如前所述，如果找到了要找的结果，该函数就必须返回一个非空值，否则返回一个空值。

例如，你可以采用该函数查找第一本含有某个单词的书。

11

```
ExtendedProduct firstProduct=productsByBuyer.search(100,
                                    (id, products) -> {
   for (ExtendedProduct product: products) {
     if (product.getTitle().toLowerCase().contains("java")) {
       return product;
     }
   }
   return null;
});
if (firstProduct!=null) {
   System.out.println(firstProduct.getBuyer()+":"+
                      firstProduct.getTitle());
}
```

本例使用 100 作为 `parallelismThreshold`，使用一个 lambda 表达式实现搜索函数。在该函数中，对于每个元素而言，我们将会处理该列表中的所有商品。如果找到了一个含有单词 java 的商品，则返回该商品。这是由 `search()` 方法返回的值。最后，在控制台打印该商品的购买者和商品名称。

该方法的其他版本还有如下几种。

❑ `searchEntries(parallelismThreshold, searchFunction)`：在这种情况下，搜索函数是 `Function` 接口的一个实现，接收一个 `Map.Entry` 对象作为参数。

❑ `searchKeys(parallelismThreshold, searchFunction)`：在这种情况下，搜索函数仅应用于 `ConcurrentHashMap` 的键。

❑ `searchValues(parallelismThreshold, searchFunction)`：在这种情况下，搜索函数仅应用于 `ConcurrentHashMap` 的值。

● **`reduce()`方法**

该方法和 Stream 框架提供的 `reduce()` 方法相似，但是在这种情况下，你将直接对 `Concurrent-HashMap` 的元素进行操作。该方法接收以下三个参数。

❑ `parallelismThreshold`：如果 `ConcurrentHashMap` 的元素数多于该参数所指定的数目，该方法将以并行方式执行。

❑ `transformer`：该参数是 `BiFunction` 接口的一个实现，可以表示为一个 lambda 函数。它接收一个键和一个值作为参数，并且返回这些元素的转换结果。

❑ `reducer`：该参数是 `BiFunction` 接口的一个实现，也可以表示为一个 lambda 函数。它接收由转换器函数返回的两个对象作为参数。该函数的目标是将这两个对象组合成一个对象。

作为该方法的例子之一，我们将获取一个评论取值为 1（最坏情况）的商品列表。本例用到了两个辅助变量。第一个是 `transformer`。它是一个 `BiFunction` 接口，用作 `reduce()` 方法的 `tramsformer` 元素。

```
BiFunction<String, List<ExtendedProduct>, List<ExtendedProduct>>
   transformer = (key, value) ->value.stream().filter(product ->
   product.getValue() == 1).collect(Collectors.toList());
```

该函数接收键（即用户的 id）和一个 `ExtendedProduct` 对象列表（含有该用户购买的商品）作为参数。我们处理该列表中的所有商品，并且返回评级为 1 的商品。

第二个变量是约简器 `BinaryOperator`，作为 `reduce()` 方法的约简器函数。

```
BinaryOperator<List<ExtendedProduct>> reducer = (list1, list2) ->{
  list1.addAll(list2);
  return list1;
};
```

该约简器接收两个 `ExtendedProduct` 列表作为参数，并且使用 `addAll()` 方法将它们连接成一个列表。

现在，只需要实现对 `reduce()` 方法的调用。

```
List<ExtendedProduct> badReviews=productsByBuyer.reduce(10,
                                     transformer, reducer);
badReviews.forEach(product -> {
  System.out.println(product.getTitle()+":"+
                     product.getBuyer()+":"+product.getValue());
});
```

还有其他一些版本的 `reduce()` 方法。

- `reduceEntries()`、`reduceEntriesToDouble()`、`reduceEntriesToInt()`和 `reduceEntriesToLong()`：对于这些情况，转换器函数和约简器函数都针对 `Map.Entry` 对象进行处理。后三个版本的方法分别返回一个 `double`、一个 `int` 和一个 `long` 值。
- `reduceKeys()`、`reduceKeysToDouble()`、`reduceKeysToInt()`和 `reduceKeysToLong()`：对于这些情况，转换器函数和约简器函数都针对 map 的键进行处理。后三个版本的方法分别返回一个 `double`、一个 `int` 和一个 `long` 值。
- `reduceToInt()`、`reduceToDouble()`和 `reduceToLong()`：对于这些情况，转换器函数针对键和值进行处理，而约简器方法分别针对 `int`、`double` 和 `long` 数值进行处理。这些方法分别返回一个 `int`、一个 `double` 和一个 `long` 值。
- `reduceValues()`、`reduceValuesToDouble()`、`reduceValuesToInt()`和 `reduceValuesToLong()`：对于这些情况，转换器函数和约简器函数都针对 map 的值进行处理。后三个版本的方法分别返回一个 `double`、一个 `int` 和一个 `long` 值。

- **`compute()`方法**

该方法（在 Map 接口中定义）接收一个元素的键和 `BiFunction` 接口的一个实现（可以用 lambda 表达式表示）作为参数。如果元素的键存在于 `ConcurrentHashMap` 中，则该函数将接收元素的键和值作为参数，否则将接收空值作为参数。如果该函数返回的值存在，该方法将用该函数返回的值来替换与该键相关的值；如果该函数返回的值不存在，则将该值插入到 `ConcurrentHashMap`；如果返回值为 null，则说明当前项已存在，那么就删除当前项。请注意，在 `BiFunction` 执行期间，将锁闭一个或几个 map 记录。因此，`BiFunction` 的执行时间不应过长，而且不应该尝试更新同一 map 中的任何其他记录，否则可能会出现死锁。

例如，我们在使用该方法时，可以采用 Java 8 中引入的名为 `LongAdder` 新型原子变量，以计算和每个商品相关的差评数量。我们创建了一个新的 `ConcurrentHashMap`，名为 counter。它的键是商品的名称，值为 `LongAdder` 类的一个对象，用于计算每个商品有多少差评。

```
ConcurrentHashMap<String, LongAdder> counter=new ConcurrentHashMap<>();
```

我们处理前面计算得到的所有 badReviewsConcurrentLinkedDeque 元素，并且使用 compute()
方法来创建和更新与每个商品相关的 LongAdder。

```
badReviews.forEach(product -> {
  counter.computeIfAbsent(product.getTitle(), title -> new
                          LongAdder()).increment();
});
counter.forEach((title, count) -> {
  System.out.println(title+":"+count);
});
```

最后，将结果输出到控制台。

2. ConcurrentHashMap 的另一个例子

ConcurrentHashMap 类中还增加了另一个方法，它也是 Map 接口中定义的方法。这就是 merge()
方法，它可以将一个(键，值)对合并到 map。如果 ConcurrentHashMap 中不存在该键，则直接插入
该键。如果 ConcurrentHashMap 中存在该键，则需要定义新旧两个键中究竟哪一个应该与新值相关
联。该方法接收三个参数。

❑ 要合并的键。

❑ 要合并的值。

❑ 可表示为一个 lambda 表达式的 BiFunction 的实现。该函数接收与该键相关的旧值和新值作
   为参数。该方法将该函数返回的值与该键关联。BiFunction 执行时对 map 进行部分锁定，
   这样可以保证同一个键不会被并发执行。

例如，我们按照评论的年份字段对前面用到的亚马逊的 20 000 个商品进行了划分。对于每一年，
均加载 ConcurrentHashMap，其键为商品，而其值为评论列表。这样，便可以通过下述代码加载 1995
年和 1996 年的评论。

```
Path path=Paths.get("data\\amazon\\1995.txt");
ConcurrentHashMap<BasicProduct, ConcurrentLinkedDeque<BasicReview>>
          products1995=BasicProductLoader.load(path);
showData(products1995);

path=Paths.get("data\\amazon\\1996.txt");
ConcurrentHashMap<BasicProduct,ConcurrentLinkedDeque<BasicReview>>
          products1996=BasicProductLoader.load(path);
System.out.println(products1996.size());
showData(products1996);
```

如果想将两个 ConcurrentHashMap 合并为一个，则可以使用下面的代码。

```
products1996.forEach(10,(product, reviews) -> {
  products1995.merge(product, reviews, (reviews1, reviews2) -> {
    System.out.println("Merge for: "+product.getAsin());
    reviews1.addAll(reviews2);
    return reviews1;
  });
});
```

我们处理 Products1996 ConcurrentHashMap 的所有元素，并且对每个(键，值)对都调用 Products1995 ConcurrentHashMap 的 merge()方法。merge 函数将接收两个评论列表，这样我们只需将它们连接成一个列表即可。

3. 一个采用 ConcurrentLinkedDeque 类的例子

Collection 接口也引入了 Java 8 中的一些新方法。大多数并发数据结构都实现了该接口，因此可以通过它们使用这些新特性。其中两种方法是 stream()和 parallelStream()，它们在第 8 章和第 9 章中都已经用到。下面看看如何使用另外两种方法，这要用到前面章节已提到的含有 20 000 个商品的 ConcurrentLinkedDeque。

- **removeIf()方法**

该方法在 Collection 接口中有一个默认实现，它是非并发的而且并没有被 ConcurrentLinked-Deque 类重载。该方法接收一个 Predicate 接口的实现作为参数，这样就会接收 Collection 中的一个元素作为参数，而且应该返回一个 true 或 false 值。该方法将处理 Collection 中的所有元素，而且当谓词取值为 true 时将删除这些元素。

例如，如果要删除所有销售排名高于 1000 的商品，可以使用下面的代码。

```
System.out.println("Products: "+productList.size());
productList.removeIf(product -> product.getSalesrank() > 1000);
System.out.println("Products; "+productList.size());
productList.forEach(product -> {
  System.out.println(product.getTitle()+": "+
                     product.getSalesrank());
});
```

- **spliterator()方法**

该方法返回 Spliterator 接口的一个实现。一个 spliterator 定义了可被 Stream API 使用的数据源。需要直接使用 spliterator 的情况很少，但是有时可能希望创建自己的 spliterator 来为流产生一个定制的源（例如，如果实现了自己的数据结构）。如果有自己的 spliterator 实现，可以使用 StreamSupport.stream(mySpliterator, isParallel)在其之上创建一个流。其中，isParallel 是一个布尔值，决定了要创建的流是否为并行流。spliterator 在某种意义上很像迭代器，可用来遍历集合中的所有元素，但你可以对元素进行划分，从而以并发的方式进行遍历操作。

一个 spliterator 具有 8 个定义其行为的不同特征。

- ❑ CONCURRENT：可以安全地以并发方式对 spliterator 源进行修改。
- ❑ DISTINCT：spliterator 所返回的所有元素均不相同。
- ❑ IMMUTABLE：spliterator 源无法被修改。
- ❑ NONNULL：spliterator 不返回 null 值。
- ❑ ORDERED：spliterator 所返回的元素是经过排序的（这意味着它们的顺序很重要）。
- ❑ SIZED：spliterator 可以使用 estimateSize()方法返回确定数目的元素。
- ❑ SORTED：spliterator 源经过了排序。
- ❑ SUBSIZED：如果使用 trySplit()方法分割该 spliterator，产生的 spliterator 将是 SIZED 和 SUBSIZED 的。

11

该接口最有用的方法是如下几种。

❑ estimatedSize()：该方法将返回 spliterator 中元素数的估计值。

❑ forEachRemaining()：该方法允许你将一个 Consumer 接口的实现（可以表示为一个 lambda 函数）应用到 spliterator 尚未进行处理的元素。

❑ tryAdvance()：该方法接收一个 Consumer 接口的实现（可以表示为一个 lambda 函数）作为参数。它选取 spliterator 中的下一个元素，使用 Consumer 实现进行处理并返回 true 值。如果 spliterator 再没有要处理的元素，则它返回 false 值。

❑ trySplit()：该方法尝试将 spliterator 分割成两个部分。作为调用方的 spliterator 将处理其中的一些元素，而返回的 spliterator 将处理另一些元素。如果该 spliterator 是 ORDERED，则返回的 spliterator 必须按照严格排序处理元素，而且调用方也必须按该严格排序处理。

❑ hasCharacteristics()：该方法允许你检查 spliterator 的属性。

下面看一个关于该方法的例子，这里要用到含有 20 000 个商品的 ArrayList 数据结构。

首先，我们需要一个辅助任务，它将对一个商品集合进行处理，将它们的名称转换成小写形式。该任务将采用一个 Spliterator 作为属性。

```
public class SpliteratorTask implements Runnable {

  private Spliterator<Product> spliterator;

  public SpliteratorTask (Spliterator<Product> spliterator) {
    this.spliterator=spliterator;
  }

  @Override
  public void run() {
    int counter=0;
    while (spliterator.tryAdvance(product -> {
      product.setTitle(product.getTitle().toLowerCase());
    })) {
    counter++;
  };
  System.out.println(Thread.currentThread().getName()
                     +":"+counter);
  }

}
```

正如你所看到的，当该任务完成执行时，它将输出已处理的商品数量。

在主方法中，一旦将 20 000 个商品加载到 ConcurrentLinkedQueue，就可以得到一个 spliterator，检查它的一些属性，并且查看其估计规模。

```
Spliterator<Product> split1=productList.spliterator();
System.out.println(split1.hasCharacteristics(Spliterator.CONCURRENT));
System.out.println(split1.hasCharacteristics(Spliterator.SUBSIZED));
System.out.println(split1.estimateSize());
```

然后，使用 `trySplit()` 方法来分割该 spliterator，并且查看两个 spliterator 的大小。

```
Spliterator<Product> split2=split1.trySplit();
System.out.println(split1.estimateSize());
System.out.println(split2.estimateSize());
```

最后，可以在一个执行器中执行两个任务，其中一个针对 spliterator，用于查看每个 spliterator 是否确实将预期数量的元素处理完毕。

```
ThreadPoolExecutor executor=(ThreadPoolExecutor)
                           Executors.newCachedThreadPool();
executor.execute(new SpliteratorTask(split1));
executor.execute(new SpliteratorTask(split2));
```

在下面的屏幕截图中，你可以看到本例的执行结果。

```
<terminated> ConcurrentSpliteratorMain [Java Application] C:\Program Files\Java\jdk-9\b
false
true
20000
10000
10000
pool-1-thread-1:10000
pool-1-thread-2:10000
```

可以发现，在分割 spliterator 之前，`estimatedSize()` 方法如何返回 20 000 个元素。在执行 `trySplit()` 方法之后，每个 spliterator 都有 10 000 个元素。这些就是每个任务所处理的元素。

11.1.4　原子变量

原子变量是在 Java 1.5 中引入的，用于提供针对 `integer`、`long`、`boolean`、`reference` 和 `Array` 对象的原子操作。它们提供了一些方法来递增值、递减值、确定值、返回值，或者在其当前值等于预定义值时确定值。原子变量提供了与 `volatile` 关键字相似的保障。

Java 8 中增加了四个新类，即 `DoubleAccumulator`、`DoubleAdder`、`LongAccumulator` 和 `LongAdder`。在前一节中，我们使用 `LongAdder` 类计算了商品的差评数。该类提供了与 `AtomicLong` 相似的功能，但是当经常更新来自不同线程的累加操作并且只需要在操作的末端给出结果时，该类具有更好的性能。`DoubleAdder` 函数与之类似，只不过针对 `double` 值。这两个类的主要目标都是为了给出一个不同的线程可以以一致的方式对其更新的计数器。这些类当中最重要的方法包括如下几种。

- ❑ `add()`：为计数器增加参数中指定的值。
- ❑ `increment()`：相当于 `add(1)`。
- ❑ `decrement()`：相当于 `add(-1)`。
- ❑ `sum()`：该方法返回计数器的当前值。

请注意，`DoubleAdder` 类并没有 `increment()` 和 `decrement()` 方法。

`LongAccumulator` 类和 `LongAdder` 类很类似，但是它们也有一个非常明显的区别。它们都有一个可以指定如下两个参数的构造函数。

- ❑ 内部计数器的标识值。

❑ 一个将新值累加到累加器的函数。

要注意的是，该函数并不依赖于累加的顺序。在这种情况下，最重要的方法就是如下两种。

❑ accumulate()：该方法接收一个 long 值作为参数。它应用函数对计数器进行递增或递减操作，使之成为当前值和参数指定值。

❑ get()：返回计数器的当前值。

例如，下面的代码执行完毕后会将 362 880 输出到控制台。

```
LongAccumulator accumulator=new LongAccumulator((x,y) -> x*y, 1);

IntStream.range(1, 10).parallel().forEach(x -> accumulator
                                        .accumulate(x));
System.out.println(accumulator.get());
```

在累加器中使用交换运算，这样对于任意输入顺序，其输出结果均相同。

11.1.5　变量句柄

变量句柄（variable handle）是一种对变量、静态域或数组元素的动态型引用，使你可以多种不同的模式访问该变量。例如，可以在并发应用程序中对变量进行访问保护，实现对该变量的原子访问。在此之前，你只能通过原子变量获得这样的行为，但是现在可以使用变量句柄获得同样的功能，而不需要采用任何同步机制。

这是 Java 9 中引入的一种新特性，由 VarHandle 类提供。变量句柄有如下几种访问方法。

❑ **读取访问模式**：根据不同方法，该模式允许按照不同的内存排序规则读取变量的值。你可以使用 get()、getVolatile()、getAcquire() 和 getOpaque() 方法读取变量的值。第一种方法将变量视为非易失性变量读取。第二种方法将变量作为易失性变量来读取。第三种方法确保对该变量的其他访问在该语句之前不会因为优化方面的原因而重新排序。而最后一种方法与第三种类似，但是它仅对当前线程有影响。

❑ **写入访问模式**：根据方法不同，该模式允许你按照不同的内存排序规则写入变量的值。可以使用 set()、setVolatile()、setRelease() 和 setOpaque() 方法。它们与前面读取访问模式中的方法相对应，只不过是针对写入访问的。

❑ **原子更新访问模式**：这种模式获得与原子变量类似的功能和操作，例如比较变量的值。你可以使用下述方法。

■ compareAndSet()：如果作为参数传递的预期值和变量的当前值相等，那么改变变量的值，就像变量是被声明为易失性变量一样。

■ weakCompareAndSet() 和 weakCompareAndSetPlain()：如果作为参数传递的预期值与变量的当前值相等，那么自动将变量的当前值替换为新值。第一种法将变量视为一个易失性变量，而第二种法将变量视为一个非易失性变量。

❑ **数值型原子更新访问模式**：这种模式以原子方式修改数值。你可以使用下面的方法。

■ getAndAdd()：增加变量的值并且返回之前的值，因为该变量被原子自动声明为一个易失性变量。

❑ **位原子更新访问模式**：这种模式以原子方式按位修改值。你可以使用 `getAndBitwiseOr()` 或者 `getAndBitwiseAnd()`方法。

例如，可用一个名为 `VarHandleData` 的类，它有名为 `safeValue` 和 `unsafeValue` 的两个属性。

```java
public class VarHandleData {
  public double safeValue;
  public double unsafeValue;
}
```

下面实现一个含有 10 个线程的例子，并发更新这两个属性的值。我们将使用 `VarHandle` 直接更新 `safeValue` 属性和 `unsafeValue` 属性的值。

创建一个对象某个域的 `VarHandle` 对象的最简单方式是使用 `MethodHandles` 类中的静态方法 `lookup()`。该方法会返回一个 `MethodHandles.Lookup` 工厂对象，它用于创建 `MethodHandles`。然后，使用 `in()`方法获得一个面向当前类（这里是 `VarHandleData`）的 `MethodHandles`。最后，使用 `findVarHandle()`方法获取对象 `VarHandle`，以访问对象的域。

例如，如果想要使用 `VarHandle` 访问 `VarHandleData` 对象的 `safeValue` 属性，可以采用下述指令。

```java
handler = MethodHandles.lookup().in(VarHandleData.class)
                        .findVarHandle(VarHandleData.class,
                                "safeValue", double.class);
```

因此，我们实现一个名为 `VarHandleTask` 的类，该类实现了 `Runnable` 接口，它可以增加和减少 `VarHandleData` 对象的两个属性的值。如前所述，我们使用 `VarHandle` 对象访问 `safeValue` 属性（通过 `getAndAdd()`方法），并且直接修改 `unsafeValue` 属性。

```java
public class VarHandleTask implements Runnable {
  private VarHandleData data;
  public VarHandleTask(VarHandleData data) {
    this.data = data;
  }
  @Override
  public void run() {
    VarHandle handler;
    try {
      handler = MethodHandles.lookup().in(VarHandleData.class)
                              .findVarHandle(VarHandleData.class,
                                      "safeValue", double.class);
      for (int i = 0; i < 10000; i++) {
        handler.getAndAdd(data, +100);
        data.unsafeValue += 100;
        handler.getAndAdd(data, -100);
        data.unsafeValue -= 100;
      }
    } catch (NoSuchFieldException | IllegalAccessException e) {
      e.printStackTrace();
    }
  }
}
```

11

最后，实现 VarHandleMain 类，该类创建一个 VarHandleData 对象和 10 个并发更新同一对象的 VarHandleTasks。

```
public class VarHandleMain {
  public static void main(String[] args) {
    VarHandleData data = new VarHandleData();
      for (int i=0; i<10; i++) {
        VarHandleTask task=new VarHandleTask(data);
        ForkJoinPool.commonPool().execute(task);
      }
      ForkJoinPool.commonPool().shutdown();
      try {
        ForkJoinPool.commonPool().awaitTermination(1, TimeUnit.DAYS);
      } catch (InterruptedException e) {
        // 自动生成的 catch 代码块
        e.printStackTrace();
      }
      System.out.println("Safe Value: "+data.safeValue);
      System.out.println("Unsafe Value: "+data.unsafeValue);
    }
}
```

执行本例时，将看到如何使 safeValue 属性的值总如预期一样为 0，但是 unsafeValue 属性的值每次执行时都不同，因为会遇到数据竞争条件。

11.2 同步机制

任务的同步机制是任务之间为得到预期结果而进行的协调。在并发应用程序中，有两种同步机制。
- **进程同步**：想要控制任务的执行顺序时，就可以使用这种同步。例如，一个任务必须等待另一任务终止才开始执行。
- **数据同步**：当两个或多个任务访问同一内存对象时，可以使用这种同步。在这种情况下，必须保护写入操作对该对象的访问权限。如果不这样做，就会出现数据竞争条件，一个程序的最终结果在每次执行时都不同。

Java 并发 API 提供了多种机制，让你可以实现上述两种类型的同步。Java 语言提供的最基本的同步机制是 synchronized 关键字。该关键字可应用于某个方法或者某个代码块。对于第一种情况，一次只有一个线程可以执行该方法。对于第二种情况，要指定一个对某个对象的引用。在这种情况下，同时只能执行被某一对象保护的一个代码块。

Java 也提供了其他一些同步机制。
- Lock 接口及其实现类：该机制允许你实现一个临界段，保证只有一个线程执行该代码块。
- Semaphore 类实现了由 Edsger Dijkstra 提出的著名的**信号量**同步机制。
- CountDownLatch 允许你实现这样的场景：一个或多个线程等待其他线程结束。
- CyclicBarrier 允许你将不同的任务同步到某个共同的节点。
- Phaser 类允许你分为多个阶段实现并发任务。第 6 章中已经详细介绍了这种机制。

□ Exchanger 允许你在两个线程之间实现一个数据交换点。

□ CompletableFuture 是 Java 8 的新特性，它扩展了执行器任务的 Future 机制，以一种异步方式生成任务的结果。可以指定任务在结果生成之后执行，这样就可以控制任务的执行顺序。

下面将介绍如何使用这些机制，着重讲述 Java 8 中引入的 CompletableFuture 机制。

11.2.1 CommonTask 类

我们实现了一个名为 CommonTask 的类。该类将在随机的一段时间（0 到 10 秒）内将调用线程休眠。其源代码如下。

```
public class CommonTask {

  public static void doTask() {
    long duration = ThreadLocalRandom.current().nextLong(10);
    System.out.printf("%s-%s: Working %d seconds\n",
                      new Date(),Thread.currentThread().getName(),
                      duration);
    try {
      TimeUnit.SECONDS.sleep(duration);
    } catch (InterruptedException e) {
      e.printStackTrace();
    }
  }

}
```

以下各节中实现的所有任务都要用该类来模拟其执行时间。

11.2.2 Lock 接口

最基本的一种同步机制就是 Lock 接口及其实现类。基本实现类是 ReentrantLock 类。可以方便地使用该类实现一个临界段。例如，下面的任务在代码的第一行使用 lock() 方法获得了一个锁，并且在代码的最后一行使用 unlock() 方法释放了该锁。你必须在 finally 部分调用 unlock() 方法以避免出现问题。否则，如果抛出异常，则该锁将不被释放，会出现死锁。同时只有一个任务可以执行这两条语句之间的代码。

```
public class LockTask implements Runnable {

  private static ReentrantLock lock = new ReentrantLock();
  private String name;

  public LockTask(String name) {
    this.name=name;
  }

  @Override
  public void run() {
    try {
```

```
        lock.lock();
        System.out.println("Task: " + name + "; Date: " + new Date()
                            + ": Running the task");
        CommonTask.doTask();
        System.out.println("Task: " + name + "; Date: " + new Date()
                            + ": The execution has finished");
    } finally {
        lock.unlock();
    }

    }
}
```

你可以对此进行验证，例如，使用下述代码在一个执行器中执行 10 个任务。

```
public class LockMain {

    public static void main(String[] args) {
        ThreadPoolExecutor executor=(ThreadPoolExecutor)
                                Executors.newCachedThreadPool();
        for (int i=0; i<10; i++) {
            executor.execute(new LockTask("Task "+i));
        }
        executor.shutdown();
        try {
            executor.awaitTermination(1, TimeUnit.DAYS);
        } catch (InterruptedException e) {
            e.printStackTrace();
        }
    }
}
```

在下图中可以看到执行该例的结果。你会发现如何一次只执行一个任务。

```
<terminated> LockMain [Java Application] C:\Program Files\Java\jdk-9\bin\javaw.exe (12 abr. 2017 1:00:27
Task: Task 0; Date: Wed Apr 12 01:00:28 CEST 2017: Running the task
Wed Apr 12 01:00:29 CEST 2017-pool-1-thread-1: Working 3 seconds
Task: Task 0; Date: Wed Apr 12 01:00:32 CEST 2017: The execution has finished
Task: Task 1; Date: Wed Apr 12 01:00:32 CEST 2017: Running the task
Wed Apr 12 01:00:32 CEST 2017-pool-1-thread-2: Working 7 seconds
Task: Task 1; Date: Wed Apr 12 01:00:39 CEST 2017: The execution has finished
Task: Task 2; Date: Wed Apr 12 01:00:39 CEST 2017: Running the task
Wed Apr 12 01:00:39 CEST 2017-pool-1-thread-3: Working 3 seconds
Task: Task 2; Date: Wed Apr 12 01:00:42 CEST 2017: The execution has finished
Task: Task 4; Date: Wed Apr 12 01:00:42 CEST 2017: Running the task
Wed Apr 12 01:00:42 CEST 2017-pool-1-thread-5: Working 1 seconds
Task: Task 4; Date: Wed Apr 12 01:00:43 CEST 2017: The execution has finished
Task: Task 6; Date: Wed Apr 12 01:00:43 CEST 2017: Running the task
```

11.2.3 **Semaphore** 类

信号量机制是 Edsger Dijkstra 于 1962 年提出的，用于控制对一个或多个共享资源的访问。该机制基于一个内部计数器以及两个名为 wait() 和 signal() 的方法。当一个线程调用了 wait() 方法时，如果内部计数器的值大于 0，那么信号量对内部计数器做递减操作，并且该线程获得对该共享资源的访问。如果内部计数器的值为 0，那么线程将被阻塞，直到某个线程调用 singal()方法为止。当一个线程调用了 signal()方法时，信号量将会检查是否有某些线程处于等待状态（它们已经调用了 wait()方法）。如果没有线程等待，它将对内部计数器做递增操作。如果有线程在等待信号量，就获取这其中的一个线程，该线程的 wait()方法结束返回并且访问共享资源。其他线程将继续等待，直到轮到自己为止。

在 Java 中，信号量在 Semaphore 类中实现。wait()方法被称作 acquire()，而 signal()方法被称作 release()。例如，在本例中便使用到了一个采用 Semaphore 类保护其代码的任务。

```java
public class SemaphoreTask implements Runnable{
  private Semaphore semaphore;
  public SemaphoreTask(Semaphore semaphore) {
    this.semaphore=semaphore;
  }
  @Override
  public void run() {
    try {
      semaphore.acquire();
      CommonTask.doTask();
    } catch (InterruptedException e) {
      e.printStackTrace();
    } finally {
      semaphore.release();
    }
  }
}
```

在主程序中执行了 10 个任务，它们共享一个 Semaphore 类。该类使用两个共享资源初始化，这样就可以同时运行两个任务。

```java
public static void main(String[] args) {

  Semaphore semaphore=new Semaphore(2);
  ThreadPoolExecutor executor=(ThreadPoolExecutor)
                          Executors.newCachedThreadPool();

  for (int i=0; i<10; i++) {
    executor.execute(new SemaphoreTask(semaphore));
  }

  executor.shutdown();
  try {
    executor.awaitTermination(1, TimeUnit.DAYS);
  } catch (InterruptedException e) {
    e.printStackTrace();
  }
}
```

下面的屏幕截图展示了该例的执行结果。可以看出有两个任务在同时运行。

```
<terminated> SemaphoreMain [Java Application] C:\Program Files\Java\jdk-9\bin\javaw.e
Wed Apr 12 01:03:17 CEST 2017-pool-1-thread-2: Working 9 seconds
Wed Apr 12 01:03:17 CEST 2017-pool-1-thread-1: Working 5 seconds
Wed Apr 12 01:03:23 CEST 2017-pool-1-thread-3: Working 6 seconds
Wed Apr 12 01:03:27 CEST 2017-pool-1-thread-4: Working 3 seconds
Wed Apr 12 01:03:29 CEST 2017-pool-1-thread-5: Working 8 seconds
Wed Apr 12 01:03:30 CEST 2017-pool-1-thread-6: Working 9 seconds
Wed Apr 12 01:03:37 CEST 2017-pool-1-thread-7: Working 2 seconds
Wed Apr 12 01:03:39 CEST 2017-pool-1-thread-8: Working 3 seconds
Wed Apr 12 01:03:39 CEST 2017-pool-1-thread-9: Working 6 seconds
Wed Apr 12 01:03:42 CEST 2017-pool-1-thread-10: Working 9 seconds
```

11.2.4 CountDownLatch 类

该类提供了一种等待一个或多个并发任务完成的机制。它有一个内部计数器，必须使用要等待的任务数初始化。然后，await()方法休眠调用线程，直到内部计数器为 0，并且使用 countDown()方法对该内部计数器做递减操作。

例如，在该任务中使用 countDown()方法对 CountDownLatch 对象（作为构造函数的参数）的内部计数器做递减操作。

```java
public class CountDownTask implements Runnable {

  private CountDownLatch countDownLatch;

  public CountDownTask(CountDownLatch countDownLatch) {
    this.countDownLatch=countDownLatch;
  }

  @Override
  public void run() {
    CommonTask.doTask();
    countDownLatch.countDown();

  }
}
```

然后，在 main()方法中，在执行器中执行这些任务，并且使用 CountDownLatch 类的 await()方法等待任务完成。countDownLatch 对象采用要等待的任务数进行初始化。

```java
public static void main(String[] args) {

  CountDownLatch countDownLatch=new CountDownLatch(10);

  ThreadPoolExecutor executor=(ThreadPoolExecutor)
                              Executors.newCachedThreadPool();

  System.out.println("Main: Launching tasks");
  for (int i=0; i<10; i++) {
    executor.execute(new CountDownTask(countDownLatch));
  }

  try {
    countDownLatch.await();
```

```
    } catch (InterruptedException e) {
        e.printStackTrace();
    }

    System.out.

    executor.shutdown();
}
```

下面的屏幕截图展现了本例的执行结果。

```
<terminated> CountDownMain [Java Application] C:\Program Files\Java\jdk-9\bin\java
Main: Launching tasks
Wed Apr 12 01:05:14 CEST 2017-pool-1-thread-6: Working 9 seconds
Wed Apr 12 01:05:14 CEST 2017-pool-1-thread-8: Working 9 seconds
Wed Apr 12 01:05:14 CEST 2017-pool-1-thread-4: Working 5 seconds
Wed Apr 12 01:05:14 CEST 2017-pool-1-thread-2: Working 9 seconds
Wed Apr 12 01:05:14 CEST 2017-pool-1-thread-1: Working 5 seconds
Wed Apr 12 01:05:14 CEST 2017-pool-1-thread-9: Working 4 seconds
Wed Apr 12 01:05:14 CEST 2017-pool-1-thread-5: Working 8 seconds
Wed Apr 12 01:05:14 CEST 2017-pool-1-thread-3: Working 3 seconds
Wed Apr 12 01:05:14 CEST 2017-pool-1-thread-10: Working 2 seconds
Wed Apr 12 01:05:14 CEST 2017-pool-1-thread-7: Working 8 seconds
Main: Tasks finished at Wed Apr 12 01:05:24 CEST 2017
```

11.2.5 CyclicBarrier 类

该类允许将一些任务同步到某个共同点。所有的任务都在该点等待,直到任务全部到达该点为止。从内部来看,该类还管理了一个内部计数器,用于记录尚未到达该点的任务。当一个任务到达指定点时,它要执行 await()方法以等待其他任务。当所有任务都到达时,CyclicBarrier 对象将它们唤醒,这样就能够继续执行。

当所有的参与方都到达后,该类允许执行另一个任务。为了实现这一点,要在该对象的构造函数中指定一个 Runnable 对象。

例如,我们实现了下面的 Runnable 接口,它采用一个 CyclicBarrier 对象来等待其他任务。

```
public class BarrierTask implements Runnable {

    private CyclicBarrier barrier;

    public BarrierTask(CyclicBarrier barrier) {
        this.barrier=barrier;
    }

    @Override
    public void run() {
        System.out.println(Thread.currentThread().getName()+": Phase 1");
        CommonTask.doTask();
        try {
            barrier.await();
        } catch (InterruptedException e) {
            e.printStackTrace();
        } catch (BrokenBarrierException e) {
            e.printStackTrace();
```

11

```
    }
    System.out.println(Thread.currentThread().getName()+": Phase 2");

  }
}
```

我们还实现了另一个 Runnable 对象，当所有的任务都执行了 await()方法之后，它将被 CyclicBarrier 执行。

```
public class FinishBarrierTask implements Runnable {

  @Override
  public void run() {
    System.out.println("FinishBarrierTask: All the tasks have finished");
  }
}
```

最后，在 main()方法中，在一个执行器中执行了 10 个任务。可以发现，CyclicBarrier 对象是用我们要同步的任务数和 FinishBarrierTask 对象来初始化的。

```
public static void main(String[] args) {
  CyclicBarrier barrier=new CyclicBarrier(10,new FinishBarrierTask());

  ThreadPoolExecutor executor=(ThreadPoolExecutor)
  Executors.newCachedThreadPool();

  for (int i=0; i<10; i++) {
    executor.execute(new BarrierTask(barrier));
  }

  executor.shutdown();

  try {
    executor.awaitTermination(1, TimeUnit.DAYS);
  } catch (InterruptedException e) {
    e.printStackTrace();
  }
}
```

下面的屏幕截图展示了本例的执行结果。

```
<terminated> BarrierMain [Java Application] C:\Program Files\Java\jdk-9\bin\javaw.ex
Wed Apr 12 01:07:00 CEST 2017-pool-1-thread-8: Working 7 seconds
FinishBarrierTask: All the tasks have finished
pool-1-thread-8: Phase 2
pool-1-thread-9: Phase 2
pool-1-thread-7: Phase 2
pool-1-thread-3: Phase 2
pool-1-thread-1: Phase 2
pool-1-thread-5: Phase 2
pool-1-thread-6: Phase 2
pool-1-thread-4: Phase 2
pool-1-thread-10: Phase 2
pool-1-thread-2: Phase 2
```

可以看到，当所有的任务都到达调用 await() 方法的公共点时，将执行 FinishBarrierTask，然后所有的任务都继续其执行过程。

11.2.6 CompletableFuture 类

这是在 Java 8 并发 API 中引入的一种同步机制，在 Java 9 中又有了一些新方法。它扩展了 Future 机制，为其赋予了更强的功能和更大的灵活性。它允许实现一个事件驱动的模型，链接那些只有当其他任务执行完毕后才执行的任务。与 Future 接口相同，CompletableFuture 也必须采用操作要返回的结果类型进行参数化。和 Future 对象一样，CompletableFuture 类表示的是异步计算的结果，只不过 CompletableFuture 的结果可以由任意线程确立。当计算正常结束时，该类采用 complete() 方法确定结果，而当计算出现异常时，则采用 completeExceptionally() 方法。如果两个或者多个线程调用同一 CompletableFuture 的 complete() 方法或 completeExceptionally() 方法，那么只有第一个调用会起作用。

首先，可以使用构造函数创建 CompletableFuture 对象。在本例中，你需要使用前面介绍的 complete() 方法确定任务结果。不过，也可以使用 runAsync() 方法或者 supplyAsync() 创建一个任务结果。runAsync() 方法执行一个 Runnable 对象并且返回 CompletableFuture<Void>，这样计算就不能再返回任何结果了。supplyAsync() 方法执行了 Supplier 接口的一个实现，它采用本次计算要返回的类型进行参数化。该 Supplier 接口提供了 get() 方法。在该方法中，需要包含任务代码并且返回任务生成的结果。在本例中，CompletableFuture 的结果将作为 Supplier 接口的结果。

该类提供了大量方法，允许通过实现一个事件驱动的模型组织任务的执行顺序，一个任务只有在其之前的任务完成之后才会开始。这其中包括如下方法。

- thenApplyAsync()：该方法接收 Function 接口的一个实现（可以表示为一个 lambda 表达式）作为参数。该函数将在调用 CompletableFuture 完成后执行。该方法将返回 CompletableFuture 以获得 Fuction 的结果。
- thenComposeAsync()：该方法和 thenApplyAsync() 方法相似，但是当供给函数也返回 CompletableFuture 时很有用。
- thenAcceptAsync()：该方法和前一个方法相似，只不过其参数是 Consumer 接口的一个实现（也可以描述为一个 lambda 表达式）；在这种情况下，计算不会返回结果。
- thenRunAsync()：该方法和前一个等价，只不过在这种情况下接收一个 Runnable 对象作为参数。
- thenCombineAsync()：该方法接收两个参数。第一个参数为另一个 CompletableFuture 实例，另一个参数是 BiFunction 接口的一个实现（可描述为一个 lambda 函数）。该 BiFunction 接口实现将在两个 CompletableFuture（当前调用的和参数中的）都完成后执行。该方法将返回 CompletableFuture 以获取 BiFunction 的结果。
- runAfterBothAsync()：该方法接收两个参数。第一个参数为另一个 CompletableFuture，而第二个参数为 Runnable 接口的一个实现，它将在两个 CompletableFuture（当前调用的和参数中的）都完成后执行。

11

❑ runAfterEitherAsync()：该方法与前一个方法等价，只不过当其中一个 Completable-
Future 对象完成之后才会执行 Runnable 任务。

❑ allOf()：该方法接收 CompletableFuture 对象的一个变量列表作为参数。它将返回一个
CompletableFuture<Void>对象，而该对象将在所有的 CompletableFuture 对象都完成
之后返回其结果。

❑ anyOf()：该方法和前一个方法等价，只是返回的 CompletableFuture 对象会在其中一个
CompletableFuture 对象完成之后返回其结果。

最后，如果想要获取 CompletableFuture 返回的结果，可以使用 get()方法或者 join()方法。
这两个方法都会阻塞调用线程，直到 CompletableFuture 完成之后返回其结果。这两个方法之间的
主要区别在于，get()方法抛出 ExecutionException（这是一个校验异常），而 join()方法抛出
RuntimeException（这是一个未校验异常）。因此，在不抛出异常的 lambda（例如 Supplier、
Consumer 或 Runnable）内部，使用 join()方法更为方便。

前面提到的大多数方法都有 Async 后缀。这意味着这些方法将使用 ForkJoinPool.commonPool
实例以并发方式执行。这些方法都有不带 Async 后缀的版本，它们将以串行方式执行（这就是说，
与执行 CompletableFuture 的线程是同一个）；还有带 Async 后缀并且以一个执行器实例作为额外
参数的版本。这种情况下，CompletableFuture 将在作为参数传递的执行器中以异步方式执行。

Java 9 增加了一些方法，为 CompletableFuture 类赋予了更强的功能。

❑ defaultExecutor()：该方法用于返回并不接收 Executor 作为参数的那些异步操作的默
认执行器。通常，它将是 ForkJoinPool.commonPool()方法的返回值。

❑ copy()：该方法创建 CompletableFuture 对象的一个副本。如果原来的 Completable-
Future 正常完成，则副本方法也将正常完成并返回相同的值。如果原来的 Completable-
Future 异常完成，则副本方法也将异常完成，并且抛出 CompletionException 异常。

❑ completeAsync()：该方法接收一个 Supplier 对象作为参数（还可以选择 Executor）。
借助 Supplier 的结果完成 CompletableFuture。

❑ orTimeout()：该方法接收一段时延（一段时间和一个 TimeUnit）。如果 Completable-
Future 在这段时间之后没有完成，那么抛出 TimeoutException 异常并异常完成。

❑ completeOnTimeout()：该方法与上一个方法相似，只不过它在作为参数的值的范围内正
常完成。

❑ delayedExecutor()：该方法返回一个 Executor，该执行器在执行指定时延之后执行某一
任务。

使用 CompletableFuture 类

在本例中，你将学会如何使用 CompletableFuture 类以并发方式执行一些异步任务。我们将用
由亚马逊的 20 000 个商品构成的集合实现下面的任务树。

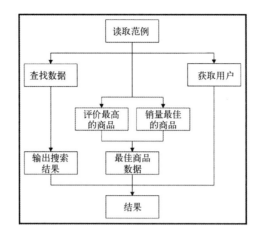

首先要使用这些范例（商品）。然后执行四个并发任务。第一个任务是搜索商品。当搜索完成后，将结果写入一个文件。第二个任务是获得评价最高的商品。第三个任务是获得销量最佳的商品。当这两个任务完成之后，将使用另一个任务将它们的信息连接起来。最后，第四个任务是获取购买过商品的用户列表。main()方法将等待所有任务结束，然后输出结果。

下面看看实现过程的细节。

● 辅助任务

在本例中，将用到一些辅助任务。第一个任务是 LoadTask，用于从磁盘加载商品信息并且返回一个 Product 对象列表。

```java
public class LoadTask implements Supplier<List<Product>> {

    private Path path;

    public LoadTask (Path path) {
        this.path=path;
    }
    @Override
    public List<Product> get() {
        List<Product> productList=null;
        try {
            productList = Files.walk(path, FileVisitOption.FOLLOW_LINKS)
                            .parallel().filter(f -> f.toString()
                            .endsWith(".txt")).map(ProductLoader::load)
                            .collect (Collectors.toList());
        } catch (IOException e) {
            e.printStackTrace();
        }

        return productList;
    }
}
```

该任务实现了 Supplier 接口，将其作为 CompletableFuture 执行。从内部来看，它使用一个流来处理和解析所有包含商品列表的文件。

第二个任务是 SearchTask，该任务将实现对 Product 对象列表的搜索，查找在名称中含有某一单词的对象。该任务是 Function 接口的一个实现。

```
public class SearchTask implements Function<List<Product>,
                                  List<Product>> {

  private String query;

  public SearchTask(String query) {
    this.query=query;
  }

  @Override
  public List<Product> apply(List<Product> products) {
    System.out.println(new Date()+": CompletableTask: start");
    List<Product> ret = products.stream()
                         .filter(product -> product.getTitle()
                         .toLowerCase().contains(query))
                         .collect(Collectors.toList());
    System.out.println(new Date()+": CompletableTask: end:
                       "+ret.size());
    return ret;
  }

}
```

它接收含有全部商品信息的 List<Product>，返回一个含有满足标准的商品的 List <Product>。从内部来看，它基于输入列表创建了流，对其进行筛选，并且将结果收集到另一个列表中。

最后，WriteTask 将搜索任务中获得的商品写入一个 File 对象。在我们的例子中生成了一个 HTML 文件，不过也可以以想要的格式输出这一信息。该任务实现了 Consumer 接口，这样它的代码就必须采用如下形式。

```
public class WriteTask implements Consumer<List<Product>> {

  @Override
  public void accept(List<Product> products) {
    // 实现部分省略
  }
}
```

● **main()方法**

我们在 main() 方法中对这些任务进行了组织。首先，使用 CompletableFuture 类的 supplyAsync() 方法执行 LoadTask。在 LoadTask 开始之前将等待 3 秒，以展示 delayExecutor() 方法如何工作。

```
public class CompletableMain {

  public static void main(String[] args) {
    Path file = Paths.get("data","category");
    System.out.println(new Date() + ": Main: Loading products
                       after three seconds....");
```

```
LoadTask loadTask = new LoadTask(file);

CompletableFuture<List<Product>>loadFuture = CompletableFuture
                    .supplyAsync(loadTask,CompletableFuture
                    .delayedExecutor(3, TimeUnit.SECONDS));
```

然后，有了生成的 CompletableFuture，就可以在加载任务完成之后使用 thenApplyAsync()
执行搜索任务。

```
System.out.println(new Date() + ": Main: Then apply for
                    search");

CompletableFuture<List<Product>> completableSearch = loadFuture
                    .thenApplyAsync(new SearchTask("love"));
```

一旦搜索任务完成，就要将执行结果输出到一个文件。由于该任务并不返回结果，我们使用 then-
AcceptAsync()方法。

```
CompletableFuture<Void> completableWrite = completableSearch
                    .thenAcceptAsync(new WriteTask());

completableWrite.exceptionally(ex -> {
  System.out.println(new Date() + ": Main: Exception "
                    + ex.getMessage());
  return null;
});
```

如果写入任务抛出异常，那么使用 exceptionally()方法指定要做的事项。

然后，在 completableFuture 对象上使用 thenApplyAsync()方法执行该任务，以便获取购
买某一商品的用户列表。将该任务描述为一个 lambda 表达式。请注意，该任务并不会与搜索任务并
行执行。

```
System.out.println(new Date() + ": Main: Then apply for users");

CompletableFuture<List<String>> completableUsers = loadFuture
                            .thenApplyAsync(resultList -> {

  System.out.println(new Date()+ ": Main: Completable users: start");
  List<String> users = resultList.stream()
                    .flatMap(p -> p.getReviews().stream())
                    .map(review -> review.getUser())
                    .distinct()
                    .collect(Collectors.toList());
  System.out.println(new Date() + ": Main: Completable users: end");

  return users;
});
```

并行处理这些任务时，我们还使用 thenApplyAsync()方法执行了该任务，以便查找评价最高的
商品和销量最佳的商品。我们也使用一个 lambda 表达式定义了这些任务。

```
System.out.println(new Date() + ": Main: Then apply for best
                        rated product....");
```

11

```
CompletableFuture<Product> completableProduct = loadFuture
                            .thenApplyAsync(resultList -> {
  Product maxProduct = null;
  double maxScore = 0.0;

  System.out.println(new Date() + ": Main: Completable product:
                                  start");
  for (Product product : resultList) {
  if (!product.getReviews().isEmpty()) {
    double score = product.getReviews().stream()
                    .mapToDouble(review -> review.getValue())
                    .average().getAsDouble();
    if (score > maxScore) {
      maxProduct = product;
      maxScore = score;
    }
  }
  }
  System.out.println(new Date() + ": Main: Completable product : end");
  return maxProduct;
});

System.out.println(new Date() + ": Main: Then apply for best
                                  selling product....");
CompletableFuture<Product> completableBestSellingProduct =
                loadFuture.thenApplyAsync(resultList -> {
  System.out.println(new Date() + ": Main: Completable best
                                  selling: start");
  Product bestProduct = resultList.stream()
                    .min(Comparator.comparingLong
                        (Product::getSalesrank))
                    .orElse(null);
  System.out.println(new Date() + ": Main: Completable best
                                  selling: end");

  return bestProduct;

});
```

如前所述，我们想将前两个任务的结果连到一起。可以使用 thenCombineAsync()方法完成这一工作，用它指定一个将在这两个任务完成之后执行的任务。

```
CompletableFuture<String> completableProductResult =
                completableBestSellingProduct
                .thenCombineAsync(
                completableProduct, (bestSellingProduct,
                                bestRatedProduct) -> {
  System.out.println(new Date() + ": Main: Completable product
                                  result: start");
  String ret = "The best selling product is "
                + bestSellingProduct.getTitle() + "\n";
  ret += "The best rated product is "
        + bestRatedProduct.getTitle();
  System.out.println(new Date() + ": Main: Completable product
                                  result: end");

  return ret;
});
```

最后，使用 completeOnTimeout() 方法预留 1 秒钟，以等待 completableProductResult 任务完成。如果它在 1 秒之内没有完成，那么完成 CompletableFuture，并得出结果 TimeOut。然后，使用 allOf() 方法和 join() 方法等待最终任务结束，并且输出使用 get() 方法获得的结果。

```java
System.out.println(new Date() + ": Main: Waiting for results");

completableProductResult.completeOnTimeout("TimeOut", 1,
                                    TimeUnit.SECONDS);
CompletableFuture<Void> finalCompletableFuture = CompletableFuture
            .allOf(completableProductResult, completableUsers,
                    completableWrite);
finalCompletableFuture.join();

try {
  System.out.println("Number of loaded products: "
                    + loadFuture.get().size());
  System.out.println("Number of found products: "
                    + completableSearch.get().size());
  System.out.println("Number of users: "
                    + completableUsers.get().size());
  System.out.println("Best rated product: "
                    + completableProduct.get().getTitle());
  System.out.println("Best selling product: "
                    + completableBestSellingProduct.get()
                    .getTitle());
  System.out.println("Product result: "
                    +completableProductResult.get());
} catch (InterruptedException | ExecutionException e) {
  e.printStackTrace();
}
```

在下面的屏幕截图中，可以看到本例的执行结果。

```
<terminated> CompletableMain [Java Application] C:\Program Files\Java\jdk-9\bin\javaw.exe (12 abr. 20
Wed Apr 12 01:37:12 CEST 2017: Main: Loading products after three seconds....
Wed Apr 12 01:37:13 CEST 2017: Main: Then apply for search....
Wed Apr 12 01:37:13 CEST 2017: Main: Then apply for users....
Wed Apr 12 01:37:13 CEST 2017: Main: Then apply for best rated product....
Wed Apr 12 01:37:13 CEST 2017: Main: Then apply for best selling product....
Wed Apr 12 01:37:13 CEST 2017: Main: Waiting for results
Wed Apr 12 01:37:16 CEST 2017: LoadTast: starting....
Wed Apr 12 01:38:19 CEST 2017: LoadTast: end
Wed Apr 12 01:38:19 CEST 2017: Main: Completable best selling: start
Wed Apr 12 01:38:19 CEST 2017: CompletableTask: start
Wed Apr 12 01:38:19 CEST 2017: Main: Completable product: start
Wed Apr 12 01:38:19 CEST 2017: Main: Completable best selling: end
Wed Apr 12 01:38:19 CEST 2017: Main: Completable users: start
Wed Apr 12 01:38:19 CEST 2017: CompletableTask: end: 208
Wed Apr 12 01:38:19 CEST 2017: WriteTask: start
Wed Apr 12 01:38:19 CEST 2017: WriteTask: end
Wed Apr 12 01:38:19 CEST 2017: Main: Completable product: end
Wed Apr 12 01:38:19 CEST 2017: Main: Completable users: end
Number of loaded products: 20000
Number of found products: 208
Number of users: 158288
Best rated product: Patterns of Preaching
Best selling product: The Da Vinci Code
Product result: TimeOut
Wed Apr 12 01:38:19 CEST 2017: Main: end
```

首先，`main()`方法执行所有配置并等待任务完成。这些任务按照配置的顺序执行。可以看到，`LoadTask` 在三秒钟之后启动，以及 `completableProductResult` 返回字符串 `TimeOut`，因为它在 1 秒钟之内还没有完成。

11.3　小结

本章回顾了所有并发应用程序均具备的两个组成部分。第一个组成部分是数据结构。每一个程序都要使用数据结构将待处理的信息存放到内存中。我们介绍了并发数据结构，对 Java 8 并发 API 中引入的一些新功能进行了详细介绍，这主要涉及 `ConcurrentHashMap` 类和实现 `Collection` 接口的类。

第二个组成部分是同步机制，它可以在多个并发任务对数据进行修改时保护数据，而且如果必要，还可以控制任务的执行顺序。本章探讨了同步机制，对 `CompletableFuture` 进行了详细介绍，它是 Java 8 并发 API 中的一个新特性。

下一章将介绍如何测试以及监视并发应用程序。

第 12 章

测试与监视并发应用程序

软件测试在每个开发过程中都是一项重要任务。每个应用程序都必须满足最终用户的需求，而测试就是对此进行验证的阶段。应用程序必须在可接受的时间里按照指定格式生成有效结果。测试阶段的主要目标是尽可能多地检测软件中的错误并进行修正，以提高产品的整体质量。

在传统的瀑布模型中，测试阶段是在开发过程达到非常高级的阶段后才开始的。但是现在，越来越多的开发团队开始采用敏捷方法论，将测试阶段整合到开发阶段之中。其主要目的就是尽可能快地测试软件，以便在开发过程中尽早发现错误。

Java 中有很多可以自动执行测试的工具，如 JUnit、TestNG 等。还有一些像 JMeter 这样的工具，可以帮助你测试自己的应用程序可以同时供多少用户使用。还有其他像 Selenium 这样的工具，可用来在 Web 应用程序中进行集成测试。

在并发应用程序中，测试阶段更加重要且更加困难。你可以同时运行两个或者多个线程，但是无法控制其执行顺序。可以对一个应用程序做大量测试，但是不能保证不同线程以某种顺序执行时不会导致竞争条件或死锁。这种情形也导致了错误再现比较困难。你会遇到仅在特定环境下出现的错误，这样就很难找到造成该错误的真实原因。本章将介绍下述主题，以帮助你测试并发应用程序。

- ❑ 监视并发对象。
- ❑ 监视并发应用程序。
- ❑ 测试并发应用程序。

12.1　监视并发对象

Java 并发 API 提供的大多数并发对象都含有可获知该对象状态的方法。这些状态包括当前正在执行的线程数、被阻断且等待某一条件的线程数、执行的任务数等。本节，你将学习要用到的最重要的方法，以及可通过这些方法获取到的信息。这些信息对于检测导致错误的原因很有用，尤其是在错误仅在某些罕见条件下发生之时。

12.1.1　监视线程

线程是 Java 并发 API 中最基本的元素。它允许你执行一个原始任务。当线程开始执行时，你可以决定执行什么样的代码（扩展 `Thread` 类或者实现 `Runnable` 接口），以及如何使其与应用程序的其他任务同步。Thread 类提供了一些可以获取线程信息的方法。其中最有用的一些方法如下。

- ❑ getId()：该方法返回线程的标识符。标识符是一个 long 型的正数，而且是唯一的。
- ❑ getName()：该方法返回线程的名称。默认情况下，其命名格式为 Thread-xxx，不过线程名称可以在构造函数中修改，也可以使用 setName() 方法修改。
- ❑ getPriority()：该方法返回线程的优先级。默认情况下，所有线程的优先级都为 5，但可以使用 setPriority() 方法来更改。优先较高的线程比优先级较低的线程更容易被优先选用。
- ❑ getState()：该方法返回线程的状态。它返回 Enum Thread.State 中的一个值，且其取值可以为 NEW、RUNNABLE、BLOCKED、WAITING、TIMED_WAITING 和 TERMINATED。可查看 API 文档来了解每个状态的真实含义。
- ❑ getStackTrace()：该方法将线程的调用栈作为一个 StackTraceElement 对象数组返回。可以打印该数组，以了解该线程被做了哪些调用。

例如，可以使用如下这样一段代码来获取与某个线程相关的信息。

```
System.out.println("**********************");
System.out.println("Id: " + thread.getId());
System.out.println("Name: " + thread.getName());
System.out.println("Priority: " + thread.getPriority());
System.out.println("Status: " + thread.getState());
System.out.println("Stack Trace");
for(StackTraceElement ste : thread.getStackTrace()) {
  System.out.println(ste);
}

System.out.println("**********************\n");
```

通过这段代码，可以得到如下输出。

```
<terminated> MainThread [Java Application] C:\Program Files\Java\jdk-9\bin\javaw.exe (17 abr. 2017 22:59:04)

**********************
Id: 13
Name: Thread-0
Priority: 5
Status: TIMED_WAITING
Stack Trace
java.lang.Thread.sleep(java.base@9-ea/Native Method)
java.lang.Thread.sleep(java.base@9-ea/Thread.java:340)
java.util.concurrent.TimeUnit.sleep(java.base@9-ea/TimeUnit.java:401)
com.javferna.packtpub.book.mastering.test.common.CommonTask.run(CommonTask.java:13)
java.lang.Thread.run(java.base@9-ea/Thread.java:843)
**********************

**********************
Id: 13
Name: Thread-0
Priority: 5
Status: TERMINATED
Stack Trace
**********************
```

12.1.2　监视锁

锁是 Java 并发 API 提供的基本同步元素之一。它在 Lock 接口和 ReentrantLock 类中定义。基本上，锁允许你在代码中定义一个临界段，不过，锁机制要比 synchronized 关键字等其他机制更加灵活（例如，你可以针对读写操作定义不同的锁，或者定义非线性的临界段）。ReentrantLock 类还有一些方法可以帮助你获知 Lock 对象的状态。

- ❑ getOwner()：该方法返回一个 Thread 对象，其中含有当前加锁的线程，也就是说，该线程正在执行临界段。
- ❑ hasQueuedThreads()：该方法返回一个布尔值，它表示是否有线程等待获取锁。
- ❑ getQueueLength()：该方法返回一个 int 值，它表示当前等待获取锁的线程数。
- ❑ getQueuedThreads()：该方法返回一个 Collection<Thread>对象，其中含有当前等待获取锁的 Thread 对象。
- ❑ isFair()：该方法返回一个布尔值，表示公平属性的状态。该属性的值用于判定下一个获取锁的线程。可查看 Java API 相关信息来详细了解这一功能。
- ❑ isLocked()：该方法返回一个布尔值，表示锁是否归某个线程所有。
- ❑ getHoldCount()：该方法返回一个 int 值，该值表示当前线程获取到锁的次数。如果当前线程并没有得到锁，则返回值为 0。否则，对于当前没有调用相匹配的 unlock()方法的线程，该方法将返回 lock()方法在该线程中被调用的次数。

getOwner()方法和 getQueuedThreads()方法是受保护的，因此不能直接访问。要解决这一问题，你可以实现自己的 Lock 类，并且实现能够提供这些信息的方法。

例如，你可以定义一个名为 MyLock 的类，如下所示：

```java
public class MyLock extends ReentrantLock {

    private static final long serialVersionUID = 8025713657321635686L;

    public String getOwnerName() {
        if (this.getOwner() == null) {
            return "None";
        }
        return this.getOwner().getName();
    }

    public Collection<Thread> getThreads() {
        return this.getQueuedThreads();
    }
}
```

这样，可以使用一段类似下面的代码来获取与某个锁相关的全部信息。

```java
System.out.println("************************\n");
System.out.println("Owner : " + lock.getOwnerName());
System.out.println("Queued Threads: " + lock.hasQueuedThreads());
if (lock.hasQueuedThreads()) {
    System.out.println("Queue Length: " + lock.getQueueLength());
    System.out.println("Queued Threads: ");
    Collection<Thread> lockedThreads = lock.getThreads();
    for (Thread lockedThread : lockedThreads) {
        System.out.println(lockedThread.getName());
```

```
    }
}
System.out.println("Fairness: " + lock.isFair());
System.out.println("Locked: " + lock.isLocked());
System.out.println("Holds: "+lock.getHoldCount());
System.out.println("***********************\n");
```

通过该代码块，你将得到类似如下所示的输出结果。

```
<terminated> MainLock [Java Application] C:\Program Files\Java\jdk-9\bin\
***********************

Owner : pool-1-thread-2
Queued Threads: true
Queue Length: 3
Queued Threads:
pool-1-thread-4
pool-1-thread-10
pool-1-thread-7
Fairness: false
Locked: true
Holds: 0
***********************
```

12.1.3   监视执行器

执行器框架是这样一种机制：它允许你执行并发任务而无须考虑线程的创建和管理问题。你可以将任务发送给执行器。它有一个内部线程池，执行任务时可以再利用。执行器也提供了一种机制来控制任务所消耗的资源，这样你就无须担心系统过载。执行器框架提供了 Executor 接口和 ExecutorService 接口，以及一些实现这些接口的类。这其中最基本的类是 ThreadPoolExecutor，它提供了一些方法，可以帮助你获知执行器的状态。

❑ getActiveCount()：该方法返回执行器中正在执行任务的线程数。

❑ getCompletedTaskCount()：该方法返回执行器已经执行且已完成执行的任务数。

❑ getCorePoolSize()：该方法返回核心线程数目。这一数目决定了线程池中的最小线程数。即使执行器中没有任务运行，线程池中的线程数也不会少于该方法所返回的数目。

❑ getLargestPoolSize()：该方法返回执行器线程池已经同时执行过的最大线程数。

❑ getMaximumPoolSize()：该方法返回执行器线程池中同时可以存在的最大线程数。

❑ getPoolSize()：该方法返回线程池中当前的线程数。

❑ getTaskCount()：该方法返回已经发送给执行器的任务数，包括正在等待、运行中和已经完成的任务。

❑ isTerminated()：如果调用了 shutdown()或 shutdownNow()方法并且执行器已完成了所有未完成任务的执行，则该方法返回 true，否则返回 false。

❑ isTerminating()：如果调用了 shutdown()或 shutdownNow()方法，但是执行器仍然在执行任务，则该方法返回 true。

可以使用类似如下的代码片段获取有关 ThreadPoolExecutor 的信息。

```
System.out.println ("************************************************");
System.out.println("Active Count: "+executor.getActiveCount());
System.out.println("Completed Task Count: "+
executor.getCompletedTaskCount());
System.out.println("Core Pool Size:"+ executor.getCorePoolSize());
System.out.println("Largest Pool Size: "+ executor.getLargestPoolSize());
System.out.println("Maximum Pool Size: "+ executor.getMaximumPoolSize());
System.out.println("Pool Size: "+executor.getPoolSize());
System.out.println("Task Count: "+executor.getTaskCount());
System.out.println("Terminated: "+executor.isTerminated());
System.out.println("Is Terminating: "+executor.isTerminating());
System.out.println ("************************************************");
```

通过这段代码，可以得到类似如下的输出。

```
<terminated> MainExecutor [Java Application] C:\Program Files\Java\jdk-9\bin\jav
************************************************
Active Count: 3
Completed Task Count: 7
Core Pool Size: 0
Largest Pool Size: 10
Maximum Pool Size: 2147483647
Pool Size: 10
Task Count: 10
Terminated: false
Is Terminating: false
************************************************
************************************************
Active Count: 2
Completed Task Count: 8
Core Pool Size: 0
Largest Pool Size: 10
Maximum Pool Size: 2147483647
Pool Size: 10
Task Count: 10
Terminated: false
Is Terminating: false
************************************************
```

12.1.4　监视 Fork/Join 框架

Fork/Join 框架提供了一种特殊的执行器，主要针对那些可以使用分治方法实现的算法。它基于工作窃取算法。创建一个用于处理整个问题的初始任务，该任务再创建其他子任务，每个子任务都处理问题的一部分（相对较小），并且等待任务执行完毕。分割后的每个任务都将它要处理的子问题的规模和预定义规模相比较，如果子问题的规模小于预定义规模，则直接求解该问题；否则，它将问题再次分割给其子任务处理，并且等待这些子任务返回结果。工作窃取算法利用了那些执行任务的线程，它们等待子任务返回结果并执行其他任务。ForkJoinPool 类提供了如下方法以获取其状态。

- ❑ getParallelism()：该方法返回线程池确立的并行处理的预期层级。
- ❑ getPoolSize()：该方法返回线程池中的线程数。
- ❑ getActiveThreadCount()：该方法返回线程池中当前执行任务的线程数。
- ❑ getRunningThreadCount()：该方法返回并不等待其子任务完成的线程的数量。
- ❑ getQueuedSubmissionCount()：该方法返回已经提交给线程池但是尚未开始执行的任务数。

12

❑ getQueuedTaskCount()：该方法返回线程池工作窃取队列中的任务数。

❑ hasQueuedSubmissions()：如果有任务提交给线程池且尚未开始执行，则该方法返回 true，否则返回 false。

❑ getStealCount()：该方法返回 Fork/Join 池执行工作窃取算法的次数。

❑ isTerminated()：如果 Fork/Join 池完成执行，则该方法返回 true，否则返回 false。

可以使用如下所示的代码片段获得 ForkJoinPool 类的相关信息。

```
System.out.println("**********************");
System.out.println("Parallelism: "+ pool.getParallelism());
System.out.println("Pool Size: "+ pool.getPoolSize());
System.out.println("Active Thread Count: "+ pool.getActiveThreadCount());
System.out.println("Running Thread Count: "+ pool.getRunningThreadCount());
System.out.println("Queued Submission: "+ pool.getQueuedSubmissionCount());
System.out.println("Queued Tasks: "+pool.getQueuedTaskCount());
System.out.println("Queued Submissions: "+ pool.hasQueuedSubmissions());
System.out.println("Steal Count: "+ pool.getStealCount());
System.out.println("Terminated : "+ pool.isTerminated());
System.out.println("**********************");
```

在这里 pool 是一个 ForkJoinPool 对象（例如 ForkJoinPool.commonPool()）。使用这段代码，将得到下面这样的输出结果。

12.1.5　监视 Phaser

Phaser 是一种同步机制，允许执行可划分为多个阶段的任务。该类也包含一些用于获取 Phaser 状态的方法。

❑ getArrivedParties()：该方法返回已经完成当前阶段的已注册参与方的数量。

❑ getUnarrivedParties()：该方法返回尚未完成当前阶段的已注册参与方的数量。

❑ getPhase()：该方法返回当前阶段的编号。第一个阶段的编号为 0。

❑ getRegisteredParties()：该方法返回 Phaser 中已注册参与方的数量。

❑ isTerminated()：该方法返回一个布尔值，用于指示 Phaser 是否已经完成执行。

可以使用如下代码片断获取 Phaser 的相关信息。

```
System.out.println ("*****************************************");
System.out.println("Arrived Parties: "+ phaser.getArrivedParties());
System.out.println("Unarrived Parties: "+ phaser.getUnarrivedParties());
System.out.println("Phase: "+phaser.getPhase());
System.out.println("Registered Parties: "+ phaser.getRegisteredParties());
System.out.println("Terminated: "+phaser.isTerminated());
System.out.println ("*****************************************");
```

通过这段代码，可以得到如下输出结果。

```
<terminated> MainPhaser [Java Application] C:\Program Files\Java\jdk-9\bin\javaw.exe
*****************************************
Arrived Parties: 6
Unarrived Parties: 4
Phase: 0
Registered Parties: 10
Terminated: false
*****************************************
*****************************************
Arrived Parties: 8
Unarrived Parties: 2
Phase: 0
Registered Parties: 10
Terminated: false
*****************************************
```

12.1.6　监视流 API

流机制是 Java 8 中引入的最重要的新特性之一。它允许以并发方式处理大规模数据集，对该数据进行转换，并且以一种简单的方式实现 MapReduce 编程模型。该类并不提供任何获知流的状态的方法（除了 isParallel()方法，它将返回流是否为并行的），不过其中含有一个名为 peek()的方法，可以置于多个方法的流水线处理之中，用以输出与在流中执行的操作或变换相关的日志信息。

例如，下面这段代码计算了前 999 个数的平方的平均值。

```
double result=IntStream.range(0,1000)
  .parallel()
  .peek(n -> System.out.println (Thread.currentThread()
      .getName()+": Number "+n))
  .map(n -> n*n)
  .peek(n -> System.out.println (Thread.currentThread()
      .getName()+": Transformer "+n))
  .average()
  .getAsDouble();
```

第一个 peek()方法输出该流处理的数，而第二个 peek()方法则输出这些数的平方。如果执行这段代码，那么因为你是以并发方式执行该流的，所以将得到如下的输出结果。

12

```
<terminated> MainStream [Java Application] C:\Program Files\Java\jdk-9\bin'
ForkJoinPool.commonPool-worker-1: Number 622
ForkJoinPool.commonPool-worker-3: Transformer 186624
ForkJoinPool.commonPool-worker-1: Transformer 386884
ForkJoinPool.commonPool-worker-3: Number 433
ForkJoinPool.commonPool-worker-1: Number 623
ForkJoinPool.commonPool-worker-3: Transformer 187489
ForkJoinPool.commonPool-worker-1: Transformer 388129
ForkJoinPool.commonPool-worker-3: Number 434
ForkJoinPool.commonPool-worker-1: Number 624
ForkJoinPool.commonPool-worker-3: Transformer 188356
ForkJoinPool.commonPool-worker-1: Transformer 389376
ForkJoinPool.commonPool-worker-3: Number 435
ForkJoinPool.commonPool-worker-3: Transformer 189225
ForkJoinPool.commonPool-worker-3: Number 436
ForkJoinPool.commonPool-worker-3: Transformer 190096
Result: 332833.5
```

12.2   监视并发应用程序

实现 Java 应用程序时，通常要使用 Eclipse 或者 NetBeans 这样的 IDE 来创建项目并编写源代码。而 JDK（Java development kit）中包含了可用于编译、执行或生成 Javadoc 文档的工具。JConsole 就是其中的一种图形化工具，展示了在 JVM 中执行的应用程序的信息。可以在 JDK 安装路径下的 bin 目录中找到它（jconsole.exe）。

如果执行该工具，就会看到如下这样的窗口。

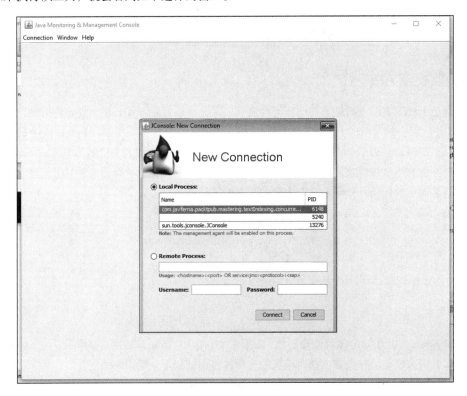

通过在 Local Process 区域选定某一进程，可以监视那些在计算机上运行的进程，也可以在 Remote Process 区域引入远程进程的数据以监视远程进程。

一旦选定进程或者引入想要监视的进程的数据，点击 Connect 按钮。可以看到一个提示窗口，告诉你正在启动一个不安全的连接。该窗口与下图相似。

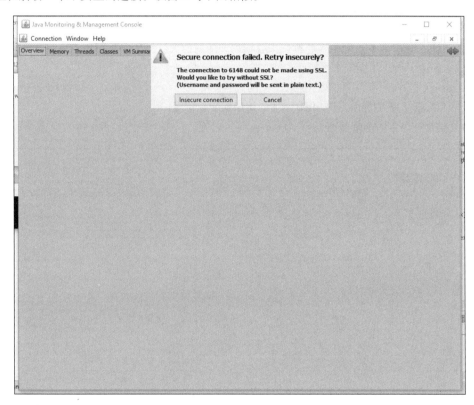

按下 Insecure connection 按钮。

你会看到屏幕上有 6 个选项卡。

❑ Overview：该选项卡展示了有关该应用程序的一般信息。

❑ Memory：该选项卡展示了有关内存使用情况的信息。

❑ Threads：该选项卡展示了应用程序的线程随时间推移的演变情况，而且允许查看某一线程的详细信息。

❑ Classes：该选项卡展示了当前加载类的信息以及类的数量。

❑ VM Summary：该选项卡展示了运行进程的 Java 虚拟机的信息。

❑ MBean：该选项卡展示了进程的 MBean。Mbean 是一个托管的 Java 对象，可以表示设备、应用程序或者任何资源，而且它是 JMX API 的基础。

在接下来的各小节，你将了解可在每个选项卡中获取到的信息。你可以通过 http://docs.oracle.com/javase/7/docs/technotes/guides/management/jconsole.html 来获取有关该工具的完整文档。

12

12.2.1 Overview 选项卡

如前所述，该选项卡以图形化方式展示了有关应用程序的一般信息，你可以看出不同时间取值的变化。这些信息包括如下几点。

- ❑ Heap Memory Use：该图展示了应用程序使用的内存大小。它也展现了已用内存、指定内存和最大内存。
- ❑ Threads：该图展示了应用程序所使用线程数的演变情况。其中含有程序员以显式方式创建的线程和由 JVM 所创建的线程。
- ❑ Classes：该图展示了应用程序加载的类的数量。
- ❑ CPU Usage：该图展示了应用程序 CPU 使用的变化情况。

其外观类似于如下的屏幕截图。

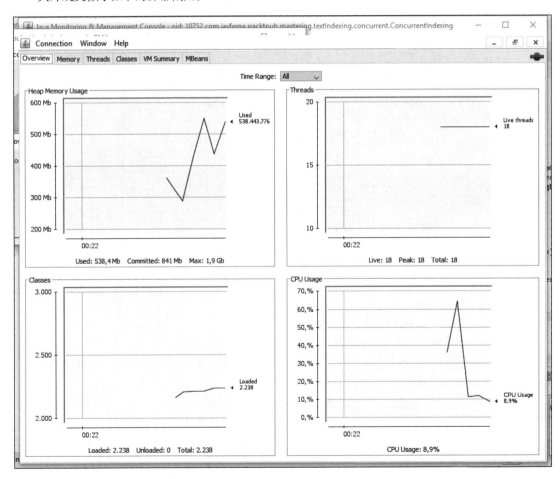

12.2.2   Memory 选项卡

如前所述，该选项卡以图形化方式展示了应用程序的内存使用情况。你可以查看这些指标随时间的变化情况。该选项卡的外观如下所示。

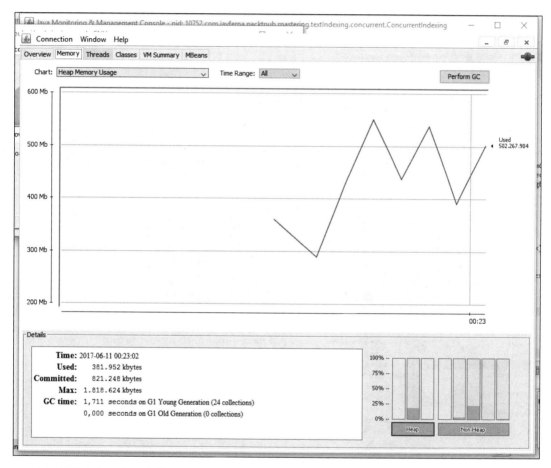

在屏幕的上方，有一个供你选择内存类型的下拉菜单。该菜单提供了多种不同的选项，例如堆内存、非堆内存，以及特定的内存工具，例如 Eden Space 用于展示最初为大多数对象分配的内存的信息，而 Survivor Space 则用于展示维持 Eden Space 垃圾收集器的对象所使用的内存。

之后，可以得到选定元素随时间演变的图示。最后，还有一个 Details 区域，用于展示内存消耗信息。

- Used 区：展示应用程序当前的内存使用量。
- Committed 区：用于保障 JVM 执行的内存量。
- Max 区：JVM 可以使用的最大内存量。
- GC time 区：花费在垃圾收集上的时间。

12

12.2.3   Threads 选项卡

如前所述，在 Threads 选项卡中，可以看到应用程序的线程随时间的变化情况。该选项卡的外观如下所示。

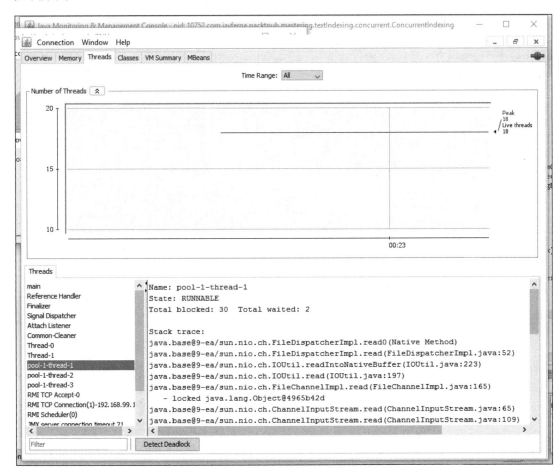

该屏幕展示了线程数随时间变化的演变情况。你将看到两个数值。Live Threads 是当前正在运行的线程数，而 Peak 线程数则是最大线程数。

在底部，窗口的左部是所有当前所有线程的列表。如果选定其中一个线程，那么在右侧就会看到关于该线程的信息，例如该线程的名称、状态和当前栈追踪情况。

12.2.4   Classes 选项卡

Classes 选项卡展示了当前加载类的信息。该选项卡的外观如下所示。

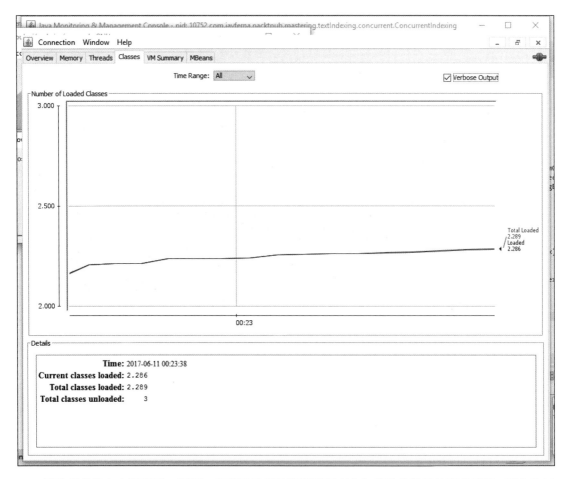

该选项卡的上方展示了一幅图，表现了应用程序随时间变化加载类的数量的演变情况。图中的红线表示应用程序加载的类的总数，而蓝线则表示当前加载的类的数量。

选项卡的底部是细节展示区，其中含有当前信息。

❑ 当前加载的类。

❑ 总共加载的类。

❑ 尚未加载的类。

12.2.5 VM Summary 选项卡

VM Summary 选项卡展示了有关 Java 虚拟机的信息。该选项卡的外观如下所示。

12

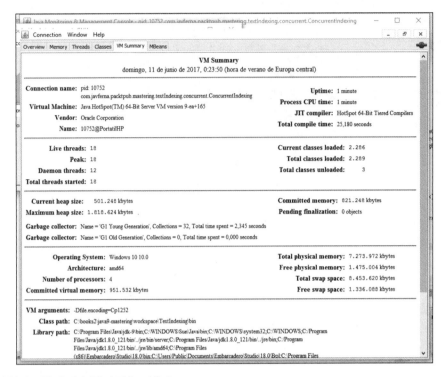

如图所示，该选项卡展示了如下信息。

❑ **摘要区域**：这一块区域展示了有关正在运行进程的 Java 虚拟机实现的信息。

- Virtual Machine：正在执行进程的 Java 虚拟机的名称。
- Vendor：实现该 Java 虚拟机的组织名称。
- Name：运行进程的机器名称。
- Uptime：从 JVM 启动到现在经过的时间。
- Process CPU time：JVM 消耗的 CPU 时间。

❑ **线程区域**：该区域展示了有关应用程序线程的信息。

- Live threads：当前运行的线程总数。
- Peak：在 JVM 中执行的最高线程数。
- Daemon threads：当前运行的守护线程总数。
- Total threads started：自 JVM 开始运行后开始执行的线程总数。

❑ **类区域**：该区域展示了有关应用程序类的数量的信息。

- Current classes loaded：当前加载到内存中的类的数量。
- Total classes loaded：JVM 开始运行后加载到内存中的类的数量。
- Total classes unloaded：JVM 开始运行后从内存中卸载的类的数量。

❑ **内存区**：该区域展示了应用程序的内存使用情况。

- Current heap size：当前堆的规模。

- Committed memory：为堆的使用分配的内存总量。
- Maximum heap size：堆的最大规模。
- Garbage collector：垃圾收集器的相关信息。

❑ 操作系统区：该区域展示了有关执行 Java 虚拟机的操作系统的信息。

- Operating System：运行 JVM 的操作系统的版本。
- Number of Processors：计算机所配置的核的数量或 CPU 数量。
- Total physical memory：操作系统可用的 RAM 总量。
- Free physical memory：操作系统可用的空闲 RAM 总量。
- Committed virtual memory：保证当前进程运行的内存。

❑ 其他信息：该区域展示了关于 Java 虚拟机的其他信息。

- VM arguments：传递给 JVM 的参数。
- Class path：JVM 的类路径。
- Library path：JVM 的库路径。
- Boot class path：JVM 寻找 `java.*` 和 `javax.*` 类的路径。

12.2.6　MBeans 选项卡

MBeans 选项卡展示了所有在平台上注册的 MBean 的信息。该选项卡的外观与下图类似。

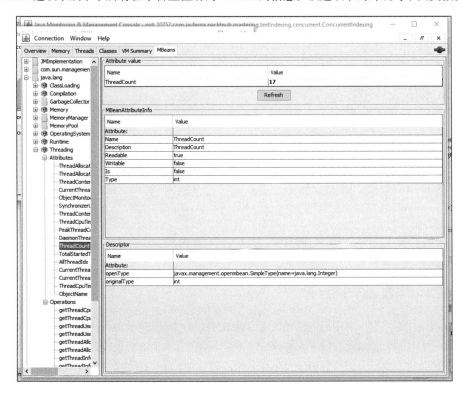

在该选项卡的左侧，可以在目录树中看到所有正在运行的 MBean。选定其中一项，将在选项卡的右侧看到 MBean Info 和 MBean Descriptor 的内容。

并发应用程序可用 Threading MBean 表示，它共有两个区域。Attributes 区域包含 MBean 的属性，而 Operations 区域包含所有可以通过该 MBean 运行的操作。

12.2.7 About 选项卡

最后，通过 Help 菜单中的 About 选项，可以获得当前执行的 JConsole 的版本信息。你会看到类似如下的窗口。

12.3 测试并发应用程序

测试并发应用程序是一项艰巨的任务。应用程序的线程在计算机上运行时无法保证任何执行顺序（除非引入了同步机制），因此很难（大部分情况下是不可能）对所有可能出现的情况都进行测试。还有些错误不可能进行重现，因为它们仅发生在偶然或者独特的场合中。或者由于 CPU 核数的原因，错误会在一台机器上发生但是不会在另一台上发生。为探查和重现这些场景，就要使用不同的工具。

- □ Debug：可以使用调试器调试应用程序。如果应用程序中仅有少量线程，这个过程将会非常枯燥，而且需要在每个线程中都一步一步地进行调试。可以对 Eclipse 或 NetBeans 进行配置以测试并发应用程序。

- □ MultithreadedTC：这是 Google Code 的一个备案项目，可用于在并发应用程序中强制规定执行顺序。

- □ Java PathFinder：这是 NASA 用于验证 Java 程序的一种执行环境。它还支持对并发应用程序的有效性验证。

- □ Unit testing：可以创建一组单元测试（使用 JUnit 或者 TestNG），并且多次进行每个测试（例如 1000 次）。如果每个测试都成功了，那么即使应用程序出现竞争，其可能性也并不高，也是可被生成环境所接受的。你可以在自己的代码中加入一些断言，以此验证是否存在竞争条件。

在下面的各节中，你将看到使用 MultithreadedTC 和 Java PathFinder 工具测试并发应用程序的一些基本例子。

12.3.1 使用 MultithreadedTC 测试并发应用程序

MultithreadedTC 是一个备案项目，可以通过网址 http://code.google.com/p/multithreadedtc/下载。它的最新版本是 2007 年发布的，不过仍然可以使用它测试小型并发应用程序或者单独测试大型应用程序的部件。尽管不能用它测试实际任务或者线程，但是可以使用它测试不同的执行顺序，从而检验是否会导致竞争条件或者死锁。

它基于一个内部时钟进行计时，该时钟可以控制不同线程的执行顺序，以测试该执行顺序是否会导致什么并发问题。

首先，需要将两个库关联到项目中。

- □ MultithreadedTC 库：最新版本是 1.01 版。

- □ JUnit 库：我们使用 4.12 版测试了这个例子。

要使用 MultithreadedTC 库实施测试，要扩展 `MultithreadedTestCase` 类，该类扩展了 JUnit 库的 `Assert` 类。可以实现如下方法。

- □ `initialize()`：该方法将在测试执行开始时执行。如果需要执行初始化代码以创建数据对象、数据库连接等，可以重载该方法。

- □ `finish()`：该方法将在测试执行结束后执行。可以对其重载以实现对测试的验证。

- □ `threadXXX()`：可以为测试中的每个线程实现一个名称以 thread 关键字开头的方法。例如，如果想要测试三个线程，就要在自己的类中实现三个方法。

`MultithreadedTestCase` 类提供了 `waitForTick()` 方法。该方法接收你要等待的时数作为参数。该方法使调用线程休眠，直到内部时钟达到该时刻为止。

第一个时刻是时数为 0 的时刻。MultithreadedTC 框架以特定时间间隔检查测试线程的状态。如果所有运行的线程都在 `waitForTick()` 方法中等待，那么它将增加时数，并且唤醒所有等待该时刻的线程。

12

下面看一个使用它的例子。假设要测试一个 Data 对象内部的 int 属性，需要一个线程来增加该属性的值和一个线程来减小该属性的值。可以创建一个名为 TestClassOk 的类扩展 MultithreadedTestCase 类。我们用到了数据对象的三个属性：将要增加的数据量、将要减少的数据量和数据的初始值，代码如下：

```
public class TestClassOk extends MultithreadedTestCase {

  private Data data;
  private int amount;
  private int initialData;

public TestClassOk (Data data, int amount) {
  this.amount=amount;
  this.data=data;
  this.initialData=data.getData();
}
```

我们实现两个方法来模拟两个线程的执行。第一个线程在 threadAdd() 方法中实现。

```
public void threadAdd() {
  System.out.println("Add: Getting the data");
  int value=data.getData();
  System.out.println("Add: Increment the data");
  value+=amount;
  System.out.println("Add: Set the data");
  data.setData(value);
}
```

该方法读取数据的值，增加其值，并且再次输出数据的值。第二个方法在 threadSub() 方法中实现。

```
    public void threadSub() {
      waitForTick(1);
      System.out.println("Sub: Getting the data");
      int value=data.getData();
      System.out.println("Sub: Decrement the data");
      value-=amount;
      System.out.println("Sub: Set the data");
      data.setData(value);
    }
}
```

首先，等待时刻 1。然后，获取该数据的值，减少其值，并且重新输出该数据的值。

为了执行该测试，可以使用 TestFramework 类的 runOnce() 方法。

```
public class MainOk {

  public static void main(String[] args) {

    Data data=new Data();
    data.setData(10);
    TestClassOk ok=new TestClassOk(data,10);
```

```
try {
  TestFramework.runOnce(ok);
} catch (Throwable e) {
  e.printStackTrace();
}

  }
}
```

当测试开始执行时，两个线程(`threadAdd()`和`threadSub()`)以并发方式启动。`threadAdd()`线程开始执行其代码，而`threadSub()`线程则在`waitForTick()`方法中等待。当`threadAdd()`线程完成执行后，MultithreadedTC 的内部时钟探测到在`waitForTick()`方法中只有一个线程正在等待，因此它将时数增加到 1，并且唤醒执行其代码的线程。

在下面的屏幕截图中，将看到执行本例后的输出结果。在这种情况下，一切都运行正常。

```
<terminated> MainOk [Java Application] C:\Program Files\Java\jdk-9\bin\javaw.exe (
Add: Getting the data
Add: Increment the data
Add: Set the data
Sub: Getting the data
Sub: Decrement the data
Sub: Set the data
```

不过，你可以改变线程的执行顺序以产生一个错误。例如，可以按下面的顺序实现，它将导致一个竞争条件。

```
public void threadAdd() {
  System.out.println("Add: Getting the data");
  int value=data.getData();
  waitForTick(2);
  System.out.println("Add: Increment the data");
  value+=amount;
  System.out.println("Add: Set the data");
  data.setData(value);
}

public void threadSub() {
  waitForTick(1);
  System.out.println("Sub: Getting the data");
  int value=data.getData();
  waitForTick(3);
  System.out.println("Sub: Decrement the data");
  value-=amount;
  System.out.println("Sub: Set the data");
  data.setData(value);
}
```

在这种情况下，执行顺序要保证两个线程都首先读取数据的值，然后进行操作，因此最后的结果就不会正确。

在下面的屏幕截图中，可以看到该例的执行结果。

12

```
<terminated> MainKo [Java Application] C:\Program Files\Java\jdk-9\bin\javaw.exe (11 jun. 2017
Add: Getting the data
Sub: Getting the data
Add: Increment the data
Add: Set the data
Sub: Decrement the data
Sub: Set the data
junit.framework.AssertionFailedError: expected:<10> but was:<0>
        at junit.framework.Assert.fail(Assert.java:57)
        at junit.framework.Assert.failNotEquals(Assert.java:329)
        at junit.framework.Assert.assertEquals(Assert.java:78)
        at junit.framework.Assert.assertEquals(Assert.java:234)
        at junit.framework.Assert.assertEquals(Assert.java:241)
        at com.javferna.packtpub.mastering.testing.tc.TestClassKo.finish(
        at edu.umd.cs.mtc.TestFramework.runOnce(TestFramework.java:285)
        at edu.umd.cs.mtc.TestFramework.runOnce(TestFramework.java:235)
```

在这种情况下，`assertEquals()`方法会抛出一个异常，因为预期的值和实际值不一样。

该库的主要缺陷在于，它仅对测试基本的并发代码有用，因此当你实施测试时，不能用它来测试真实的线程代码。

12.3.2　使用 Java Pathfinder 测试并发应用程序

Java Pathfinder（或者说 JPF）是 NASA 的一个开源执行环境，可以用于验证 Java 应用程序。它含有自己的虚拟机，用于执行 Java 字节码。从内部来看，它探测代码中那些可以有多条执行路径的节点，并且执行所有可能的路径。在并发应用程序中，这意味着它将执行应用程序中线程之间所有可能的执行顺序。它还含有一些工具，可以帮助检测竞争条件和死锁。

该工具的主要优点在于，它允许你完整地测试并发应用程序，保证应用程序不会出现竞争条件和死锁。该工具还有一些不太方便的地方。

❑ 需要从其源代码安装它。

❑ 如果应用程序很复杂，将有成千上万种可能的执行路径，这样测试过程就会耗时很长（如果应用程序很复杂，很可能会花费许多时间）。

下面的各节将展示如何使用 Java Pathfinder 测试并发应用程序。

1. 安装 Java Pathfinder

如前所述，需要从源码安装 JPF。该源码位于 Mercurial 资源库，因此第一步是安装 Mercurial，而且因为我们将用到 Eclipse IDE，所以还需要安装 Mercurial plugin for Eclipse。

接着，请下载 Mercurial。你下载的安装程序应该提供了安装助手，可将 Mercurial 安装到计算机。在 Mercurial 安装完毕之后，可能需要重启计算机。

可以使用 Eclipse 菜单中的 Help | Install new software 选项下载 Mercurial plugin for Eclipse。这和安装其他插件的步骤相同。

还可以安装一个 JPF plugin for Eclipse。

现在可以访问 Mercurial 资源库的浏览器视图，并且添加 Java Pathfinder 资源库。我们将仅使用在 http://babelfish.arc.nasa.gov/hg/jpf/jpf-core 中存放的核心模块。访问该资源库并不需要用户名或密码。当你创建了该资源库后，可以右键点击该资源库，在菜单中选择 Clone repository 选项，将其源码下载到计算机。该选项将打开一个窗口，其中有一些选项可供选择，不过可以保留默认值并且点击 Next 按钮。

然后，选择要下载的版本。保留默认值，并且点击 Next 按钮。最后，点击 Finish 按钮完成下载过程。Eclipse 将自动运行 ant 以编译该项目。如果出现了编译问题，就必须先解决这些问题并且重新启动 ant。

如果一切正常，工作空间中将出现一个名为 jpf-core 的项目，如下面的屏幕截图所示。

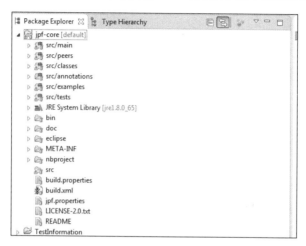

最后一个配置步骤是通过对 JPF 的配置创建一个名为 site.properties 的文件。如果你点击 Window | Preferences 菜单访问配置窗口，并且选择 JPF Preferences 选项，将看到 JPF 用于查找该文件的路径。如果需要，可以更改该路径。

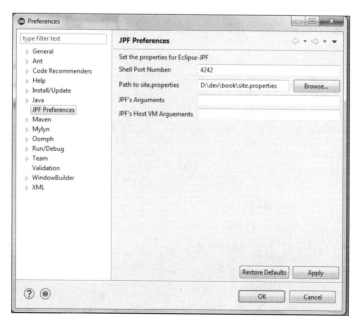

因为我们将仅使用核心模块，所以该文件将仅记录 jpf-core 项目的路径。

```
jpf-core = D:/dev/book/projectos/jpf-core
```

2. 运行 Java Pathfinder

安装了 JPF 之后，看看如何使用它测试并发应用程序。首先要实现一个并发应用程序。在我们的例子中，将使用一个 Data 类，它带有一个内部的 int 值。该值的初始状态为 0。Data 类中有一个 increment() 方法用于增加其值。

然后，还有一个名为 NumberTask 的任务，它实现了 Runnable 接口，将对 Data 对象的值做 10 次递增操作。

```
public class NumberTask implements Runnable {

  private Data data;

  public NumberTask (Data data) {
    this.data=data;
  }

  @Override
  public void run() {

    for (int i=0; i<10; i++) {
      data.increment(10);
    }
  }

}
```

最后，还有一个实现 main() 方法的 MainNumber 类。我们将启动两个 NumberTasks 对象来修改同一 Data 对象。最后会得到 Data 对象的最终值。

```
public class MainNumber {

  public static void main(String[] args) {
    int numTasks=2;
    Data data=new Data();

    Thread threads[]=new Thread[numTasks];
    for (int i=0; i<numTasks; i++) {
      threads[i]=new Thread(new NumberTask(data));
      threads[i].start();
    }

    for (int i=0; i<numTasks; i++) {
      try {
        threads[i].join();
      } catch (InterruptedException e) {
        e.printStackTrace();
      }
    }

    System.out.println(data.getValue());
  }

}
```

如果一切正常并且没有竞争条件出现，最终的结果将是 200，但是代码并未采用任何同步机制，因此很可能出现竞争条件。

如果使用 JPF 执行该应用程序，需要在项目中创建一个扩展名为.jpf 的配置文件。例如，我们创建了 NumberJPF.jpf 文件，其中含有要用到的最基本的配置。

```
+classpath=${config_path}/bin
target=com.javferna.packtpub.mastering.testing.main.MainNumber
```

修改 JPF 的类路径，添加项目的 bin 目录，并且指明应用程序的主类。现在，准备通过 JPF 执行应用程序。为此，右键点击.jpf 文件并且从弹出菜单中选择 Verify 选项。我们将在控制台中看到大量输出消息。每条输出消息都来自于应用程序的一条不同的执行路径。

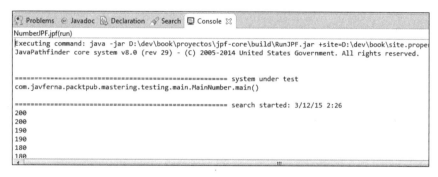

当 JPF 结束所有可能执行路径的执行后，它会给出有关执行过程的统计信息。

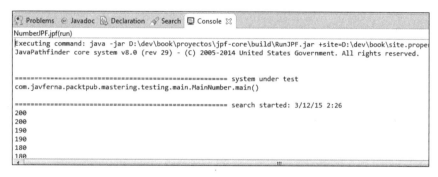

JPF 的执行结果显示并未检测到错误，但是可以看到，大多数结果都不是 200，因此应用程序存在预期的竞争条件。

12.3.2 节开头曾提到，JPF 提供了探测竞争条件和死锁的工具。JPF 通过一种 `Listener` 机制实现这些功能，它实现了观察者（`Observer`）模式，对代码执行过程中发生的特定事件做出响应。例如，可以使用下面的监听器。

❑ `PreciseRaceDetector`：使用该监听器探测竞争条件。

❑ `DeadlockAnalyzer`：使用该监听器探测死锁情况。

12

❑ CoverageAnalyzer：使用该监听器在 JPF 执行结束后输出覆盖率信息。

可以在.jpf 文件中配置要使用的监听器，该文件中含有执行过程的配置情况。例如，我们对此前 NumberListenerJPF.jpf 文件中的测试进行了扩展，加入了 PreciseRaceDetector 和 Coverage-Analyzer 监听器。

```
+classpath=${config_path}/bin
target=com.javferna.packtpub.mastering.testing.main.MainNumber
listener=gov.nasa.jpf.listener.PreciseRaceDetector,gov.nasa.jpf.li
    stener.CoverageAnalyzer
```

如果通过 JPF 的 Verify 选项执行该配置文件，在该应用程序结束时会看到，当它探测到第一个竞争条件时，会在控制台中给出有关这一情况的信息。

```
==================================== system under test
com.javferna.packtpub.mastering.testing.main.MainNumber.main()

==================================== search started: 3/12/15 2:43
200
200

==================================== error 1
gov.nasa.jpf.listener.PreciseRaceDetector
race for field com.javferna.packtpub.mastering.testing.common.Data@15e.value
  Thread-1 at com.javferna.packtpub.mastering.testing.common.Data.increment(Data.java:12)
"  WRITE: putfield com.javferna.packtpub.mastering.testing.common.Data.value
  Thread-2 at com.javferna.packtpub.mastering.testing.common.Data.increment(Data.java:12)
"  READ:  getfield com.javferna.packtpub.mastering.testing.common.Data.value

==================================== snapshot #1
thread java.lang.Thread:{id:0,name:main,status:WAITING,priority:5,isDaemon:false,lockCount:0,suspendCount:0}
  waiting on: java.lang.Thread@160
  call stack:
        at java.lang.Thread.join(Thread.java)
        at com.javferna.packtpub.mastering.testing.main.MainNumber.main(MainNumber.java:20)

thread java.lang.Thread:{id:1,name:Thread-1,status:RUNNING,priority:5,isDaemon:false,lockCount:0,suspendCount:0}
  call stack:
        at com.javferna.packtpub.mastering.testing.common.Data.increment(Data.java:13)
        at com.javferna.packtpub.mastering.testing.task.NumberTask.run(NumberTask.java:17)

thread java.lang.Thread:{id:2,name:Thread-2,status:RUNNING,priority:5,isDaemon:false,lockCount:0,suspendCount:0}
  call stack:
        at com.javferna.packtpub.mastering.testing.common.Data.increment(Data.java:12)
        at com.javferna.packtpub.mastering.testing.task.NumberTask.run(NumberTask.java:17)
```

还会看到 CoverageAnalyzer 监听器输出这样的信息。

```
==================================== coverage statistics

------------------------------------- class coverage -------------------------------------
bytecode        line            basic-block     branch          methods         location

-               -               -               -               -               [B
-               -               -               -               -               [C
-               -               -               -               -               [D
-               -               -               -               -               [F
-               -               -               -               -               [I
-               -               -               -               -               [J
-               -               -               -               -               [Ljava.io.ObjectStreamField;
-               -               -               -               -               [Ljava.lang.String;
-               -               -               -               -               [Ljava.lang.Thread$State;
-               -               -               -               -               [Ljava.lang.Thread;
-               -               -               -               -               [Ljava.util.Hashtable$Entry;
-               -               -               -               -               [S
-               -               -               -               -               [Z
-               -               -               -               -               boolean
-               -               -               -               -               byte
-               -               -               -               -               char
0,80 (16/20)    0,75 (6/8)      0,80 (4/5)      -               0,75 (3/4)      com.javferna.packtpub.mastering.testing.common.Data
0,89 (47/53)    0,77 (10/13)    0,83 (15/18)    1,00 (2/2)      0,50 (1/2)      com.javferna.packtpub.mastering.testing.main.MainNumber
1,00 (18/18)    1,00 (6/6)      1,00 (7/7)      1,00 (1/1)      1,00 (2/2)      com.javferna.packtpub.mastering.testing.task.NumberTask
-               -               -               -               -               double
-               -               -               -               -               float
0,00 (0/3)      0,00 (0/1)      0,00 (0/2)      -               0,00 (0/1)      gov.nasa.jpf.BoxObjectCaches
0,00 (0/31)     0,00 (0/11)     0,00 (0/17)     0,00 (0/2)      0,00 (0/6)      gov.nasa.jpf.ConsoleOutputStream
0,00 (0/36)     0,00 (0/13)     0,00 (0/19)     0,00 (0/3)      0,00 (0/5)      gov.nasa.jpf.FinalizerThread
```

JPF 是非常强大的应用程序，其中还含有更多监听器和扩展机制。可以通过网址 http://babelfish.arc. nasa.gov/trac/jpf/wiki 查看其完整文档。

12.4　小结

测试并发应用程序是一项非常困难的任务。线程的执行顺序无法保证（除非在应用程序中引入了同步机制），因此与串行应用程序相比需要测试很多不同的情况。有时，应用程序中出现了错误，但是无法重现，因为这些错误仅在非常罕见的情况下出现。有时，由于硬件或软件配置的原因，错误只会在特定机器上出现。

本章介绍了一些可以更加方便地测试并发应用程序的机制。首先，你学习了如何获取 Java 并发 API 中最重要组件的状态信息，例如线程、锁、执行器或流。需要探查导致错误的原因时，这些信息非常有用。然后，你学会了如何使用 JConsole 监视常规 Java 应用程序和特殊一点的并发应用程序。最后，你学会了如何使用两种不同的工具测试并发应用程序。

下一章将介绍如何使用其他语言和类库实现并发应用程序，这些语言和类库也可以支持你实现面向 Java 虚拟机的并发应用程序。你将学到采用 Clojure、含有 GPars 库的 Groovy 以及 Scala 实现并发应用程序的基本原则。

12

第 13 章

JVM 中的并发处理：Clojure、带有 GPars 库的 Groovy 以及 Scala

Java 是最受欢迎的编程语言，但并不是实现 Java 虚拟机（JVM）程序的唯一编程语言。维基百科的 "List of JVM languages" 中列出了所有可实现 JVM 程序的语言。其中一些是已有语言面向 JVM 的实现，例如 JRuby（Ruby 编程语言的实现）或 Jython（Python 编程语言的实现）。其他一些语言遵循不同的编程范式，例如 Clojure 是一种函数式编程语言。还有一些则是脚本语言和动态编程语言，例如 Groovy。这些语言大多可以和 Java 语言很好地集成。实际上，可以在这些编程语言中直接使用 Java 元素，包括像 Thread 对象或执行器这样的并发元素。有些语言还实现了自己的并发模型。本章将对其中三种语言提供的并发元素进行简要介绍。

- □ Clojure：提供 Atom、Agent 等引用类型，以及 Future 和 Promise 等其他元素。
- □ Groovy：通过 GPars 库提供面向数据并行化处理的元素，它拥有自己的 Actor 模型、Agent 和 Dataflow。
- □ Scala：提供 Future 和 Promise 两个元素。

13.1 Clojure 的并发处理

Clojure 是一种动态、通用的函数式编程语言，它基于 Rich Hickey 创建的 Lisp 编程语言。可在 Clojure 官网下载该语言的最新版本（撰写本书时是 1.8.0 版），还可以找到有关使用 Clojure 进行编程的文档和指南。你可以在最流行的 Java IDE（如 Eclipse）中安装 Clojure 支持环境。另一个有用的网页是 http://clojure-doc.org，可以在上面找到社区驱动的 Clojure 编程语言文档站点。

本节将介绍 Clojure 编程语言中最重要的并发元素及其用法。本章不打算介绍 Clojure 编程语言，读者可以查看相关评论网站，学习如何使用 Clojure 编程。

Clojure 编程语言的设计目标之一是使并发编程更加容易。针对这一目标，要注意两个重要事项。

- □ Clojure 数据结构是不可变的，所以它们可以在线程之间共享而不会有任何问题。稍后你就会看到，这并不意味着并发应用程序中不能拥有可变值。

❑ Clojure 将标识和值的概念区分开来，几乎消除了对显式锁的需要。

下面介绍一下 Clojure 编程语言提供的最重要的并发结构。

13.1.1　使用 Java 元素

使用 Clojure 编程时，可以使用所有的 Java 元素（包括并发元素），因此可以创建线程或执行器，或者使用 Fork/Join 框架。然而这并不是一种好的实践方法，因为 Clojure 本身提供了更简单的并发编程，但是可以显式地创建一个`Thread，如以下代码块所示：

```
(ns example.example1)

(defn example1 ( [number]
  (println (format "%s : %d"(Thread/currentThread) number))
))

(dotimes [i 10] (.start (Thread. (fn[] (example1 I)))))
```

在这段代码中，首先，定义一个名为 example1 的函数，它接收一个数值作为参数。在该函数内部，编写关于执行该函数的 Thread 的信息，以及参数中的 number 值。

然后，创建并执行 10 个 Thread 对象。每个线程都将调用函数 example1。

在下面的截图中，可以看到这段代码的执行结果。

```
Thread[Thread-3,5,main] : 0
Thread[Thread-10,5,main] : 7Thread[Thread-9,5,main] : 6

Thread[Thread-11,5,main] : 8
Thread[Thread-12,5,main] : 9
Thread[Thread-4,5,main] : 1
Thread[Thread-5,5,main] : 2
Thread[Thread-8,5,main] : 5
Thread[Thread-6,5,main] : 3
Thread[Thread-7,5,main] : 4
nREPL server started on port 52448 on host 127.0.0.1 - nrepl://127.0.0.1:52448
```

在上面的截图中，可以看到对于全部 10 个线程来说 Thread 的名称都是不同的。

13.1.2　引用类型

如前所述，Clojure 数据结构不可变，但是 Clojure 提供了一些机制，允许使用引用类型处理可变变量。根据协调还是不协调，同步还是异步，可以对引用类型进行分类。

❑ **协调型**：两个或多个操作相互协作时。

❑ **不协调型**：该操作不对其他操作产生影响时。

❑ **同步型**：调用者等待操作结束时。

❑ **异步型**：调用者不等待操作结束时。

Clojure 编程语言中最重要的引用类型有如下几种。

❑ Atom

❑ Agent

❑ Ref

13

下面一起了解一下如何使用这些元素。

1. Atom 对象

Atom 本质上是对 Java 编程语言的原子引用。这种变量的变化对所有线程立即可见。我们将用下面的函数处理 Atom，它们是一种不协调而且同步的引用类型。

- □ atom：定义一个新的 Atom 对象。
- □ swap!：根据函数的结果，将 Atom 的值原子地更改为新值。它遵循(swap! atom function) 格式，其中 atom 是 Atom 对象的名称，而 function 是返回 Atom 新值的函数。
- □ reset!：将 Atom 的值设置为新值。它遵循(reset! atom value)格式，其中 atom 是 Atom 对象的名称，而 value 是该 Atom 对象的新值。
- □ compare-and-set!：如果实际值与参数所传递的值相同，则以原子方式改变 Atom 对象的值。它遵循(compareand-set! atom old-value new-value)格式，其中 atom 是 Atom 对象的名称，old-value 是 Atom 对象预期的实际值，而 new-value 是想要指派给 Atom 对象的新值。

下面介绍一个操作 Atom 对象的示例。首先，声明一个名为 company 的函数，它接收两个名为 account 和 salary 的参数。稍后将看到，account 是一个 Atom 对象，而 salary 是一个数值。我们使用 swap!函数增加 account 对象的值。然后，在控制台中输出执行该函数的线程信息，并使用 @(dereferencing)函数来输出该 Atom 对象的实际值。

```
(ns example.example2)

(defn company ( [account salary]
  (swap! account + salary)
  (println (format "%s : %d"(Thread/currentThread) @account))
))
```

然后，创建一个名为 user 的类似函数。它接收 Atom 对象 account 对象和另一个名为 money 的变量作为参数。我们仍然使用 swap!函数，不过在这种情况下，是为了减小 Atom 对象的值。

```
(defn user ( [account money]
  (swap! account - money)
  (println (format "%s : %d"(Thread/currentThread) @account))
))
```

然后，创建一个名为 myTask 的函数，它接收一个名为 account 的 Atom 对象作为参数，并调用 company 函数 1000 次（值为 100），而且 user 函数的值为 100，这样 account 对象的最终值应该是相同的。

```
(defn myTask ( [account]
  (dotimes [i 1000]
    (company account 100)
    (user account 100)
    (Thread/sleep 100)
)))
```

最后，将 myAccount 对象创建为一个 Atom 对象（其初始值为 0），并创建 10 个线程来执行 myTask 函数。

```
(def myAccount (atom 0))

(dotimes [i 10] (.start (Thread. (fn[] (myTask myAccount)))))
```

下面的屏幕截图显示了这个例子的执行情况。

```
Thread[Thread-9,5,main] : 200
Thread[Thread-7,5,main] : 200
Thread[Thread-7,5,main] : 0
Thread[Thread-9,5,main] : 100
Thread[Thread-5,5,main] : 100
Thread[Thread-5,5,main] : 0
Thread[Thread-4,5,main] : 100
Thread[Thread-4,5,main] : 0
Thread[Thread-9,5,main] : 100
Thread[Thread-9,5,main] : 0
```

在该图中，可以看到运行 `myTask` 函数的不同线程，而且 Atom 对象 `myAccount` 的最终值如预期那样为 0。

2. Agent 对象

Agent 是在将来某个时刻异步更新的引用。它在整个生命周期中都与某个存储位置相关联，而你只能改变该位置的值。Agent 是一种不协调的数据结构。

可以通过以下函数使用 Agent。

❑ `agent`：建立一个新的 Agent 对象。

❑ `send`：确定 Agent 的新值。它遵循(`send agent function value`)语法，其中 `agent` 是我们想修改的 Agent 的名称，`function` 是为计算 Agent 新值所要执行的函数，而 `value` 是 Agent 的实际值，将其传递给 `function` 可以计算 Agent 的新值。

❑ `send-of`：当想要使用函数来更新一个阻塞型函数的值（例如，读取一个文件）时，可以使用该函数。`send-of` 函数将立即返回，而且用于更新 Agent 值的函数将在另一个线程中继续执行。它遵循与 `send` 函数相同的语法。

❑ `await`：等待(阻塞当前线程)，直到 Agent 所有未完成的操作完成为止。它遵循语法(`await agent`)，其中 `agent` 是要等待的 Agent 的名称。

❑ `await-for`：对于实际的 Agent，你可以使用该函数等待其参数指定的毫秒数。该函数返回一个布尔值，以指示 Agent 是否已被更新。它遵循语法(`await-for time agent`)，其中 `agent` 是 Agent 的名称，而 `time` 是要等待的毫秒数。

❑ `agent-error`：如果 Agent 出现故障，则返回 Agent 抛出的异常。它遵循语法(`agent-error agent`)，其中 `agent` 是 Agent 的名称。

❑ `shutdown-agents`：结束处于运行状态的 Agent 的执行。该函数遵循(`shutdown-agents`)语法。

下面来看一个例子，感受一下如何使用 Agent。

首先，创建一个 Agent，其初始值为 300。

```
(ns example.example3)
(def myAgent (agent 300))
```

13

然后，实现一个名为 myTask 的函数。我们将重复如下过程：首先使用 send 方法将 Agent 的值增加 1000 倍，然后用 send 方法将其递减，这样 Agent 的最终值就应该是相同的。

```
(defn myTask ( [a]
  (dotimes [i 1000]
    (send a + 100)
    (send a - 100)
    (println (format "%s : %d"(Thread/currentThread) @a))
    (Thread/sleep 100)
)))
```

最后，创建 10 个线程来执行 myTask 函数。

```
(dotimes [i 10] (.start (Thread. (fn[] (myTask myAgent)))))
```

下面的屏幕截图显示了执行本例时的输出。

```
Thread[Thread-7,5,main] : 300
Thread[Thread-5,5,main] : 300
Thread[Thread-8,5,main] : 300
Thread[Thread-3,5,main] : 300
Thread[Thread-12,5,main] : 300
Thread[Thread-6,5,main] : 300
Thread[Thread-10,5,main] : 300
Thread[Thread-8,5,main] : 300
Thread[Thread-3,5,main] : 300
Thread[Thread-6,5,main] : 300
```

在该屏幕截图中可以看到，有不同的线程执行 myTask 函数，而且 Agent 的值像预期那样最后达到 300。

13.1.3 Ref 对象

最后，来看看 Ref 对象。这类对象是 Clojure 中唯一的协调引用类型，也是一种同步数据结构。这类对象允许在事务处理中并发地修改多个引用，因此要么所有引用都被修改，要么任何一个引用都不被修改。

可以使用下述函数操作 Ref 对象。

❑ ref：创建一个新的 Ref 对象。

❑ alter：该函数以安全方式修改引用值的取值。它遵循语法(alter ref function)，其中，ref 是要修改的 Ref 对象名称，而 fucntion 是用于获取该引用的新值的函数。

❑ ref-set：该集合确定了 Ref 对象的值。它遵循语法(ref-set ref value)，其中 ref 是要修改的 Ref 对象的名称，而 value 是 Ref 对象的新值。

❑ conmute：该函数也可改变 Ref 的值，它遵循语法(conmute ref function)，其中 ref 是想要修改的 Ref 对象的名称，而 function 则是计算 Ref 新值的函数。

❑ dosync：以事务处理的方式执行参数所传递的表达式。如果在表达式执行期间发生异常，则不会执行与 Ref 对象相关的操作。另一方面，alter 函数和 commuted 函数都必须在 dosync 函数内部执行。它遵循语法(dosync expression)，其中 expression 是待执行的表达式。

下面看一个操作 Ref 对象的例子。

首先，声明名为 account1 和 account2 的两个对象，并且将它们初始化为 0。

```
(ns example.example4)
(def account1 (ref 0))
(def account2 (ref 0))
```

然后，定义一个名为 myTask 的函数，它将收名为 source 和 destination 的两个 Ref 对象作为参数。我们减小 source 的值并增加 destination 的值 1000 次，就像两个银行账户之间的交易一样。我们使用 alter 函数来改变 Ref 对象的值，因此在 dosync 函数中必须包含对它的两次调用。

```
(defn myTask ( [source, destination]
  (dotimes [i 1000]
    (dosync
      (alter source - 100)
      (alter destination + 100)
    )
    (println (format "%s : %d - %d"(Thread/currentThread)
            @source @destination))
    (Thread/sleep 100)
)))
```

最后，创建 10 个线程来调用 myTask 函数，其中源是 account1，目标是 account2；再创建另外 10 个线程来调用 myTask 函数，其中源是 account2，目标是 account1。

```
(dotimes [i 10] (.start (Thread. (fn[] (myTask account1 account2)))))
(dotimes [i 10] (.start (Thread. (fn[] (myTask account2 account1)))))
```

下面的屏幕截图显示了执行这个例子时的输出。

```
Thread[Thread-12,5,main] : -400 - 400
Thread[Thread-16,5,main] : 300 - -300
Thread[Thread-15,5,main] : 200 - -200
Thread[Thread-3,5,main] : -300 - 300
Thread[Thread-8,5,main] : -300 - 300
Thread[Thread-18,5,main] : 200 - -200
Thread[Thread-19,5,main] : 100 - -100
Thread[Thread-21,5,main] : 0 - 0
Thread[Thread-12,5,main] : -100 - 100
Thread[Thread-15,5,main] : 0 - 0
```

在该屏幕截图中，可以看到执行 myTask 函数的不同线程，以及两个引用的最终值像预想的那样为 0。

13.1.4　Delay

Delay 是一种数据结构，当其被**解引用**后才进行首次计算以获取值。可以使用下述函数操作 Delay。

❑ delay：使用该函数声明一个新的 Delay。

❑ @：这是解引用函数。可以使用它读取 Delay 的值。

❑ realized?：该函数将返回一个布尔值，用于指示 Delay 是否已初始化。

下面来看一个关于 Delay 的例子。

首先，声明名为 now、otherNow 和 later 的三个对象。在这三个对象中，我们将存储一个含有当前日期的字符串。`later` 对象将被定义为一个 Delay。

```
(ns example.example5)

(def now (.toString (java.util.Date.)))
(def otherNow (.toString (java.util.Date.)))
(def later (delay (.toString (java.util.Date.))))
```

然后，定义 `myTest` 函数。首先，输出 `now` 变量的值。然后，将当前线程休眠 5 秒钟，然后再输出 `otherNow` 变量和 `later` 变量的值。对于 `later` 变量，必须使用解引用函数获得它的值。

```
(defn myTest ([]
  (println (format "%s" now))
  (Thread/sleep 5000)
  (println (format "%s : %s" otherNow @later))
))
(myTest)
```

下面的屏幕截图显示了执行这个例子时的输出结果。

```
Tue May 09 00:57:29 CEST 2017
Tue May 09 00:57:29 CEST 2017 : Tue May 09 00:57:34 CEST 2017
```

在该屏幕截图中，可以看到 Delay 的值一直没有初始化，直到使用解引用函数后才获得值。

13.1.5 Future

Future 是在另一个线程中计算的一段代码。可以使用下面的函数操作 Future。

❑ `future`：使用该函数创建一个新的 Future。

❑ `realized?`：使用该函数可检验 Future 是否已执行完成。

❑ 解引用函数(`@`)：使用该函数可获得 Future 的值。调用解引用函数阻塞当前线程，直到 Future 执行完成并返回值为止。

❑ `deref`：使用该函数阻塞当前线程一段时间。如果该时间间隔结束后 Future 仍未完成执行，那么该函数返回。

下面看一个使用 Future 的例子。

首先，声明一个名为 `initializeEnv` 的函数，该函数让其执行线程休眠 1 秒钟。该函数输出关于执行这段代码的线程的信息，最后返回`"Ok"`值。

```
(ns example.example6)

(def initializeEnv ( future
  (println (format "%s : Initializing environment"(Thread/currentThread)))
  (Thread/sleep 1000)
  (println (format "%s : Environment initialized"(Thread/currentThread)))
  "Ok"
))
```

然后，声明另一个名为 `initilizeApp` 的函数。该函数与 `initializeEnv` 函数等价，只不过它将使执行线程休眠 3 秒钟。

```
(def initializeApp ( future
   (println "Initializing app")
   (Thread/sleep 3000)
   (println "Environment app")
   "Ok"
))
```

最后，使用一组命令调用 `realized?` 函数和解引用函数。

```
(println (realized? initializeEnv))
(println (realized? initializeApp))
(println @initializeEnv)
(println (realized? initializeEnv))
(println (realized? initializeApp))
(println @initializeApp)
```

执行该代码时，可以看到两个 Future 在同一时间启动执行，`initializeEnv` 函数首先结束执行，而且 `initializeEnv` 将向 `realized?` 函数返回 true 值。然后，`initilizeApp` 函数将结束其执行。

13.1.6　Promise

Promise 是与 Future 相类似的一种机制。主要的区别在于它并不会计算某段代码；你要显式地确定它的值。可用于 Promise 的函数如下所示。

- ❑ `promise`：使用该函数可创建一个新的 Promise。
- ❑ `realized?`：使用该函数可以检查 Promise 是否有值。
- ❑ 解引用函数（`@`）：使用该函数可以获取 Promise 的值。调用解引用函数阻塞当前线程，直到 Promise 完成其执行并且返回值为止。
- ❑ `deref`：使用该函数来阻塞当前线程一段时间。如果这段时间结束且 Promise 尚未完成执行，则该函数返回。
- ❑ `deliver`：使用该函数来确定 Promise 的返回值。

让我们看一个使用 Promise 的例子。首先，定义一个名为 `myPromise` 的新 Promise。

```
(ns example.example7)

(def myPromise (promise))
```

然后，创建一个名为 `myTest` 的函数，它将接收一个 Promise 作为参数。等待 5 秒钟，然后在验证该 Promise 没有值之后，使用 `deliver` 函数为其确定值。

```
(defn myTest ([p
   (def now (java.util.Date.))
   (println (format "Start : %s" now))
   (Thread/sleep 5000)
   (def now (java.util.Date.))
   (println (format "End : %s" now))
   (println (realized? p))
   (deliver p "ok")
))
```

13

最后，启动一个线程来执行 `myTest` 函数，并且使用 `realized?` 函数和解引用函数来验证 Promise 是否有值，并且将其输出。

```
(def now (java.util.Date.))
(println (format "Main : %s" now))
(println (realized? myPromise))
(println @myPromise)
(def now (java.util.Date.))
(println (format "Main : %s" now))
(println (realized? myPromise))
```

下面的屏幕截图展示了执行本例后的输出结果。

```
Main : Tue May 09 01:12:13 CEST 2017
false
Start : Tue May 09 01:12:13 CEST 2017
End : Tue May 09 01:12:18 CEST 2017
false
ok
Main : Tue May 09 01:12:18 CEST 2017
true
```

13.2 Groovy 及其 GPars 库的并发处理

Groovy 是面向 Java 平台的一种动态的、面向对象的编程语言，类似于 Python、Ruby 或 Perl。GPars 是面向 Groovy 和 Java 的并发处理与并行框架，它引入了大量的类和元素来简化并行编程。最重要的几点如下。

- **数据并行处理**：提供了支持并行处理数据结构的机制。
- **Fork/Join 处理**：允许你使用分治技术来实现并发算法。
- **Actor**：实现了一个基于消息传递的并发模型。
- **Dataflow**：允许采用一种替代并发模型来并发处理数据。
- **Agent**：受 13.1 节介绍的 Clojure 编程语言所提供的 Agent 启发。

13.3 软件事务性内存

软件事务性内存是一种机制，它为程序员在内存中访问数据提供了事务性语义。本节，你将学习如何在 Groovy 中应用这些元素。尽管我们并没有介绍 Groovy 编程语言，但是你可以通过互联网查找到很多关于 Groovy 编程语言的教程。在 GPars 的主页可以下载该库并查找有关如何使用它们的文档。正如前面提到的，你还可以在 Java 编程语言中使用该库。

13.3.1 使用 Java 元素

Groovy 是一种针对 JVM 生成字节码的编程语言。你可以在 Groovy 程序中使用 Java 编程语言的所有元素，包括与并发处理相关的所有元素。

例如，在下面的例子中，你将创建一个线程。首先，使用 main() 方法声明一个名为 Example1 的 Groovy 类。

```
class Example1 {
  static main(args) {
```

然后，使用 Thread 类的 start() 方法创建并执行一个线程。你可以指定要由该线程执行的代码。在本例中，我们将显示当前日期，休眠当前线程 1 秒钟，然后再次写入当前日期。

```
def task = Thread.start {
  println Thread.currentThread().getName()+": Starting the thread:
                                       "+new Date();
  Thread.currentThread().sleep(1000);
  println Thread.currentThread().getName()+": Ending the thread:
                                       "+new Date();
}
```

可以使用 join() 方法来等待该线程结束。

```
    task.join();
    println Thread.currentThread().getName()+": Main has ended: "
                                       +new Date();
  }
}
```

当执行该应用程序时，你将看到该线程显示了第一个消息，并且在一秒钟后显示第二个消息。然后，当它完成执行时，main() 方法显示了它的消息。

13.3.2 数据并行处理

在本节中，我们将采用 Groovy 编程语言提供的所有元素以并发方式处理数据结构。我们要考虑的第一个元素是 GParsPool 类。这个类是基于 Fork/Join 框架的 JSR-166y 的实现，它在以并发方式处理数据结构方面性能非常好。

我们来看一个使用 GParsPool 类的例子。首先，我们要包含必要的 import 语句。然后，使用 main() 方法创建一个名为 Example2 的类。

```
import groovyx.gpars.GParsPool
import static groovyx.gpars.GParsPool.withPool
class Example2 {
  static main(args) {
```

然后，声明一个从 1 到 1000 的数值范围，并使用 withPool 语句以并行方式处理这些全部数值。我们使用 println 方法来输出处理该数值的线程名称，以及当前处理的数值。可以使用 it 变量来访问该数值。

```
def numbers = 1..1000;
println "Example 2 - Part 1"
withPool {
  numbers.eachParallel {
    println Thread.currentThread().getName() +": "+ it;
  }
}
```

13

然后，使用 `withPool` 语句，不过现在该语句带有一个表示可使用的最大线程数的参数。

```
println "Example 2 - Part 2"
withPool(4){
  List numberList = numbers.collectParallel { it *it}
  List smallNumberList = numberList.findAllParallel{ it < 100 }
  smallNumberList.eachParallel {
    println Thread.currentThread().getName() +": "+ it;
  }
}
```

我们使用 Groovy 提供的三种方法并行处理该范围内的数值。可以使用 `collectParallel()` 方法来计算每个数值的平方。可以使用 `findAllParallel()` 方法来进行数值筛选，只接收那些小于 100 的数值。最后，可以使用 `eachParallel()` 方法来处理结果列表的所有方法。

可以使用其他方法并行处理符合某种数据结构的数据，例如 `minParallel()`、`maxParallel()` 或 `countParallel()`。通过查看 GPars API 可以了解这些方法的所有详细信息。

以下屏幕截图显示了该应用程序的执行情况。

```
Example 2 - Part 2
ForkJoinPool-2-worker-2: 25
ForkJoinPool-2-worker-1: 1
ForkJoinPool-2-worker-1: 36
ForkJoinPool-2-worker-1: 4
ForkJoinPool-2-worker-4: 9
ForkJoinPool-2-worker-3: 16
ForkJoinPool-2-worker-2: 49
ForkJoinPool-2-worker-2: 64
ForkJoinPool-2-worker-2: 81
```

`GParsPool` 类提供的另一个选项是使用 `callAsync()` 或 `executeAsyncAndWait()` 方法在不同的线程中调用闭包。第一个方法在不同的线程中启动闭包的执行，并且立即返回；而另一个方法则在返回之前等待闭包结束。让我们来看一个使用这些函数的例子。

首先，我们包含 import 语句，并且使用 `main()` 方法创建一个名为 Example3 的新类。在 `main()` 方法中，创建两个名为 `code1` 和 `code2` 的闭包。

```
import groovyx.gpars.GParsPool

class Example3 {
  static main(args) {
    Closure code1 = {
      println "Closure 1: "+Thread.currentThread().getName()+": Start:"
                          +new Date();
      Thread.currentThread().sleep(1000)
      println "Closure 1: "+Thread.currentThread().getName()+": End: "
                          +new Date();
    }
    ...
    Closure code2 = {
      println "Closure 2: "+Thread.currentThread().getName()+": Start:"
                          +new Date();
      Thread.currentThread().sleep(2000)
```

```
                println "Closure 2: "+Thread.currentThread().getName()+": End: "
                                +new Date();

    }
```

首先，使用 Groovy 的普通语法按顺序调用两个闭包。

```
println "Closure 1 sequential"
code1.call();
println "Closure 2 sequential"
code2.call();
```

然后，使用 GParsPool 类的 withPool 方法，调用 callAsync()方法以并发方式执行 code1
闭包，然后使用 GParsPool 类的 executeAsyncAndWait()方法来执行 code1 闭包和 code2 闭包。

```
    GParsPool.withPool {
        println "Closure 1 async";
        code1.callAsync();
        println "Closure 1 and closure 2 async with wait"
        GParsPool.executeAsyncAndWait(code1,code2);
        println "End"
    }
    println "Main end"
  }
}
```

下面的屏幕截图显示了执行本例后的输出。

```
Closure 1 sequential
Closure 1: main: Start: Tue May 09 01:44:19 CEST 2017
Closure 1: main: End: Tue May 09 01:44:20 CEST 2017
Closure 2 sequential
Closure 2: main: Start: Tue May 09 01:44:20 CEST 2017
Closure 2: main: End: Tue May 09 01:44:22 CEST 2017
Closure 1 async
Closure 1 and closure 2 async with wait
Closure 1: ForkJoinPool-1-worker-1: Start: Tue May 09 01:44:22 CEST 2017
Closure 1: ForkJoinPool-1-worker-2: Start: Tue May 09 01:44:22 CEST 2017
Closure 2: ForkJoinPool-1-worker-3: Start: Tue May 09 01:44:22 CEST 2017
Closure 1: ForkJoinPool-1-worker-1: End: Tue May 09 01:44:23 CEST 2017
Closure 1: ForkJoinPool-1-worker-2: End: Tue May 09 01:44:23 CEST 2017
Closure 2: ForkJoinPool-1-worker-3: End: Tue May 09 01:44:24 CEST 2017
End
Main end
```

可以看到，可以方便地区分闭包的顺序执行和并发执行（通过线程的名称）。

GParsPool 类的另一个选项是使用 Map/Reduce 编程模型来并行处理任何数据结构。当你在
Groovy 中使用 Map/Reduce 时，你的数据结构在内部转换为一个并行数组，你使用的所有方法都将作
用于该数据结构。它类似于 Java 编程语言中的流处理。

让我们看一个使用这一功能的例子。首先，引入必要的 import 语句，并且创建一个名为 Example4
的新类，其中含有 main()方法。在该方法中，声明一个 1 到 10 000 之间的范围。

```
import groovyx.gpars.GParsPool

class Example4 {
```

```
static main(args) {
    def numbers = 1..10000
```

然后，使用 withPool 语句和 Fork/Join 功能以并行方式处理该范围中的数值。我们使用 parallel 方法将该数值范围转换成一个并行数据结构，使用 map 方法将每个元素替换为该元素的平方，使用 filter 方法只保留那些小于 100 000 的数值，使用 sum 方法对列表中的所有元素求和。

```
GParsPool.withPool {
    int result = numbers.parallel.map{it*it}.filter{it < 100000}
                            .sum();
    println result;
```

然后，我们看看该功能的其他示例。动态创建另一个介于 1 和 1 000 000 之间的数值范围，使用 parallel 方法将该范围转换成一个并行数据结构，使用 filter 方法只保留偶数，使用 map 方法将每个数值替换成其平方根，最后使用 collection 方法将并行数据结构转换成一个列表。

```
    List numberList = (1..1000000).parallel.filter{it % 2 == 0}
                                .map{Math.sqrt it}.collection
    numberList.forEach{
        println it;
    }
    }
}
}
```

执行该示例时，可以在控制台中看到输出的数值。

最后，关于 GParsPool 类我们要学习的最后一点是如何使用 Promise 来获取异步函数的值。让我们看一个使用该功能的例子。首先，创建一个名为 Example5 的类，其中含有 main() 方法，以及一个名为 code1 的闭包。

```
import static groovyx.gpars.GParsPool.withPool;

class Example5 {

    static main(args) {
        Closure code1 = {
            println "Closure 1: "+Thread.currentThread().getName()+": Start:"
                                +new Date();
            Thread.currentThread().sleep(1000)
            println "Closure 1: "+Thread.currentThread().getName()+": End: "
                                +new Date();
            return new Date().toString();
        }
```

然后，使用 withPool 语句调用 asyncFun() 方法，以异步方式执行 code1 闭包，然后生成一个含有该方法结果的 Promise。最后，使用该 Promise 的 get() 方法来获得 code1 闭包的结果。请注意，get() 方法休眠调用线程，直到闭包完成执行。

```
        withPool {
            def aCode1 = code1.asyncFun();
            def promise = aCode1();
            println "We have call the closure";
```

```
    println "The result is : "+promise.get();
    }
  }
}
```

下面的屏幕截图展示了执行本例后得到的输出结果。

```
We have call the closure
Closure 1: ForkJoinPool-1-worker-1: Start: Tue May 09 02:14:50 CEST 2017
Closure 1: ForkJoinPool-1-worker-1: End: Tue May 09 02:14:51 CEST 2017
The result is : Tue May 09 02:14:51 CEST 2017
```

13.3.3 Fork/Join 处理

GPars 提供的 Fork/Join 实现类似于 Java 并发 API 中提供的 Fork/Join 实现。该功能的主要目的是利用分治技术解决问题。第一次执行该算法时，针对的是一个完整的问题，可以检查该问题的规模。如果其规模小于预先定义的规模，则可以直接解决问题。否则，你可以将问题划分为预定义数目的小问题并且进行异步递归调用，每个子问题进行一次递归调用。每次递归调用的处理过程都是相同的。你可以再次检查问题的规模，如果它小于预定义的规模，就可以直接进行求解；否则，再次分割问题并再次进行递归调用。当所有递归调用都结束后，启动这些调用的方法将再次得到控制权，获取每次调用的结果并将这些结果分组，最后返回结果。最后，通过分组求解许多小问题，我们求解了一个大规模问题。

请注意，并不是所有的算法都可以使用这种技术来求解，但是只要你可以使用这种技术，就可以对资源进行优化使用，得到非常好的性能结果。

GPars 库提供了以下方法来使用 Fork/Join 框架。

❑ runForkJoin()：该方法创建一个 Fork/Join 执行过程。你必须指定算法的参数和实现该算法的闭包。递归调用具有相同的参数。

❑ forOffChild()：创建一个新的子任务来执行子问题。该任务将在未来执行。该方法将待调度任务发送到正在执行全部任务的 ForkJoinPool 中，并且立即返回。

❑ runChildDirectly()：在当前线程中运行子任务，并且当其结束执行时返回。

❑ getChildrenResults()：等待所有子任务最终完成，并且返回一个含有结果的 List 对象。可以使用该列表来计算将由任务返回的结果。

让我们看一个如何使用 GPars 库的 Fork/Join 框架的示例。我们将实现一个函数，它计算目录中以.log 为扩展名的文件数目。首先，包含必要的 import 语句并创建一个名为 Example6 的类，其中含有 main() 方法。

```
import static groovyx.gpars.GParsPool.withPool;
import static groovyx.gpars.GParsPool.runForkJoin;

class Example6 {

  static main(args) {
```

　　然后，在 withPool 命令中调用 runForkJoin()方法，将 File 对象作为参数传递。该 File 对象含有我们要开始寻找扩展名为.log 的文件的路径。我们必须指定算法的代码。对于作为参数接收的目录，我们处理其中包含的所有文件和目录。如果是文件，检查其扩展名是否为 log。如果扩展名是 log，就增加计数器的值。如果是目录，那么使用 forkOffChild()方法进行异步递归调用。

　　当处理完所有的项目后，就得到了所有子任务的结果，并将这些任务的结果和计数器相加。最后的值就是返回的结果。

```
withPool() {
  def count = runForkJoin(new File("c:\\windows")) {file ->
    long count = 0
    file.eachFile {
      if (it.isDirectory()) {
        println "Forking a child task for $it"
        forkOffChild(it)
      } else {
      if (it.getName().endsWith("log")) {
        count++;
        println it.getName();
      }
    }
  }
  return count + (childrenResults.sum(0))
}
```

　　要注意，子任务也可以有子任务，以此类推。最后，当初始调用结束时，输出最终结果。

```
    println "Total: "+ count;
  }
}
}
```

　　执行本例时，你可以看到文件的总数。

13.3.4　Actor

　　Actor 实现了消息传递并发模型。每个 Actor 都是一个独立的对象，它向其他 Actor 发送消息并且接收来自其他 Actor 的消息。Actor 和线程之间并没有关联。线程可以执行不同的 Actor，而一个 Actor 也可以由不同的线程执行。Actor 没有共享状态，GPars 保证了 Actor 的代码可被执行，这样就不会丢失消息。每当线程被分配给一个 Actor 时，内存也会随之同步，因此不需要显式同步。Actor 有两种类型。

　　❑ **无状态 Actor**：基于 DynamicDispatchActor 类或者 ReactiveActor 类。它们无法追踪此前曾有哪些消息到达。

　　❑ **有状态 Actor**：基于 DefaultActor 类。该 Actor 可以管理内部状态，每个消息都可以改变该状态以及处理该消息的方式。

　　Actor 最大的好处之一在于你可以在系统中获得吞吐量。只有在需要处理消息时，才会执行 Actor，因此你可以拥有大量需要少量线程运行的 Actor。

　　当使用 Actor 时，你会使用下述方法来做最常见的操作。

❑ send()：该方法向 Actor 异步发送消息。该方法将立即返回，并不会等待响应。

❑ sendAndWait()：该方法向 Actor 发送消息并且等待响应。

❑ sendAndContinue()：该方法向 Actor 发送消息并且立即返回。它接收一个闭包作为参数，并在该消息的响应到达时执行该闭包。

❑ sendAndPromise()：该方法向 Actor 发送消息并且返回一个 Promise，可以通过该 Promise 来获得该消息的响应。

❑ react()：该方法将被调用来处理下一条消息。通常，该方法会包含在一个循环语句中，以处理 Actor 接收到的所有消息。

❑ reply()：该方法向消息的发送者发送应答。

❑ forward()：该方法允许我们将接收到的消息发送给另一个 Actor。

❑ join()：该方法等待 Actor 结束。

还有其他不同的方法可以创建 Actor。

你可以使用 Actors 类的 actor()方法。在这种情况下，你可以使用闭包来指定 Actor 的代码。Actor 将立即开始执行。

你可以扩展 DefaultActor 类并且实现 act()方法。在这种情况下，我们必须调用 Actor 的 start()方法来开始其执行过程。

你可以扩展 DynamicDispatchACtor 类，并且实现 onMessage()方法的一个或多个版本（Actor 可接收到的每种消息各一个版本）。

最后，Actor 有生命周期以及一些相关的方法，你可以实现这些方法来在该生命周期的确定状态下执行操作。这些方法包括：

❑ afterStart()

❑ afterStop()

❑ onTimeOut()

❑ onInterrupt()

❑ onException()

这些方法的功能恰如其名，因此无须额外描述。

下面用三个例子来说明如何使用 Actor。在第一个例子中，仅创建两个基本的 Actor 对象，并且将在它们之间发送一条消息。

创建一个名为 Example7 的类，其中含有 main()方法。

```
import groovyx.gpars.actor.Actor
import groovyx.gpars.actor.Actors

class Example7 {

  static main(args) {
```

然后，使用 Actor 类的 actor()方法创建一个 Actor。在该 Actor 的代码中，我们包含了 react()方法的代码。在我们的例子中，当消息到达时，在控制台输出它，然后发送对该消息的响应，其中包

13

括当前线程的名称和文本 "Ok"。

```
def receiver = Actors.actor {
  println Thread.currentThread().getName()+": Receiver is running"
  react { msg ->
    println Thread.currentThread().getName()+": Recevier: I've
                                  received a message: "+msg
    reply Thread.currentThread().getName()+": Ok"
  }
  println Thread.currentThread().getName()+": Receiver has finished"
}
```

然后，我们再次使用 actors() 方法创建另一个 Actor。在这种情况下，我们使用 send() 方法向另一个 Actor 发送一条消息，其中还包含了在 Actor 收到消息时 react() 方法要执行的代码。它将在控制台中输出消息。

```
def sender = Actors.actor {
  println Thread.currentThread().getName()+": Sender is running"
  receiver.send Thread.currentThread().getName()+": From sender to
                                  receiver"
  react { msg ->
    println Thread.currentThread().getName()+": Sender: The response
                                  has arrived: "+msg
  }
  println Thread.currentThread().getName()+": Sender has finished"
}
```

正如之前解释的那样，两个 Actor 都将立即开始执行。最后，在 main() 方法中，我们使用 join() 方法等待两个线程结束。

```
    sender.join();
    receiver.join();
  }
}
```

下面的屏幕截图显示了执行本例后的输出结果。

```
Actor Thread 2: Sender is running
Actor Thread 2: Sender has finished
Actor Thread 1: Receiver is running
Actor Thread 1: Receiver has finished
Actor Thread 1: Recevier:  I've received a message: Actor Thread 2: From sender to receiver
Actor Thread 2: Sender: The response has arrived: Actor Thread 1: Ok
```

你可以看到发送方发送的消息如何到达接收方，而接收方如何将应答发送到发送方。

第二个示例是生产者/消费者问题的实现。首先，我们将实现消费者类。创建一个名为 Consumer 的类，并且指定它实现 DefaultActor 类。

```
import groovyx.gpars.actor.Actor
import groovyx.gpars.actor.DefaultActor

class Consumer extends DefaultActor {
```

然后，实现包含 Actor 主代码的 act() 方法。我们使用循环语句处理所有消息和 react() 方法，该方法将在 Actor 接收到的每条消息上调用。我们将参数 5000 传递给 react() 方法。如果 Actor 等待了 5 秒钟却没有收到消息,那么它将抛出一个超时错误并结束其执行。对于每条消息,我们只在控制台上输出关于该消息和发送方的信息。

```
void act() {
  loop {
    react(5000) { msg ->
      println "*****************************";
      println "Thread Name: "+Thread.currentThread().getName();
      println "Sender: "+sender.remoteClass;
      println "Message: "+msg;
      println "*****************************";
    }
  }
}
```

然后,我们执行 Actor 的一些生命周期方法,以便在控制台中输出有关这些事件的信息。

```
void afterStart() {
  println "Consumer: After Start";
}
void afterStop(List undeliveredMessages) {
  println "Consumer: After Stop";
  println "Undelivered Messages: "+undeliveredMessages.size()
}
void onInterrupt(InterruptedException e) {
  println "Consumer: Interrupted"
  e.printStackTrace()
  terminate()
}
void onTimeout() {
  println "Consumer: Timeout"
  terminate()
}
void onException(Throwable e) {
  println "Consumer: An exception has ocurred"
  e.printStackTrace()
}
}
```

现在该实现生产者类了。创建一个名为 Producer 的类,并且指定它实现 DefaultActor 类。该类有两个属性,名称分别是发送消息的 Producer 和 Consumer,并且使用构造函数来初始化它们。

```
import java.lang.invoke.AbstractValidatingLambdaMetafactory
import java.util.List

import groovyx.gpars.actor.DefaultActor
import groovyx.gpars.actor.Actor

class Producer extends DefaultActor {

  private Actor consumer;
  private String name;
  def Producer (Actor consumer, String name) {
```

```
    this.consumer = consumer
    this.name = name
  }
```

现在，使用 Actor 的主代码实现 act()方法。它将向消费者发送 100 条消息并结束执行。

```
void act() {
  def i;
  for (i = 0; i<100; i++) {
    def msg = Thread.currentThread().getName()
    msg+= ": "+name
    msg+= ": Message "+i;
    consumer.send msg;
    Thread.currentThread().sleep(500);
  }
}
```

最后，我们编写 afterStop()方法的代码，该方法在控制台输出一条消息。

```
  void afterStop(List undeliveredMessages) {
    println name+": After Stop";
  }
}
```

现在，创建一个名为 Example8 的类，其中含有 main()方法。

```
import groovyx.gpars.actor.Actor
import groovyx.gpars.actor.DefaultActor

class Example8 {

  static main(args) {
    Consumer consumer = new Consumer();
    consumer.start();

    Producer producer1 = new Producer(consumer,"Producer 1");
    Producer producer2 = new Producer(consumer, "Producer 2");
    producer1.start();
    Thread.currentThread().sleep(300);
    producer2.start();
    consumer.join();
    println "Main end"
  }

}
```

在 main()方法中，我们创建一个消费者和两个生产者，并且使用 start()方法启动三个 Actor。我们使用 join()方法等待消费者 Actor 结束。在生产者发送 TimeOut 异常 5 秒钟后，该 Actor 将会结束。

下面的屏幕截图显示了执行该例时的输出结果。

```
****************************
Thread Name: Actor Thread 3
Sender: class groovyx.gpars.actor.impl.MessageStream$RemoteMessageStream
Message: Actor Thread 2: Producer 1: Message 99
****************************
Thread Name: Actor Thread 3
Sender: class groovyx.gpars.actor.impl.MessageStream$RemoteMessageStream
Message: Actor Thread 1: Producer 2: Message 99
****************************
Producer 1: After Stop
Producer 2: After Stop
Consumer: Timeout
Consumer: After Stop
Undelivered Messages: 0
Main end
```

你可以看到生产者如何结束其执行并且输出 afterStop()方法的消息。然后，消费者出现一个
TimeOut 异常，并且执行 onTimeOut()和 afterStop()方法。然后，主程序结束其执行。

最后一个关于 Actor 的示例将向你展示如何使用无状态 Actor。首先，创建一个名为 Event 的类，
该类有两个属性：一个名为 msg 的 String 属性和一个名为 date 的 Date 属性。

```
class Event {
  String msg;
  Date date;
  @Override
  public String toString() {
    return "Event: "+msg+": on "+date;
  }
}
```

现在，创建一个名为 Logger 的类，并且指定它扩展 DynamicDispatchActor 类。我们实现
onMessage()方法的三个版本，它们分别接收 Event 对象、String 对象和 Exception 对象作为参
数。我们在控制台中仅输出有关它收到的消息的信息。

```
class Logger extends DynamicDispatchActor {

  def onMessage (Event event) {
    println "Logger: "+Thread.currentThread().getName()+": "+event;
    replyIfExists "Logger: Event received";
  }
  def onMessage(String msg) {
    println "Logger: "+Thread.currentThread().getName()+
          ": Direct mgs: "+msg;
    replyIfExists "Logger: Direct msg received";
  }
  def onMessage(Exception e) {
    println "Logger: "+Thread.currentThread().getName()+": Error:
          "+e.getLocalizedMessage();
    replyIfExists "Logger: Error received"
  }
}
```

最后，创建一个名为 Example9 的类以及 main()方法。首先，创建一个 Logger 类的 Actor，并
使用 start()方法启动其执行。

13

```
import groovyx.gpars.actor.Actor
import groovyx.gpars.actor.Actors

class Example9 {
  static main(args) {
    Logger logger = new Logger();
    logger.start();
```

然后，使用 Actors 类的 actor() 方法创建另一个 Actor。在代码中，我们向 Logger 类发送三个消息（每种类型一个），并且包含用于处理三个响应的代码。

```
def tester = Actors.actor {
  println "Tester: "+Thread.currentThread().getName()+
          ": is running"
  loop(3) {
    react(1000) { msg ->
      println "Tester: "+Thread.currentThread().getName()+
              ": I've received a message: "+msg
    }
  }
  Event event = new Event()
  event.msg = "I'm an event"
  event.date = new Date()
  logger.send event
  logger.send "I'm a message"
  Exception e = new Exception("I'm an exception")
  logger.send e;
  println "Tester: "+Thread.currentThread().getName()+
          ": Tester has finished"
}
```

最后，使用 join() 方法等待 tester Actor 结束，使用 stop() 方法停止 logger Actor，并且使用 join() 方法等待其最终结束。

```
    tester.join();
    logger.stop();
    logger.join();
    println "Main End"
  }
}
```

下面的屏幕截图展示了执行本例后的输出结果。

```
Tester: Actor Thread 1: is running
Tester: Actor Thread 1: Tester has finished
Logger: Actor Thread 2: Event: I'm an event: on Tue May 09 10:51:21 CEST 2017
Tester: Actor Thread 1:  I've received a message: Logger: Event received
Logger: Actor Thread 2: Direct mgs: I'm a message
Tester: Actor Thread 1:  I've received a message: Logger: Direct msg received
Logger: Actor Thread 2: Error: I'm an exception
Tester: Actor Thread 1:  I've received a message: Logger: Error received
Main End
```

13.3.5 Agent

Agent 保护可变数据对象，使之可以在线程之间安全地共享。Agent 接受消息并以异步方式处理它们。消息是可以在 Agent 内部执行的函数或 Groovy 闭包。函数的返回值或闭包将成为 Agent 的新值/状态。函数或闭包将 Agent 的当前值/状态作为参数。

我们发送给 Agent 的命令是按顺序存储的，而且是一个接一个地处理，因此不会出现任何竞争条件。

要创建 Agent，需要创建 Agent 类的一个新对象，用 Agent 中存储的取值类型对 Agent 类进行参数化。

当你使用 Agent 时，通常使用以下方法。

❑ send()：该方法向 Agent 发送一个命令。

❑ addListener()：该方法添加一个监听器，每当 Agent 的值发生变化时就会得到通知。

❑ addValidator()：该方法添加一个类似于监听器的验证器，但是可以拒绝对抛出异常的 Agent 的值做出更改。

让我们实现一个示例，看看如何使用 Agent。首先，创建一个名为 Account 的类，它含有一个名为 value 的内部整型属性，一个名为 increment() 的方法（用于递增 value 属性的值），一个名为 decrement() 的方法（用于递减 value 属性的值），以及返回 value 属性值的方法。

```
class Account {
  private int value = 0;
  def void increment (int amount) {
    println "Account.increment: "+Thread.currentThread().getName()+": "
                                 +amount;
    value+=amount
  }
  def void decrement (int amount) {
    println "Account.decrement: "+Thread.currentThread().getName()+": "
                                 +amount;
    value-=amount
  }
  def int getValue() {
    return value;
  }

}
```

然后，创建一个名为 Example10 的类以及 main() 方法。创建一个存储 Account 对象的新 Agent。

```
class Example10 {

  static main(args) {

    Agent agent = new Agent<Account>(new Account())
```

然后，创建一个 Actor，对该 Agent 的 Account 对象调用 100 次 increment() 方法。你可以使用 it 变量来访问该 Agent 的当前值。

```
def incrementer = Actors.actor {
  for (def i=0; i<100; i++) {
```

13

```
    agent.send {it.increment(1000)}
  }
}
```

现在，创建另一个 Actor。该 Actor 将对存储在该 Agent 中的 `Account` 对象调用 99 次 `decrement()` 方法。

```
def decrementer = Actors.actor {
  for (def i=0; i<99; i++) {
    agent.send {it.decrement(1000)}
  }
}
```

最后，等待两个 Actor 执行结束并且输出该 Agent 的最终值。

```
    incrementer.join()
    decrementer.join()
    println "Final value: "+agent.val.getValue()
  }
}
```

如果执行该示例，你将会看到结果为 1000（100 次递增操作和 99 次递减操作）。

13.3.6   Dataflow

Dataflow 为生产者和消费者之间共享数据提供了安全通道。Dataflow 最基本的元素是 **Dataflow 变量**。你只需创建一个 `Dataflows` 类的对象，然后我们可以在其之上定义变量。这些变量有两个重要特征。

❑ 只能设置一次值。

❑ 当一个任务试图使用 Dataflow 变量的值时，它的执行线程将被阻塞，直到该变量有值为止。

使用 Dataflow 变量可以获得以下好处。

❑ 没有竞争条件。

❑ 不需要显式地使用锁或其他同步机制。

❑ 如果存在由 Dataflow 变量引发的死锁，可以确定其原因。

我们来看一个使用 Dataflow 变量的例子。首先，创建一个名为 `Example1` 的类，其中含有 `main()` 方法。

```
import static groovyx.gpars.dataflow.Dataflow.task;
import java.util.concurrent.TimeUnit;
import groovyx.gpars.dataflow.Dataflows;

class Example11 {

  static main(args) {
```

现在，创建一个 `Dataflows` 对象和一个 `Date` 对象（其中含有该方法启动执行的日期）。

```
def store = new Dataflows()
def mainStart = new Date();
println "Main: Start "+mainStart
```

现在，启动一个逻辑任务，它将由另一个使用 task 函数的线程执行。将其执行线程休眠 1 秒钟，然后在 Dataflows 对象中创建一个变量，并且为其赋值为 3。

```
task {
  TimeUnit.SECONDS.sleep(1)
  store.x = 3
}
```

现在，创建另一个与前述任务类似的任务。我们将执行线程休眠 2 秒钟，然后将一个名为 y 的变量指派给它，其值为 4。

```
task {
  TimeUnit.SECONDS.sleep(2)
  store.y = 4
}
```

然后，创建第三个任务，该任务将计算变量 x 和 y 之间的和，并且将该值存储在另一个名为 z 的 Dataflow 变量中。

```
task {
  def start = new Date()
  println "Calculus Task: "+start
  store.z = store.x + store.y
  def end = new Date()
  println "Calculus Task: "+end
}
```

最后，在 main() 方法中输出变量 z 的值。

```
    println "Main: The final result is: "+store.z
    println "Main: End"
  }
}
```

下面的屏幕截图显示了执行这个例子后的输出结果。

```
Main: Start Tue May 09 16:19:49 CEST 2017
Calculus Task: Tue May 09 16:19:50 CEST 2017
Main: The final result is: 7
Main: End
Calculus Task: Tue May 09 16:19:52 CEST 2017
```

我们还可以创建一个 DataflowVariable 类的对象，并且使用<<运算符给它赋值。例如，创建一个名为 Example13 的类以及 main() 方法，并且创建一个名为 data 的 DataflowVariable 类的对象。

```
import static groovyx.gpars.dataflow.Dataflow.task;
import java.util.concurrent.TimeUnit;
import groovyx.gpars.dataflow.DataflowVariable;
class Example13 {

  static main(args) {
    def data = new DataflowVariable()
```

13

现在，创建一个任务将其执行线程休眠 2 秒钟，并且使用<<运算符将值 2 赋给该变量。

```
task {
  println Thread.currentThread().getName()+": Wait two seconds to
                                       set the value"
  TimeUnit.SECONDS.sleep(2);
  data << 2;
}
```

最后，在 main()方法中包含一个输出 data 变量取值的语句。

```
    println Thread.currentThread().getName()+" : Bind handler : "
                                       +data.val;
  }
}
```

当你执行该示例时，将看到任务所输出的消息，以及两秒之后由 main()方法所输出的消息，其中含有 DataflowVariable 对象的值。

Dataflow 提供的另一个元素是 **Dataflow 广播**。它允许我们在生产者和消费者之间发送数据，就像在它们之间存在一个队列一样。它提供了一种发布—订阅机制，以便支持多个生产者与一个或多个消费者交互的情况。

下面来看看这种机制是如何运作的。首先，创建一个名为 Producer 的类。它有两个私有属性：一个名为 broadcast 的 DataflowBroadcast 对象和一个名为 name 的 String 对象。使用该类的构造函数来初始化这两个属性。

```
import java.util.concurrent.TimeUnit
import groovyx.gpars.dataflow.DataflowBroadcast;

class Producer {

  private DataflowBroadcast broadcast
  private String name
  public Producer (DataflowBroadcast broadcast, String name) {
    this.broadcast = broadcast
    this.name = name
  }
```

现在，实现一个名为 execute()的方法。在该方法中，使用<<运算符将 100 个 String 对象写入 broadcast 对象。在每条消息之间，将执行线程休眠 500 毫秒。

```
    public void execute() {
      for (int i=0; i<100; i++) {
        def msg = name + " MSG "+i+" : "+new Date();
        broadcast << msg
        TimeUnit.MILLISECONDS.sleep(500);
      }
    }
}
```

现在，创建一个名为 Consumer 的类。该类将和 Producer 类具有相同的属性。使用该类的构造函数来初始化这两个属性。

```
import groovyx.gpars.dataflow.DataflowBroadcast
import groovyx.gpars.dataflow.DataflowReadChannel

class Consumer {

  private DataflowBroadcast broadcast
  private String name
  public Consumer (DataflowBroadcast broadcast, String name) {
    this.broadcast = broadcast
    this.name = name
  }
```

现在，实现 execute()方法。首先，创建一个 DataflowReadChannel 类的对象，读取来自
DataflowBroadcast 的值。然后，使用 val 函数编写 200 条消息。该函数将会休眠当前线程，直到
DataflowBroadcast 中的新数据可用。

```
  public void execute() {
    DataflowReadChannel stream = broadcast.createReadChannel()
    for (int i=0; i<200; i++) {
      println "Consumer "+name+": "+stream.val
    }
  }
}
```

我们有了生产者和消费者。现在该让它们工作了。创建一个名为 Example12 的类，其中含有
main()方法。创建一个 DataflowBroadcast 对象、两个生产者和三个消费者。创建一个线程来执
行每个生产者和每个消费者。然后，使用 join()方法等待它们结束。

```
import groovyx.gpars.dataflow.DataflowBroadcast
import static groovyx.gpars.dataflow.Dataflow.task

class Example12 {

  static main(args) {
    DataflowBroadcast dataflow = new DataflowBroadcast()
    def producer1, producer2, consumer1, consumer2, consumer3
    Thread thread1 = Thread.start {
      producer1 = new Producer(dataflow, "Producer 1")
      producer1.execute()
    }
    Thread thread2 = Thread.start {
      producer2 = new Producer(dataflow, "Producer 2")
      producer2.execute()
    }
    Thread thread3 = Thread.start{
      consumer1 = new Consumer(dataflow, "Consumer 1")
      consumer1.execute()
    }
    Thread thread4 = Thread.start {
      consumer2 = new Consumer(dataflow, "Consumer 2")
      consumer2.execute()
    }
    Thread thread5 = Thread.start {
```

13

```
        consumer3 = new Consumer(dataflow, "Consumer 3")
        consumer3.execute()
    }
    thread1.join()
    thread2.join()
    thread3.join()
    thread4.join()
    thread5.join()
    println "Main: end"
    }
}
```

下面的屏幕截图显示了执行本例后的输出结果。

```
Consumer Consumer 1: Producer 1 MSG 97 : Tue May 09 16:21:34 CEST 2017
Consumer Consumer 3: Producer 1 MSG 97 : Tue May 09 16:21:34 CEST 2017
Consumer Consumer 2: Producer 1 MSG 97 : Tue May 09 16:21:34 CEST 2017
Consumer Consumer 1: Producer 1 MSG 98 : Tue May 09 16:21:34 CEST 2017
Consumer Consumer 2: Producer 1 MSG 98 : Tue May 09 16:21:34 CEST 2017
Consumer Consumer 3: Producer 1 MSG 98 : Tue May 09 16:21:34 CEST 2017
Consumer Consumer 2: Producer 2 MSG 98 : Tue May 09 16:21:34 CEST 2017
Consumer Consumer 1: Producer 2 MSG 98 : Tue May 09 16:21:34 CEST 2017
Consumer Consumer 3: Producer 2 MSG 98 : Tue May 09 16:21:34 CEST 2017
Consumer Consumer 2: Producer 2 MSG 99 : Tue May 09 16:21:35 CEST 2017
Consumer Consumer 2: Producer 1 MSG 99 : Tue May 09 16:21:35 CEST 2017
Consumer Consumer 3: Producer 2 MSG 99 : Tue May 09 16:21:35 CEST 2017
Consumer Consumer 1: Producer 2 MSG 99 : Tue May 09 16:21:35 CEST 2017
Consumer Consumer 3: Producer 1 MSG 99 : Tue May 09 16:21:35 CEST 2017
Consumer Consumer 1: Producer 1 MSG 99 : Tue May 09 16:21:35 CEST 2017
Main: end
```

可以看到由生产者生成的每条消息如何到达三个消费者。

Dataflow 提供的另一个功能是使用 select() 函数从多个通道中选择一个值。该函数接收一个通道列表作为参数，它将从全部含有可读值的通道中选择一个。该函数返回一个 SelectResult 对象，其中含有返回的值和它所选通道的信息。这种机制也是可配置的，例如，对某些渠道进行优先级排序。

我们来看看这种机制是如何运作的。首先，创建一个名为 Example14 的类，其中含有 main() 方法。创建名为 source1、source2 和 source3 的三个 DataflowVariable 对象。

```
import static groovyx.gpars.dataflow.Dataflow.task
import static groovyx.gpars.dataflow.Dataflow.select
import java.util.concurrent.TimeUnit
import groovyx.gpars.dataflow.DataflowVariable

class Example14 {
    static main(args) {

        def source1 = new DataflowVariable()
        def source2 = new DataflowVariable()
        def source3 = new DataflowVariable()
```

现在，创建三个任务来为每个数据源提供一个值。每个任务在为其 DataflowVariable 对象赋值之前，会将其执行线程休眠不同的时间。

```
task {
    TimeUnit.SECONDS.sleep(3);
```

```
    source1 << "source1"
}

task {
  TimeUnit.SECONDS.sleep(5);
  source2 << "source2"
}

task {
  TimeUnit.SECONDS.sleep(1);
  source3 << "source3"
}
```

现在，使用 select 函数从这些数据源获取值，并且将其输出到控制台。

```
    def result = select([source1, source2, source3])
    println "Main: "+result.select()
  }
}
```

下面的屏幕截图显示了执行该例后的输出结果。

```
Main: SelectResult{index=2, value=source3}
```

在本例中，source3 对象首先得到值，因此 select 函数将在一秒钟之后返回它。

我们要分析的最后一种 Dataflow 机制是运算符。**运算符**从输入通道接收值，并且生成新值写入输出通道。所有这些通道都是 Dataflow 的变量。运算符将等待所有输入通道，直到它开始执行为止。

我们来看看这种机制是如何运行的。创建一个名为 Example15 的类，其中含有 main() 方法。创建名为 a、b、c、d 的四个 DataflowVariable 对象。

```
import groovyx.gpars.dataflow.DataflowVariable;
import static groovyx.gpars.dataflow.Dataflow.operator;
import java.util.concurrent.TimeUnit

class Example15 {

  static main(args) {

    def a = new DataflowVariable();
    def b = new DataflowVariable();
    def c = new DataflowVariable();
    def d = new DataflowVariable();
```

现在使用 operator 命令创建一个名为 op 的新运算符。它接收三个输入，即 Dataflow 变量 a、b 和 c，并且返回 Dataflow 变量 d 的值。我们使用 bindOutput 函数来确定输出的值。

```
def op = operator(inputs: [a, b, c], outputs: [d]) {x, y, z ->
  println "Operator"
  bindOutput 0, x + y + z
}
```

13

最后，为变量 a、b 和 c 赋值，并且使用变量 d 的 val 属性将 DataflowVariable 的值输出到控制台。

```
    a << 3;
    b << 5;
    c << 7;
    println "Main: "+d.val
  }
}
```

当我们将值赋给三个 DataflowVariable 对象时，运算符执行其代码。当其完成之后，DataflowVariable d 就有了值，并且在 main() 方法的最后一条语句中输出。

下面的屏幕截图显示了执行本例后的输出结果。

13.4　Scala 的并发处理

Scala 是一种通用的多范式编程语言，具有面向对象和函数式编程的特点。它的代码被编译成 Java 字节码。它提供了 Java 互操作性，因此你可以在 Scala 代码中使用 Java 元素（包括 Java 并发 API），也可以在 Java 程序中使用用 Scala 编写的库。

正如我们在介绍 Clojure 和 Groovy 时提到的，本节的主要目的不是介绍 Scala 编程语言及其安装和配置。可通过 The Scala Programming Language 官网下载使用 Scala 工作所需的工具。你可以在 IDE 中安装插件以获得 Scala 支持环境。例如，Eclipse 就有 Scala IDE 插件，可以通过 Eclipse Marketplace 进行安装。

Scala 并发模型基于 Future 和 Promise。Future 存储了一个还不存在的值，该值将由一个异步任务来计算，而该任务将由另一个线程执行。Future 使用一种非阻塞机制，并且当该值可用时（或者发生错误时）利用回调函数来处理该值。Promise 是一种机制，它可以让你完成（给定一个值）Future。

ExecutionContext 对象是 Scala 并发 API 中非常重要的一个元素。它负责执行应用程序中启动的 Future 对象。默认情况下，它由 Java 并发 API 的 ForkJoinPool 支持，不过你也可以创建一个不同的线程池。对于大多数需求而言，都可以使用默认的 ExecutionContext，注意包含以下语句。

```
import ExecutionContext.Implicits.global
```

在代码的 import 部分，必须要包含该语句。

13.4.1　Scala 中的 Future 对象

正如前面提到的，Future 存储的值还不存在，但是在将来某个时候可用。这个值将由一个异步任务来计算，而该任务将由另一个线程执行。大多数情况下，要在定义 Future 之时指定该任务，并且任务将按照计划在将来某一时刻开始执行。

Future 不使用阻塞机制来获得结果。你可以将一个或多个回调函数关联在一起，当 Future 在其进程中有一个值或异常发生时再执行。

Future 有两个可能的返回值。如果任务在没有错误的情况下结束执行并返回一个值，那么我们说 Future 已经成功完成并将执行成功回调函数。当一个 Future 抛出异常时，Future 执行失败，并执行其故障回调函数。

创建 Future 最简单的方法是使用 Future 类的 apply() 方法。该方法创建并调度一个异步计算，该计算将执行 apply() 方法中指定的代码。该方法将返回 Future 对象。

我们可以将不同的 Future 回调函数关联起来处理其结果。这些回调函数有如下几种。

❏ onComplete：该函数在 Future 结束执行时调用，无论是成功结束还是错误结束。在该函数的代码中，应该包含用于区分 Future 是否错误完成的代码。

❏ onSuccess：该函数在 Future 成功执行完毕时调用。

❏ onFailure：该函数在 Future 结束执行并抛出异常时调用。

让我们看一些在 Scala 中使用 Future 的例子。创建一个名为 Task 的类和一个名为 doAction() 的方法。该方法将接收一个 String 对象和一个 Int 值作为参数，并且返回一个 String 对象。在内部，它输出关于执行任务的线程的信息，将线程休眠参数中指定的秒数，并且返回一个 String 对象。

```scala
class Task {
  def doAction(name : String, number: Int) : String = {
    var result : String = "";
    println(Thread.currentThread().getName()+": "+name+": Starting
                                              execution");
    TimeUnit.SECONDS.sleep(number);
    println(Thread.currentThread().getName()+": "+name+": End
                                              execution");
    result = name +" has been sleeping for " + number + " seconds ";
    return result;
  }
}
```

现在，对 Future 类做一些测试。首先，为本例包含所有必需的类，并且使用 main() 方法创建一个名为 TestConcurrency 的对象。

```scala
import scala.concurrent.ExecutionContext
import java.util.concurrent.ThreadPoolExecutor
import java.util.concurrent.Executors
import scala.concurrent.Future
import ExecutionContext.Implicits.global
import scala.util.{Success, Failure}
import java.util.concurrent.TimeUnit


object TestConcurrency {
    def main(args: Array[String]) {
```

然后，使用 Future 类创建 10 个 Future 对象。每个 Future 将创建一个 Task 对象并且调用 doAction() 方法。

13

```scala
for (i <- 1 to 10 ) {
  val result : Future[String] = Future {
    var task : Task = new Task();
    task.doAction("Task "+i,i);
  }
```

然后，将 onComplete 回调函数与结果 Future 对象相关联。如果 Future 以异常方式（出现故障）结束，我们将输出一条消息。否则，我们将输出 Future 所返回的值。

```scala
  result onComplete {
    case Success(value) => println(value)
    case Failure(e) => println("An error has occured: "
                                +e.getMessage)
    }
  }
  TimeUnit.SECONDS.sleep(20)
  }
}
```

下面的屏幕截图显示了执行本例后的输出。

```
ForkJoinPool-1-worker-5: Task 9: Starting execution
ForkJoinPool-1-worker-1: Task 6: End execution
Task 6 has been sleeping for 6 seconds
ForkJoinPool-1-worker-1: Task 10: Starting execution
ForkJoinPool-1-worker-3: Task 7: End execution
Task 7 has been sleeping for 7 seconds
ForkJoinPool-1-worker-7: Task 8: End execution
Task 8 has been sleeping for 8 seconds
ForkJoinPool-1-worker-5: Task 9: End execution
Task 9 has been sleeping for 9 seconds
ForkJoinPool-1-worker-1: Task 10: End execution
Task 10 has been sleeping for 10 seconds
```

现在，创建一个名为 TestConcurrency2 的类。该类与 TestConcurrency 类相似，但是也有一处重要区别。在本例中，我们使用两个不同的回调函数。当 Future 成功结束时，调用 onSuccess()回调函数。当 Future 异常结束时，则调用 onFailure()方法。

```scala
import scala.concurrent.ExecutionContext
import java.util.concurrent.ThreadPoolExecutor
import java.util.concurrent.Executors
import scala.concurrent.Future
import ExecutionContext.Implicits.global
import scala.util.{Success, Failure}
import java.util.concurrent.TimeUnit

object TestConcurrency2 {
  def main(args: Array[String]) {
    for (i <- 1 to 10 ) {
      val result : Future[String] = Future {
        var task : Task = new Task();
        task.doAction("Task "+i,i);
      }
      result onSuccess {
        case value => println(value);
```

```
    }
    result onFailure {
      case e => println("An error has ocurred: "+e.getMessage);
    }
  }
  TimeUnit.SECONDS.sleep(20)
}
}
```

现在我们将实现相同的版本，只不过使用我们的 ExecutionContext 类。创建一个名为
TestConcurrency3 的类。要创建 ExecutionContext 对象，需要用到 ExecutionContext 类的
fromExecutor()方法。将这些方法传递给 Executor 对象，它将用于执行 ExecutionContext 的
任务。使用 Executor 类的 newFixedThreadPool()方法创建一个拥有 10 个执行线程的执行器。

```
import scala.concurrent.ExecutionContext
import java.util.concurrent.ThreadPoolExecutor
import java.util.concurrent.Executors
import scala.concurrent.Future
import scala.util.{Success, Failure}
import java.util.concurrent.TimeUnit

object TestConcurrency3 {
  def main(args: Array[String]) {
    implicit val ec : ExecutionContext = ExecutionContext
                      .fromExecutor(Executors.newFixedThreadPool(10));
    for (i  <- 1 to 10 ) {
      val result : Future[String] = Future {
        var task : Task = new Task();
        task.doAction("Task "+i,i);
      }
      result onSuccess {
        case value => println(value);
      }
      result onFailure {
        case e => println("An error has ocurred: "+e.getMessage);
      }
    }
    TimeUnit.SECONDS.sleep(20)
  }
}
```

现在，让我们做一个测试，看看当 Future 抛出异常时会发生什么。创建一个名为 Task 的类，并
且添加一个名为 doAction()的方法，该方法接收两个参数，即一个名为 name 的 String 对象和一
个名为 number 的 Int 值。如果 number 等于 3，则 doAction()方法抛出异常。否则，使之与此前
介绍的 Task 类具有相同的行为。

```
class Task {
  def doAction(name : String, number: Int) : String = {
    var result : String = "";
    if (number == 3) {
      throw new Exception("Error");
    }
```

13

```
    println(Thread.currentThread().getName()+": "+name+": Starting
                                              execution");
    TimeUnit.SECONDS.sleep(number);
    println(Thread.currentThread().getName()+": "+name+": End
                                              exeuction");
    result = name +" has been sleeping for " + number + " seconds ";
    return result;
  }
}
```

然后，我们创建 TestConcurrency 类，该类创建 10 个 Future 对象，并将其与 onComplete()
回调函数关联到一起。

```
object TestConcurrency {
  def main(args: Array[String]) {
    // 含有错误的第一个例子
    for (i <- 1 to 10 ) {
      val result : Future[String] = Future {
        var task : Task = new Task();
        task.doAction("Task "+i,i);
      }
      result onComplete {
        case Success(value) => println(value)
        case Failure(e) => println("An error has occured: "
                                   +e.getMessage)
      }
    }
    TimeUnit.SECONDS.sleep(20)
  }
}
```

下面的屏幕截图显示了执行本例后的输出。

```
ForkJoinPool-1-worker-5: Task 1: Starting execution
ForkJoinPool-1-worker-1: Task 2: Starting execution
An error has occured: Error
ForkJoinPool-1-worker-3: Task 4: Starting execution
ForkJoinPool-1-worker-7: Task 5: Starting execution
```

当 doAction() 方法采用参数 3 执行时，该方法抛出一个异常，与该 Future 相关联的回调函数执
行 onComplete() 方法的 Failure 情况，并输出前面屏幕截图中的错误消息。

在前面的例子中，我们只为每个事件（不管成功还是失败）关联一个回调函数，不过，你可以为
每个事件关联多个回调函数。让我们看一个例子。你可以使用前面的 Task 对象之一，但是让我们创
建一个新的 TestConcurrency 类。我们将 onComplete() 和 onSuccess() 回调函数关联到每个
Future。你甚至可以将同一类型的多个回调函数（多个 onComplete()、onSuccess() 或 onFailure()
函数）关联到一个 Future。

```
object TestConcurrency {
  def main(args: Array[String]) {
    for (i <- 1 to 10 ) {
      val result : Future[String] = Future {
        var task : Task = new Task();
```

```
        task.doAction("Task "+i,i);
      }
      result onComplete {
        case Success(value) => println(value)
        case Failure(e) => println("An error has occured: "
                                    +e.getMessage)
      }
      result onSuccess {
        case value => println("Second callback: "+value);
      }
    }
    TimeUnit.SECONDS.sleep(20)
  }
}
```

下面的屏幕截图显示了执行本例后的输出结果。

```
Task 7 has been sleeping for 7 seconds
ForkJoinPool-1-worker-7: Task 8: End exeuction
Second callback: Task 8 has been sleeping for 8 seconds
Task 8 has been sleeping for 8 seconds
ForkJoinPool-1-worker-5: Task 9: End exeuction
Task 9 has been sleeping for 9 seconds
Second callback: Task 9 has been sleeping for 9 seconds
ForkJoinPool-1-worker-3: Task 10: End exeuction
Task 10 has been sleeping for 10 seconds
Second callback: Task 10 has been sleeping for 10 seconds
```

Future 对象提供的另一个选项是将两个 Future 对象的执行关联起来；也就是说，可以确保一个 Future 在另一个 Future 执行结束后开始执行，并且使用后者的结果作为参数。来看一个使用该功能的例子。

首先，创建一个名为 Step1 的类，它含有一个名为 doAction() 的方法，该方法接收一个字符串和一个数值作为参数，并且返回一个字符串。

```
class Step1 {
  def doAction(name : String, number: Int) : String = {
    var result : String = "";
    println(Thread.currentThread().getName()+": "+name+": Step 1:
                                Starting exeuction");
    TimeUnit.SECONDS.sleep(number);
    println(Thread.currentThread().getName()+": "+name+": Step 1: End
                                exeuction");
    result = name +" has been sleeping for " + number + " seconds ";
    return result;
  }
}
```

然后，创建一个类似的名为 Step2 的类。

```
class Step2 {
  def doAction(name: String, msg : String) : String = {
    var result : String = "";
    println(Thread.currentThread().getName()+": "+name+": Step 2:
                                Starting execution");
```

```
result = name +" has executed Step 2: "+msg;
println(Thread.currentThread().getName()+": "+name+": Step 2: End
                                            exeuction");
    return result;
  }
}
```

最后，创建一个名为 `TestConcurrency` 的对象以及 `main()` 方法，其中有一个将执行 10 次的循环。

```
object TestConcurrency {
  def main(args: Array[String]) {

    for (i <- 1 to 10 ) {
```

然后，创建第一个 Future，它将创建 `Step1` 类的一个对象，并且调用 `doAction()` 方法。

```
var name : String = "Task "+i;
val result : Future[String] = Future {
  var task : Step1 = new Step1();
  task.doAction(name,i);
}
```

然后，使用 `map()` 函数将一个 Future 连接到结果 Future 对象。该 Future 创建 `Step2` 类的一个对象，并且调用 `doAction()` 方法。

```
val result2 = result map { value =>
  var task : Step2 = new Step2();
  task.doAction(name, value);
}
```

在该 Future 的主体中指定的 `value` 参数是第一个 Future 的结果。

最后，将 `onSuccess()` 回调函数与第二个 Future 关联，以便在控制台中输出结果。下面的屏幕截图显示了执行本例后的输出结果。

```
ForkJoinPool-1-worker-1: Task 8: Step 2: End exeuction
The output is: Task 8 has executed Step 2: Task 8 has been sleeping for 8 seconds
ForkJoinPool-1-worker-5: Task 9: Step 1: End exeuction
ForkJoinPool-1-worker-7: Task 9: Step 2: Starting execution
ForkJoinPool-1-worker-7: Task 9: Step 2: End exeuction
The output is: Task 9 has executed Step 2: Task 9 has been sleeping for 9 seconds
ForkJoinPool-1-worker-3: Task 10: Step 1: End exeuction
ForkJoinPool-1-worker-3: Task 10: Step 2: Starting execution
ForkJoinPool-1-worker-3: Task 10: Step 2: End exeuction
The output is: Task 10 has executed Step 2: Task 10 has been sleeping for 10 seconds
```

你可以看到，直有当第一个 Future 完成执行，第二个 Future 才会开始执行。

13.4.2　Promise

Promise 是一种可以用来完成 Future 的机制。首先，创建 Promise 类的一个对象，然后使用该对象来创建该 Promise 要完成的 Future。可以将回调函数与该 Future 关联起来，这样，当使用 success 或 failure 方法为 Promise 赋值时，Future 将完成而且回调函数将被执行。

我们来看看这个机制是如何运作的。创建一个名为 `TestConcurrency` 的对象，其中含有 `main()` 方法，并且创建一个 Promise 对象和一个 Future 对象。

```
object TestConcurrency {

  def main(args: Array[String]) {

    val promise : Promise[String] = Promise[String]()
    val future : Future[String] = promise.future;
```

使用 `Promise` 的构造函数创建 Promise 对象，并且使用 Promise 对象的 `future()` 方法创建与该 Promise 相关联的 Future。

现在，将回调函数关联到对象 `future`。

```
future onSuccess {
  case value => println("The future has been completed: "+value)
}
```

此后，执行另一个 Future 来完成该 Promise。在本例中，我们使用 `success()` 方法为 Promise 赋值并且完成该 Future。

```
Future {
  promise success "Hola Mundo";
}
```

最后，使用 `Await` 类的 `ready()` 方法等待 10 秒钟，待 Future 结束。

```
    Await.ready(future, 10 seconds);
  }
}
```

当你执行本例时，会看到 `onSuccess()` 函数输出的消息。当你执行 Promise 的 success 方法时，将完成 Future 并执行其 `onSuccess()` 回调函数。

13.5 小结

Java 并不是唯一可以针对 JVM 进行编程的语言。还有很多不同的编程语言采用了不同的范式，也可以用于这一目的。大部分编程语言都有自己实现并发应用程序的机制。

在本章中，我们了解到如何使用面向 JVM 的三种语言来实现并发应用程序。首先，Clojure 是 Lisp 函数式编程语言的一种实现，它提供了编写并发应用程序的不同机制，如 Atom、Agent、Ref、Delay、Future 和 Promise。然后，Groovy 及其 GPars 库给了我们许多可能性，它提供了 Actor、Dataflow 和并发数据结构。最后，我们讨论了 Scala 及其基于 Future 和 Promis 的并发模型。

13

版权声明

站在巨人的肩上
Standing on Shoulders of Giants

TURING
图灵教育

iTuring.cn

站在巨人的肩上
Standing on Shoulders of Giants

TURING
图灵教育

iTuring.cn